工业和信息化普通高等教育"十三五"规划教材立项项目
21世纪高等教育计算机规划教材

C语言
程序设计（第2版）

The C Programming Language

■ 宁爱军 张艳华 主编
■ 满春雷 赵奇 编著

人民邮电出版社
北京

图书在版编目（CIP）数据

C语言程序设计 / 宁爱军，张艳华主编. -- 2版. -- 北京：人民邮电出版社，2016.1（2020.1重印）
21世纪高等教育计算机规划教材
ISBN 978-7-115-41208-9

Ⅰ. ①C… Ⅱ. ①宁… ②张… Ⅲ. ①C语言-程序设计-高等学校-教材 Ⅳ. ①TP312

中国版本图书馆CIP数据核字(2015)第292641号

内 容 提 要

本书介绍 C 语言的基础知识，以 Visual C++ 6.0 为编程环境，通过分析问题、设计算法、编写和调试程序这些步骤，力求让读者掌握分析问题的方法，培养设计算法的能力。

全书共 14 章。第 1～3 章介绍程序设计与 C 语言的基础知识；第 4～7 章介绍顺序、选择、循环和数组的算法与程序设计；第 8～11 章介绍函数、编译预处理、指针、结构体和链表等；第 12 章、第 13 章介绍位运算与文件；第 14 章介绍几个综合的编程实例。章节后配有丰富的选择题、填空题和编程题，供读者复习与提高。

本书内容由浅入深，具有较强的可读性，适合大学生作为"程序设计"课程教材，也可作为 C 语言爱好者编程的参考书。

◆ 主　编　宁爱军　张艳华
　 编　著　满春雷　赵　奇
　 责任编辑　张孟玮
　 责任印制　沈　蓉　彭志环

◆ 人民邮电出版社出版发行　北京市丰台区成寿寺路 11 号
　 邮编　100164　电子邮件　315@ptpress.com.cn
　 网址　https://www.ptpress.com.cn
　 三河市君旺印务有限公司印刷

◆ 开本：787×1092　1/16
　 印张：20.5　　　　　　　　　　2016 年 1 月第 2 版
　 字数：553 千字　　　　　　　　2020 年 1 月河北第 9 次印刷

定价：48.00 元

读者服务热线：(010)81055256　印装质量热线：(010)81055316
反盗版热线：(010)81055315

第 2 版前言

　　C 语言是结构化的程序设计语言，它功能丰富、使用灵活、可移植性好，广泛应用于科学计算、工程控制、网络通信、图像处理等领域。C 语言是特别适宜作为学习程序设计的语言，也是实用性较强的编程语言。

　　本书以 Visual C++6.0 为编程环境，通过分析问题、设计算法、编写和调试程序的步骤，重点培养学生分析问题和算法设计的能力，以及对语言和语法知识的理解和掌握。力求弥补以往在程序设计课程教学中的不足，使学生不但能掌握语言语法知识，还能够培养自己设计算法、编写程序解决实际问题的能力。

　　教师选用本书作为教材，可以根据授课学时情况适当取舍教学内容。教学建议如下。

　　（1）如果学时充分，建议系统学习全部内容。如果学时较少，建议以第 1~11 章为教学重点。后续章节可以在选修课或课程设计中介绍，也可以建议学生自学。

　　（2）学习第 3 章时，先重点掌握简单格式的输入输出方法，在需要使用复杂格式的输入输出时再回来学习。

　　（3）学习第 4~7 章时，应该先进行问题分析、算法设计，后进行程序设计和程序调试。注意培养分析问题、解决问题的能力。

　　（4）学生应该认真完成课后习题，以巩固语言和语法知识，培养实际编程能力，力求达到全国计算机等级考试（二级 C 语言）要求的水平。

　　（5）各章学习资源可以在"本章资源"二维码指向的网址下载。

　　（6）允许初学者不立刻学习带★的内容，可以在以后需要时再返回学习。

　　本书的作者都是长期从事软件开发和大学程序设计课程教学的一线教师，具有丰富的软件开发和教学经验。本书由宁爱军和张艳华任主编，负责全书的总体策划、统稿和定稿。第 1~3 章由张艳华编写，第 4~8 章由宁爱军编写，第 9~11 章由满春雷编写，第 12~14 章由赵奇编写。对本书的编写工作做出贡献的还有熊聪聪、杨光磊、李伟、窦若菲、王燕、张浥楠等老师。本书的编写和出版，还得到了天津科技大学各级领导的关怀和老师的指导，在此一并表示感谢。

　　本书是作者多年软件研发和教学经验的总结，但是由于水平有限，书中肯定还存在很多缺点和不足，恳请专家和读者批评指正。联系信箱：ningaijun@sina.com。

编　者
2015 年 9 月

目 录

第1章 程序设计基础 ……………… 1
1.1 程序设计语言 ……………………1
1.1.1 什么是程序 ………………1
1.1.2 语言的分类 ………………1
1.1.3 C语言简介 ………………2
1.1.4 C语言组成 ………………3
1.2 计算机的组成与程序设计的本质 …3
1.2.1 计算机系统结构 …………3
1.2.2 程序设计的本质 …………4
1.2.3 程序设计的过程 …………4
1.3 算法的概念和特性 ………………5
1.3.1 什么是算法 ………………5
1.3.2 算法举例 …………………5
1.3.3 算法的特性 ………………6
1.4 算法的表示方法 …………………6
1.4.1 自然语言 …………………7
1.4.2 伪代码 ……………………7
1.4.3 传统流程图 ………………7
1.4.4 N-S流程图 ………………7
1.5 结构化的程序设计方法 …………8
1.5.1 结构化程序设计 …………8
1.5.2 结构化程序设计方法 ……9
习题 ………………………………10

第2章 Visual C++6.0 简介 ……… 11
2.1 Visual C++6.0 简介 ……………11
2.2 Visual C++6.0 的安装与启动 …11
2.2.1 安装过程 …………………11
2.2.2 Visual C++6.0 的启动 …12
2.3 Visual C++6.0 的集成开发环境 …13
2.4 Visual C++6.0 的帮助 …………15
2.5 Visual C++6.0 中的C语言程序设计 …16
习题 ………………………………20

第3章 数据类型、运算符与表达式 ……………… 22
3.1 C语言的数据类型 ………………22
3.2 变量与常量 ………………………22
3.2.1 变量 ………………………22
3.2.2 常量 ………………………25
3.3 整型数据 …………………………26
3.3.1 整型常量与变量 …………26
3.3.2 整型数据的输入和输出 …26
3.3.3 整型数据在内存中的存储方式★ ……………………31
3.4 实型数据 …………………………33
3.4.1 实型常量与变量 …………33
3.4.2 实型数据的输入和输出 …33
3.4.3 实型数据在内存中的存储方式★ ……………………35
3.5 字符型数据 ………………………37
3.5.1 字符型常量、转义字符与变量 …37
3.5.2 字符型数据的输入和输出 …38
3.6 字符串 ……………………………40
3.7 算术运算符和算术表达式 ………40
3.7.1 C语言运算符简介 ………40
3.7.2 算术运算符和表达式 ……41
3.7.3 自增自减运算符 …………42
3.7.4 赋值运算符和赋值表达式 …44
3.7.5 逗号运算符和表达式 ……45
3.8 数据类型的转换 …………………46
3.8.1 隐式类型转换 ……………46
3.8.2 强制类型转换运算符 ……47
习题 ………………………………48
单元测试 …………………………51

第4章 顺序结构程序设计 ……… 53
4.1 C语句概述 ………………………53

  4.2 C 程序的注释 ································ 54
  4.3 顺序结构程序设计 ···························· 54
  4.4 常见的编程错误及其调试 ···················· 58
    4.4.1 语法错误 ································ 58
    4.4.2 运行时错误 ···························· 60
    4.4.3 未检测到的错误 ···················· 60
    4.4.4 逻辑错误 ································ 61
    4.4.5 程序调试方法 ························ 61
  习题 ·· 62
  单元测试 ·· 63

第 5 章　选择结构程序设计 ············ 65

  5.1 关系运算与逻辑运算 ························ 65
    5.1.1 关系运算符和关系表达式 ······ 65
    5.1.2 逻辑运算符和逻辑表达式 ······ 66
  5.2 选择结构算法设计 ···························· 68
  5.3 if 语句 ·· 71
  5.4 switch 语句 ······································ 76
  5.5 选择结构的嵌套 ································ 79
  5.6 条件运算符 ······································ 83
  习题 ·· 84
  单元测试 ·· 87

第 6 章　循环结构程序设计 ············ 89

  6.1 循环结构概述 ···································· 89
  6.2 当型循环结构 ···································· 90
    6.2.1 当型循环 ································ 90
    6.2.2 当型循环结构算法设计 ·········· 90
    6.2.3 while 语句 ···························· 92
  6.3 直到型循环 ······································ 95
    6.3.1 直到型循环 ···························· 95
    6.3.2 直到型循环结构算法设计 ······ 96
    6.3.3 do while 语句 ························ 96
  6.4 for 循环语句 ···································· 97
  6.5 break 语句和 continue 语句 ············ 99
  6.6 循环的嵌套 ···································· 100
  6.7 循环结构编程举例 ·························· 103
  6.8 goto 语句★ ···································· 113
  习题 ·· 113
  单元测试 ·· 119

第 7 章　数组 ································ 121

  7.1 一维数组 ·· 121
    7.1.1 一维数组 ····························· 121
    7.1.2 一维数组程序设计 ·············· 123
  7.2 二维数组 ·· 130
    7.2.1 二维数组 ····························· 130
    7.2.2 二维数组程序设计 ·············· 132
  7.3 字符数组 ·· 138
    7.3.1 字符数组的定义和使用 ······· 138
    7.3.2 字符串数组 ························· 139
    7.3.3 字符串处理函数 ·················· 142
    7.3.4 字符串处理算法和程序设计 · 144
  习题 ·· 147
  单元测试 ·· 152

第 8 章　函数 ································ 154

  8.1 函数的定义和调用 ·························· 154
    8.1.1 函数定义 ····························· 154
    8.1.2 函数调用 ····························· 155
    8.1.3 函数返回值 ························· 157
    8.1.4 参数的传递 ························· 158
    8.1.5 对被调用函数的声明 ·········· 159
  8.2 数组作为参数 ································ 160
    8.2.1 数组元素作为函数参数 ······· 160
    8.2.2 数组作为函数参数 ·············· 161
    8.2.3 多维数组作为函数参数 ······· 164
    8.2.4 字符串作为函数参数 ·········· 165
  8.3 函数的嵌套调用 ···························· 166
  8.4 函数的递归调用 ···························· 167
  8.5 变量的作用域 ································ 169
  8.6 变量的存储类别和生存期 ·············· 171
  8.7 程序的模块化设计 ························ 173
  习题 ·· 175

第 9 章　编译预处理 ···················· 182

  9.1 宏定义 ·· 182
    9.1.1 不带参数的宏定义 ·············· 182
    9.1.2 带参数的宏定义 ·················· 185

9.2 文件包含 ……………………………187
9.3 条件编译 ……………………………189
习题 ……………………………………191

第10章 指针 ……………………195

10.1 地址和指针 …………………………195
10.2 变量的指针和指向变量的指针
     变量 …………………………………195
   10.2.1 定义指针变量 …………………195
   10.2.2 指针变量的引用 ……………196
   10.2.3 指针变量作为函数参数 ……198
10.3 数组的指针和指向数组的指针
     变量 …………………………………200
   10.3.1 指向数组元素的指针 ………200
   10.3.2 通过指针引用数组元素 ……200
   10.3.3 数组和指向数组的指针变量
          作函数参数 ………………202
   10.3.4 指向多维数组的指针和指针
          变量 ………………………205
10.4 字符串的指针和指向字符串的指针
     变量 …………………………………207
   10.4.1 字符串的表示形式 …………207
   10.4.2 字符串指针作函数参数 ……209
   10.4.3 字符指针变量和字符数组的
          讨论 ………………………210
10.5 函数的指针和指向函数的指针
     变量★ ………………………………210
   10.5.1 用函数指针变量调用函数 …211
   10.5.2 用指向函数的指针作函数
          参数 ………………………211
10.6 返回指针值的函数 …………………212
10.7 指针数组和指向指针的指针 ………213
   10.7.1 指针数组 ……………………213
   10.7.2 指向指针的指针 ……………216
   10.7.3 指针数组作main函数的形参 …218
习题 ……………………………………219

第11章 其他数据类型 ……………225

11.1 结构体 ………………………………225
   11.1.1 结构体类型的声明 …………225

11.1.2 定义结构体类型变量 ………226
11.1.3 结构体变量的引用 …………228
11.1.4 结构体变量的初始化 ………228
11.2 结构体数组 …………………………230
   11.2.1 定义结构体数组 ……………230
   11.2.2 结构体数组的初始化 ………230
   11.2.3 结构体数组应用举例 ………232
11.3 指向结构体类型数据的指针 ………232
   11.3.1 指向结构体变量的指针 ……233
   11.3.2 指向结构体数组的指针 ……233
   11.3.3 用结构体变量和指向结构体的
          指针作函数参数 ……………234
11.4 链表 …………………………………236
   11.4.1 链表概述 ……………………236
   11.4.2 处理动态链表所需的函数 …237
   11.4.3 建立动态链表 ………………239
   11.4.4 输出链表 ……………………242
   11.4.5 删除链表的结点 ……………242
   11.4.6 插入链表结点 ………………245
   11.4.7 链表的综合操作 ……………249
11.5 共用体 ………………………………250
   11.5.1 共用体的概念 ………………250
   11.5.2 共用体变量的引用 …………251
11.6 枚举类型 ……………………………254
11.7 用typedef定义类型 ………………255
习题 ……………………………………257

第12章 位运算 ……………………263

12.1 位运算符和位运算 …………………263
   12.1.1 按位取反（~）运算符 ……263
   12.1.2 按位与（&）运算符 ………264
   12.1.3 按位或（|）运算符 ………265
   12.1.4 按位异或（^）运算符 ……265
   12.1.5 左移（<<）运算符 …………266
   12.1.6 右移（>>）运算符 …………267
   12.1.7 位运算赋值运算符 …………268
   12.1.8 不同长度的运算数之间的运算
          规则 ………………………268

12.2 位运算程序实例 …………… 268	13.4.11 ftell 函数 ………………… 284
习题 …………………………………… 270	13.4.12 feof 函数 ………………… 284
	13.4.13 ferror 函数 ……………… 285
第 13 章 文件 …………………… 272	习题 …………………………………… 285
13.1 文件概述 ……………………… 272	
13.2 文件指针 ……………………… 273	**第 14 章 综合程序设计** ………… 289
13.3 文件的打开与关闭 …………… 273	14.1 Windows 窗体程序设计 ……… 289
13.3.1 fopen 函数 ………………… 274	14.1.1 Windows 窗口程序编写 …… 289
13.3.2 fclose 函数 ………………… 275	14.1.2 卡雷尔机器人 ……………… 291
13.4 文件的读写 …………………… 275	14.2 排序算法比较 …………………… 302
13.4.1 fputc 函数 ………………… 276	14.3 个人通讯录 ……………………… 306
13.4.2 fgetc 函数 ………………… 277	习题 …………………………………… 312
13.4.3 fputs 函数 ………………… 277	
13.4.4 fgets 函数 ………………… 278	**附录 I Visual C++6.0 常见错误提示** ……………………… 313
13.4.5 fprintf 函数 ………………… 279	
13.4.6 fscanf 函数 ………………… 280	**附录 II ANSI C 常用库函数** …… 315
13.4.7 fwrite 函数 ………………… 280	
13.4.8 fread 函数 ………………… 282	**参考文献** ………………………………… 320
13.4.9 rewind 函数 ………………… 282	
13.4.10 fseek 函数 ………………… 283	

第 1 章
程序设计基础

本章资源

本章主要介绍程序的概念及程序设计语言的分类、C 语言的发展历史与特点、程序设计的本质、算法及算法表示方法、结构化的程序设计等内容。目的是使读者初步了解程序设计的内容与方法。

1.1 程序设计语言

计算机和人类之间不能完全使用自然语言进行交流，需要借助计算机能够理解并执行的"计算机语言"。和人类语言类似，计算机语言是语法、语义与词汇的集合，它用来表达计算机程序。计算机语言也称为程序设计语言。

程序设计语言种类较多，C 语言是最常用的程序设计语言之一，通过对 C 语言的扩充还产生了如 C++、Java、C#等语言。各种语言具有相通之处，因此学好 C 语言可以为学习其他语言打下基础。

1.1.1 什么是程序

人们操作计算机完成各项工作，实际上是由计算机执行其中各种程序实现的，如操作系统、文字处理程序、手机内置的各类应用程序等。简单的程序可能仅仅向屏幕输出一段符号，而复杂的程序可以实现更多功能。

程序是用来完成特定功能的一系列指令。通过向计算机发布指令，程序设计人员可以控制其执行某些操作或进行某种运算，从而解决一个具体问题。一个程序总是按照既定顺序执行，完成编程人员设计的任务。虽然每个程序内部执行顺序可能不同，完成的任务有大有小，但程序编译成功进入执行状态后，其功能是不能被随心所欲修改的，除非重新编写、编译并执行程序。

1.1.2 语言的分类

自计算机诞生以来，产生了上千种程序设计语言，有些已被淘汰，有些则得到了推广和发展。程序设计语言经历了由低级到高级的发展过程，可以分为机器语言、汇编语言、高级语言和面向对象的语言。低级语言包括机器语言和汇编语言；高级语言有很多种，包括 C、Basic、Fortran 等；面向对象的语言包括 C++、Visual Basic、Java 等。越低级的语言越接近计算机的二进制指令，越高级的语言越接近人类的思维方式。

1. 机器语言

机器语言是计算机能够直接识别并执行的二进制指令，执行效率高。但机器语言指令由计算机的指令系统提供，采用二进制，人们阅读与编写比较困难，效率低下，容易出错。不同计算机的指令系统也不同，使得机器指令编写的程序通用性较差。

2. 汇编语言

汇编语言采用助记符来代替机器语言的指令码，使机器语言符号化，编程效率得到提高。如加法表示为 ADD，指令"ADD AX, DX"的含义是将 AX 寄存器中的数据与 DX 寄存器中的数据相加，并将结果存入 AX 内。汇编程序要转换成二进制形式交由计算机执行，因此执行效率逊于机器语言。使用汇编语言编程，程序设计人员需要对机器硬件有深入了解，没有摆脱对具体机器的依赖，编程仍然具有较大难度。

3. 高级语言

为了解决计算机硬件的高速度和程序编制的低效率之间的矛盾，20 世纪 50 年代末期产生了"程序设计语言"，也称高级语言。高级语言比较接近自然语言，直观、精确、通用、易学、易懂，编程效率高，便于移植。例如，语句"c = a + b"表示"求 a + b 的和，并将结果存入 c 中"。高级语言有上千种，但实际应用的仅有十几种，如 Basic、Pascal、C、Fortran、ADA、COBOL、PL/I 等。

4. 面向对象的程序设计语言

面向对象的程序设计语言更接近人们的思维习惯。它将事物或某个操作抽象成类，将事物的属性抽象为类的属性，事物所能执行的操作抽象为方法。常用的面向对象语言有 Visual C++、Visual Basic、Java 等。

计算机不能直接识别高级语言，需要借助编译软件将高级语言编写的源程序转换成计算机能识别的目标程序。

程序执行有编译执行和解释执行两种方式。

（1）编译执行方式是将整个源程序翻译生成一个可执行的目标程序，该目标程序可以脱离编译环境和源程序独立存在和执行。

（2）解释执行方式是将源程序逐句解释成二进制指令，解释一句执行一句，不生成可执行文件，它的执行速度比编译方式慢。

1.1.3 C 语言简介

C 语言的诞生源于系统程序设计的深入研究和发展。它作为书写 UNIX 操作系统的语言，伴随着 UNIX 的发展和流行而得到发展与普及。

（1）1967 年，英国剑桥大学的 M.Richards 在 CPL（Combined Programming Language）语言的基础上，实现了 BCPL（Basic Combined Programming Language）语言。

（2）1970 年，美国贝尔实验室的 K.Thompson 以 BCPL 语言为基础，设计了一种类似于 BCPL 的语言，称为 B 语言。他用 B 语言在 PDP-7 机上实现了第一个实验性的 UNIX 操作系统。

（3）1972 年，贝尔实验室的 D.M.Ritchie 为克服 B 语言的诸多不足，在 B 语言的基础上重新设计了一种语言，由于是 B 的后继，故称为 C 语言。

（4）1973 年，贝尔实验室的 K.Thompson 和 D.M.Ritchie 合作，用 C 语言重新改写了 UNIX 操作系统。此后随着 UNIX 操作系统的发展，C 语言的应用越来广泛，影响越来越大。此时的 C 语言主要还是作为实验室产品在使用，并依赖于具体的机器，直到 1977 年才出现了独立于具体机器的 C 语言编译版本。

随着微型计算机的普及，C 语言版本也呈现多样化。由于没有统一标准，这些语言之间出现了许多不一致的地方。为了改变这种情况，美国国家标准学会（ANSI）为 C 语言制定了一套 ANSI 标准，就是标准 C 语言。1983 年，美国国家标准学会颁布了 C 语言的新标准版本"ANSI C"。"ANSI C"比标准 C 语言有了很大的补充和发展。目前 C 语言的最新版本为 ANSI C99，VC ++也支持该标准。

C 语言使用灵活，并具有强大生命力，已经广泛应用于科学计算、工程控制、网络通信、图像处理等领域。C 语言是结构化的程序设计语言，具有如下特点。

（1）语言简洁、使用灵活，便于学习和应用。C 语言的书写形式较其他语言更为直观、精炼。

（2）语言表达能力强。运算符达 30 多种，涉及的范围广，功能强。

（3）数据结构系统化。C 语言具有现代语言的各种数据结构，并具有数据类型的构造功能，因此便于实现各种复杂的数据结构的运算。

（4）控制流结构化。C 语言提供了功能很强的各种控制流语句（if、while、for、switch 等），并以函数作为主要结构，便于程序模块化，符合现代程序设计风格。

（5）C 语言生成的程序质量高，程序运行效率高。实验表明，C 语言源程序生成的可执行程序的运行效率仅比汇编语言的效率低 10%～20%。C 语言编程速度快，程序可读性好，易于调试、修改和移植，这些优点是汇编语言无法比拟的。

（6）可移植性好。统计资料表明。C 语言程序 80%以上的代码是公共的，因此稍加修改就能移植到各种不同型号的计算机上。

C 语言也存在一些不足之处，如编程自由度比较大。但总的来说，C 语言是一个出色而有效的现代通用程序设计语言。

1.1.4　C 语言组成

C 程序由函数构成。一个 C 程序至少由一个函数构成，而且至少包含一个名为 main 的主函数。函数由函数首部和函数体组成。函数首部指出函数的类型和函数名，函数体由若干条语句构成，语句的末尾用分号表示。

【例 1.1】用一个 main 函数构成的程序，向屏幕输出字符串"I like Programming!"。

```
#include<stdio.h>//预处理命令，用于包含文件<stdio.h>
void main( ) //函数首部，main 是函数名，即主函数
{    printf("I like Programming!\n"); //函数 printf 输出双引号内的普通字符
}
```

程序的运行结果如下。

```
I like Programming!
Press any key to continue
```

说明：

（1）函数可以分成函数首部和函数体。花括弧"{}"括起来的是函数体。

（2）语句由一些基本字符和定义符按照 C 语言的语法规定组成。每个语句以分号结束。

（3）"//"后边的文字为注释，它们不执行，不影响程序的运行。

1.2　计算机的组成与程序设计的本质

程序设计与计算机组成有密切关系，学习计算机组成方面的知识，可以更好地理解程序设计的本质。

1.2.1　计算机系统结构

"计算机之父"冯·诺依曼提出的计算机系统结构如下。

（1）计算机由控制器、运算器、存储器、输入设备和输出设备 5 个部分构成。

（2）计算机指令和数据均以二进制数形式表示和存放。

（3）计算机按照程序规定的顺序将指令从存储器中取出，并逐条执行。

控制器集中控制其他设备。信息分为数据信息和控制信息两种。如图1-1所示,在控制指令的控制下,数据按照如下方式"流动":由输入设备输入数据,存储在存储器中,控制器和运算器直接从存储器中取出数据(包括程序代码和运算对象)进行处理,结果存储在存储器内,并由输出设备输出。

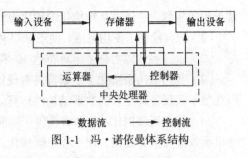

图1-1 冯·诺依曼体系结构

1.2.2 程序设计的本质

程序设计的本质是设计能够利用计算机的5个部件完成特定任务的指令序列。

【例1.2】用键盘输入价格与斤数,计算樱桃的总价。

```
#include<stdio.h>
void main()
{   int price,number,total;
    scanf("%d%d",&price,&number);    //输入两个整数
    total=price*number;              //计算,将price乘以number的积存入total
    printf("total=%d\n",total);      //输出,%d处对应输出total的值
}
```

在运行程序时输入数据"10 3"后按"回车键",显示总价为30,程序的运行结果如下。

```
10 3
total=30
Press any key to continue
```

说明:

(1)整个程序保存在计算机的存储器中。

(2)数据存储在存储器中。3个变量price、number和total,分别占用一块存储空间,用于存放价格、斤数和总价。

(3)通过键盘输入价格与斤数。

(4)由运算器来执行乘法,求出总价。

(5)通过输出设备显示程序执行的结果。

通过本例可见,一个程序离不开5个部件的配合。一个程序可以没有输入,但是一定要有输出才能知道程序的运行结果。

1.2.3 程序设计的过程

程序设计的一般过程如表1-1所示,在编程解决具体问题时,一般应按照这6个步骤,逐一实施来完成程序。

表1-1　　　　　　　　　　　　程序设计过程

1	分析和定义实际问题	做什么?
2	建立处理模型	如何做?
3	设计算法	
4	设计流程图	
5	编写程序	实现程序!
6	调试程序和运行程序	

1. 分析和定义实际问题

通过对实际问题的深入分析,准确地提炼、描述要解决的问题,找出已知与未知,明确要求。

2. 建立处理模型

实际问题都是有一定规律的数学、物理等过程，用特定方法描述问题的规律和其中的数值关系，是为确定计算机实现算法而做的理论准备。如求解图形面积一类的问题，可以归结为数值积分，积分公式就是为解决这类问题而建立的数学模型。

3. 设计算法

将要处理的问题分解成计算机能够执行的若干特定操作，也就是确定解决问题的算法。例如，由于计算机不能识别积分公式，需要将公式转换为计算机能够接受的运算，如选择梯形公式或辛普森（Simpson）公式等。

4. 设计流程图

在编写程序前给出处理步骤的流程图，能直观地反映出所处理问题中较复杂的关系，从而在编程时思路清晰，避免出错。流程图是程序设计的良好辅助工具，它作为程序设计资料也便于交流。

5. 编写程序

编程是指用某种高级语言按照流程图描述的步骤写出程序，也叫做编码。使用某种语言编写的程序叫源程序。

6. 调试程序和运行程序

调试程序和运行程序就是将写好的程序上机检查、编译、调试和运行，并纠正程序中的错误。

1.3 算法的概念和特性

编写程序之前，首先要找出解决问题的方法，并将其转换成计算机能够理解并执行的步骤，即算法。算法设计是程序设计过程中的一个重要步骤。

1.3.1 什么是算法

算法即解决一个问题所采取的一系列步骤。著名的计算机科学家 Nikiklaus Wirth 提出如下公式：

$$程序 = 数据结构 + 算法$$

其中，数据结构是指程序中数据的类型和组织形式。

算法给出了解决问题的方法和步骤，是程序的灵魂，决定如何操作数据，如何解决问题。同一个问题可以有多种不同算法。

1.3.2 算法举例

计算机程序的算法，必须是计算机能够运行的方法。理发、吃饭等动作计算机不能运行，而加、减、乘、除、比较和逻辑运算等就是计算机能够执行的操作。

【例 1.3】求 $1+2+3+4+\cdots+100$。

第一种算法是书写形如"$1+2+3+4+5+6+\cdots+100$"的表达式，其中不能使用省略号。这种算法太长，写起来很费时，且经常出错。

第二种算法是利用数学公式：

$$\sum_{n=1}^{100} n = (1+100) \times 100 / 2$$

相比之下，第二种算法要简单得多。但是，并非每个问题都有现成的公式可用，如求 $100! = 1 \times 2 \times 3 \times 4 \times 5 \times \cdots \times 100$。

【例1.4】 求 $5!=1\times2\times3\times4\times5$。

```
step1:  p=1
step2:  i=2
step3:  p=p × i
step4:  i=i+1
step5:  如果 i<=5，那么转入 step3 执行
step6:  输出 p，算法结束
```

其中 p 和 i 是变量，它们各占用一块内存，变量中存储的数据是可以改变的。如图 1-2 所示。变量可以被赋值，也可以取出值参加运算。本例通过循环条件"i<=5"，使得乘法操作被执行 4 次。

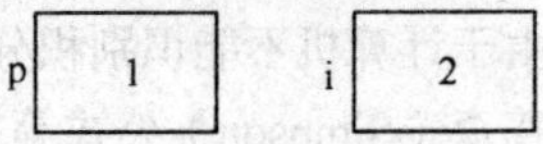

图 1-2 变量示意

【例1.5】 求 $1\times2\times3\times\cdots\times100$。

```
step1:  p=1
step2:  i=2
step3:  p=p × i
step4:  i=i+1
step5:  如果 i<=100，那么转入 step3 执行
step6:  输出 p，算法结束
```

只需要在【例1.4】算法的基础上，将循环条件改为"i<=100"，使得乘法操作执行 99 次就可以求出 100 个数的乘积。

【例1.6】 求 $1\times3\times5\times\cdots\times101$。

```
step1:  p=1
step2:  i=1
step3:  p=p×i
step4:  i=i+2
step5:  如果 i<=101，那么转入 step3 执行
step6:  输出 p，算法结束
```

只需要将 i 的初值改为 1、每次循环增加 2 就可以了。读者在学习过程中要多观摩已有的程序，分析其算法，并力求有所创新。

1.3.3 算法的特性

算法应该具有以下特性。

（1）有穷性。算法经过有限次的运算就能得到结果，而不能无限执行或超出实际可以接受的时间。如果一个程序需要执行 1 000 年才能得到结果，对于程序执行者而言，基本就没有什么意义了。

（2）确定性。算法中的每一个步骤都是确定的，不能含糊、模棱两可。算法中的每一个步骤不应当被解释为多种含义，而应当十分明确。比如，描述"小王递给小李一件他的衣服"，这里，衣服究竟是小王的，还是小李的呢？

（3）输入。算法可以有输入，也可以没有输入，即有 0 个或多个输入。

（4）输出。算法必须有一个或多个输出，用于显示程序的运行结果。

（5）可行性。算法中的每一个步骤都是可以执行的，都能得到确定的结果，而不能无法执行。比如，用 0 作为除数就无法执行。

1.4 算法的表示方法

算法的表示方法有很多种，常用的有自然语言、伪代码、传统流程图、N-S 流程图、PAD 图

等。本节主要讲述常用的算法表示方法,其中流程图是学习和掌握的重点。

1.4.1 自然语言

使用自然语言,就是采用人们日常生活中的语言。如求两个数的最大值,可以表示为如果 A 大于 B,那么最大值为 A,否则最大值为 B。但在描述"陶陶告诉贝贝她的小猫丢了"时,表示的是陶陶的小猫丢了还是贝贝的小猫丢了呢?此处就出现了歧义。可见使用自然语言表示算法时拖沓冗长,容易出现歧义,因此不常使用。

1.4.2 伪代码

伪代码用介于自然语言和计算机语言之间的文字和符号来描述算法。例如,求两个数的最大值可以表示为

if A 大于 B, then 最大值为 A, else 最大值为 B。

伪代码的描述方法比较灵活,修改方便,易于转变为程序,但是当情况比较复杂时,不够直观,而且容易出现逻辑错误。软件专业人员一般习惯使用伪代码,而初学者最好使用流程图。

1.4.3 传统流程图

流程图表示算法比较直观,它使用一些图框来表示各种操作,用箭头表示语句的执行顺序。传统流程图的常用符号如图 1-3 所示。将【例 1.5】求 $1 \times 2 \times 3 \times \cdots \times 100$ 的算法描述为传统流程图,如图 1-4 所示。用传统流程图表示复杂的算法时不够方便,也不便于修改。

图 1-3 传统流程图的常用符号

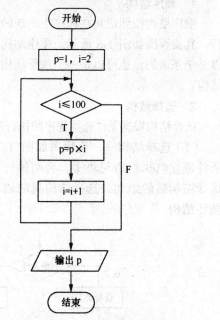

图 1-4 求 $1 \times 2 \times 3 \times \cdots \times 100$ 的传统流程图

1.4.4 N–S 流程图

N-S 流程图又称盒图,其特点是所有的程序结构均用方框表示。N-S 流程图绘制方便,避免了使用箭头任意跳转程序所造成的混乱,更加符合结构化程序设计的原则。它按照从上往下的顺序执行语句。【例 1.5】求 $1 \times 2 \times 3 \times \cdots \times 100$ 算法的 N-S 流程图如图 1-5 所示。

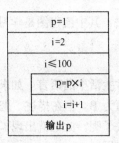

图 1-5　求 1 × 2 × 3 × … × 100 的 N-S 流程图

1.5　结构化的程序设计方法

编出程序、得到运行结果只是学习程序设计的基本要求，要全面提高编程的质量和效率，就必须掌握正确的程序设计方法和技巧，培养良好的程序设计风格，使程序具有良好的可读性、可修改性、可维护性。结构化程序设计方法是目前程序设计方法的主流之一。

1.5.1　结构化程序设计

1966 年，Bohra 和 Jacopini 提出了顺序结构、选择结构和循环结构 3 种基本结构，结构化程序设计方法使用这 3 种基本结构组成算法。已经证明，用 3 种基本结构可以组成解决所有编程问题的算法。

1．顺序结构

顺序结构按照语句在程序中出现的先后次序执行，其流程图如图 1-6 所示。顺序结构里的语句可以是单条语句，也可以是一个选择结构或一个循环结构。

（a）顺序结构的传统流程图　（b）顺序结构的 N-S 图

图 1-6　顺序结构

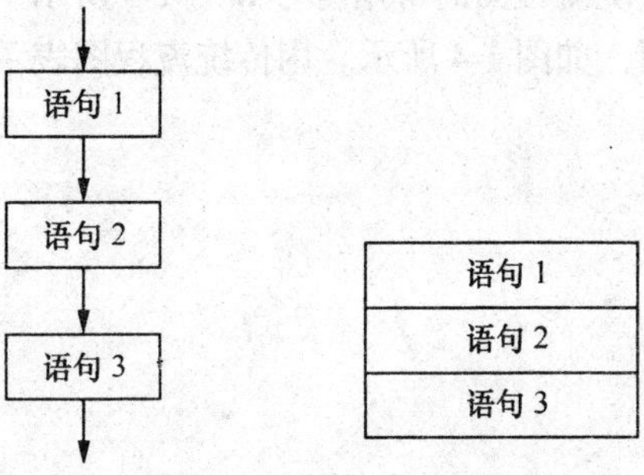

2．选择结构

选择结构根据条件选择程序的执行顺序。

（1）选择结构一：流程图如图 1-7 所示，当条件成立时执行语句块①，否则执行语句块②。不管执行哪一个语句块，完成后继续执行选择结构后的语句。选择结构里的语句块可以是顺序语句，也可以是一个选择结构或一个循环结构。

（a）选择结构一的传统流程图　（b）选择结构一的 N-S 图

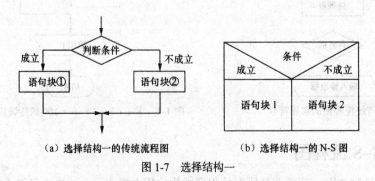

图 1-7　选择结构一

（2）选择结构二：流程图如图 1-8 所示，当条件成立的时候执行语句块，否则什么都不执行。不管执行或不执行语句块，完成后继续执行选择结构后的语句。

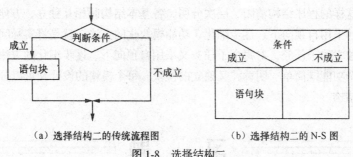

（a）选择结构二的传统流程图　　　（b）选择结构二的 N-S 图

图 1-8　选择结构二

3. 循环结构

循环结构是指设定循环条件，在满足该条件时反复执行程序中的某部分语句，即反复执行循环体。

（1）循环结构一：当型循环结构如图 1-9 所示。判断条件是否成立，若成立则执行语句块，重复这一过程；当条件不成立时则不再执行循环体。如果第一次条件就不成立，那么该结构的循环体一次也不执行。

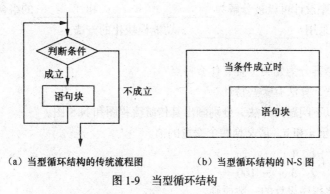

（a）当型循环结构的传统流程图　　　（b）当型循环结构的 N-S 图

图 1-9　当型循环结构

（2）循环结构二：直到型循环结构如图 1-10 所示。先执行一次语句块，然后判断条件是否成立，若成立则执行语句块，重复这一过程，直到条件不成立时不再执行循环体。该结构至少执行一次语句块。

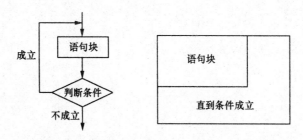

（a）直到型循环结构的传统流程图　　（b）直到型循环结构的 N-S 图

图 1-10　直到型循环结构

循环结构里的语句块可以是顺序结构，也可以是一个选择结构或一个循环结构。

1.5.2　结构化程序设计方法

结构化程序设计的思想和方法主要包括以下几个内容。

（1）程序组织结构化。其原则是对任何程序都以顺序结构、选择结构、循环结构作为基本单元来进行组织。这样的程序结构清晰、层次分明,各基本结构间相互独立,方便阅读和修改。

(2)程序设计采用自顶向下、逐步细化、功能模块化的方法,就是将实际问题一步步地分解成有层次又相对独立的子任务,对每个子任务又采用自顶向下、逐步细化的方法继续进行分解,直至分解到一个个功能既简单、明确,又独立的模块,每个模块的设计又可以分解为结构化程序设计的 3 种基本结构。

习　　题

一、填空题

(1)程序设计语言从低级到高级可以分为_____、_____、_____和_____。

(2)程序有_____和_____两种执行方式。

(3)算法具有 5 个特性,分别是_____、_____、_____、_____和_____。

(4)常用的算法表示方法有_____、_____、_____、_____、PAD 图等。

(5)结构化程序设计可以被分解为_____、_____和_____的组合或嵌套形式。

(6)程序设计采用_____、_____、功能模块化的方法。

二、简答题

1. 程序设计语言分为几类,各有什么特点?

2. 什么是算法,算法有哪些特性?

3. 写出求解以下问题的算法,分别画出其传统流程图和 N-S 图。

(1)有两个变量 a 和 b,请交换两个变量的值。

(2)计算 $s = \dfrac{1}{1} + \dfrac{1}{2} + \dfrac{1}{3} + \cdots + \dfrac{1}{100}$。

4. 简述结构化程序设计的一般原则。

第 2 章 Visual C++6.0 简介

本章资源

Visual C++6.0 是集编程、调试、执行于一体的软件。它是常用的可视化应用程序开发工具。本章介绍 Visual C++6.0 的安装与启动、集成开发环境与帮助功能，并通过实例给出在 Visual C++6.0 中编写 C 语言程序的一般步骤。

2.1 Visual C++6.0 简介

Visual C++6.0 是微软公司推出的 C++开发工具，C++是以 C 语言为基础的面向对象的程序设计语言。Visual C++6.0 也可以用于编写 C 语言程序。

Visual C++6.0 是一款功能强大的可视化应用程序开发工具，它集成了输入程序源代码的文本编辑器、设计用户界面的资源管理器以及检查程序错误的集成调试器等工具。Visual C++6.0 还提供了功能强大的向导工具，包括 MFC AppWizard、ClassWizard、MFC ActiveX ControlWizard、ISAPI Extension Wizard 等向导来简化 Win32 应用程序的开发，为数据库开发和 Internet 开发提供了强大支持。Visual C++6.0 是业界公认的最优秀的应用开发工具之一。

2.2 Visual C++6.0 的安装与启动

2.2.1 安装过程

安装 Visual C++6.0 的系统环境要求是 Widows XP/2000/Vista 操作系统，硬盘可用空间≥50MB。

Visual Studio 6.0 是微软公司出版的一个编程组件，其中包括 Visual Basic 6.0、Visual C++6.0、Visual J++6.0、Visual FoxPro 6.0 等开发语言。本节通过安装 Visiual Studio 6.0 介绍 Visual C++6.0 的安装过程。

（1）将 Visual Studio 6.0 光盘插入光驱中，双击 setup.exe 文件进入安装界面，如图 2-1 所示。单击"Next"按钮，进入"用户协议"界面，如图 2-2 所示，选中"I accept the agreement"选项接受用户协议。

（2）单击"Next"按钮，进入产品编号与用户 id 界面，输入相关信息。单击"Next"按钮，进入如图 2-3 所示界面，选中"Custom"选项进行自定义安装。

（3）单击"Next"按钮，在如图 2-4 所示界面中设置软件的安装路径，单击"Next"按钮。在打开的界面中单击"Continue"按钮，继续安装过程。

（4）在如图 2-5 所示的自定义安装界面中，选择安装"Microsoft Visual C++6.0"组件，单击"Continue"按钮，设置 Visual C++命令行功能，单击"OK"按钮，系统开始安装。

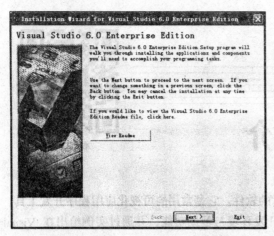

图 2-1　安装界面　　　　　　　　图 2-2　用户协议

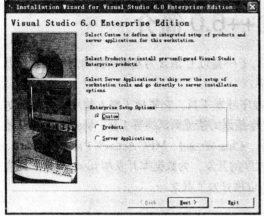 

图 2-3　安装选项　　　　　　　　图 2-4　设置安装路径

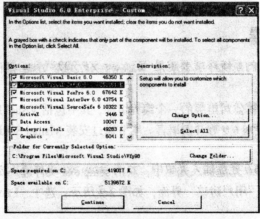

图 2-5　选择安装 Visual C++6.0

（5）系统安装完毕后，将要求重新启动操作系统。此时在"开始→程序"菜单中增加了 Visual Studio 程序组。

2.2.2　Visual C++6.0 的启动

启动 Visual C++6.0 的方法有以下两种。

(1)单击"开始→程序→Visual Studio→Visual C++6.0"菜单命令。
(2)双击桌面上的快捷图标 。

2.3　Visual C++6.0 的集成开发环境

如图 2-6 所示，Visual C++6.0 开发环境是标准的 Windows 界面，主要包括标题栏、菜单栏、工具栏、工作区窗口（WorkSpace）、文件编辑区和输出窗口（Output）等。

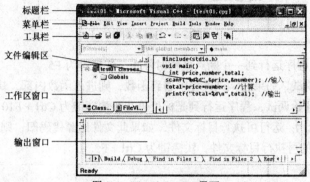

图 2-6　Visual C++6.0 界面

1．标题栏

标题栏用于显示当前正在使用的工程名。

2．菜单栏

菜单栏列出了 Visual C++6.0 提供的多组菜单，包括 File、Edit、View、Insert、Project、Build、Tools、Window 和 Help。

（1）File（文件）：如图 2-7 所示，它包括 New（新建）、Save（保存）、Open（打开）、Close（关闭）、Exit（退出）、Open Workspace（打开工作区）、Close Workspace（关闭工作区）、Save Workspace（保存工作区）等与文件和工作区操作相关的命令。

（2）Edit（编辑）：包括 Cut（剪切）、Copy（复制）、Paste（粘贴）、Find（查找）、Replace（替换）等编辑程序代码所需的命令。

（3）View（视图）：包括 ClassWizard（类向导）、Resource Symbols（显示应用程序标识符）、Workspace（显示工作区）、Output（显示工程的编译、链接情况）等命令。

图 2-7　File 菜单

（4）Insert（插入）：包括插入新的类、窗体、图标、位图、对话框等资源的命令。

（5）Project（工程）：包括将文件添加到工程，设置当前工程的编译、链接等信息的命令。

（6）Build（组建）：主要包括 Compile（编译）、Build（组建）、Start Debug（开始调试）、Execute（运行应用程序）等命令，如图 2-8 所示。Build 菜单主要命令功能如下。

① Compile（编译）：编译当前文件，快捷键为 Ctrl + F7。
② Build（组建）：创建项目的可执行文件（.exe 或.dll），快捷键为 F7。
③ Rebuild All：重新编译所有文件（包括资源文件），重新连接生成可执行目标文件。
④ Batch Build：进行成批编译，连接不同项目或同一项目的不同设置。
⑤ Clean：删除在编译、连接过程中生成的中间文件。
⑥ Start Debug（开始调试）：包含调试程序所需的命令，如 Go、Step Into、Run to Cursor 等。

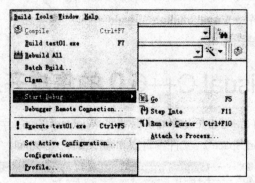

图 2-8 Build 菜单

Go：开始调试，程序运行到一个断点处暂时停止，快捷键为 F5。

Step Into：单步调试，如果在调试过程中遇到函数，则进入函数内部，快捷键为 F11。

Run to Cursor：开始调试，程序运行到光标处停止，快捷键为 Ctrl + F10。

⑦ Execute（运行）：运行可执行目标文件，如果此文件比源代码旧，则先单击 Build 建立新项目，再运行新产生的可执行目标文件，快捷键为 Ctrl + F5。

学习提示：
调试程序是程序设计环节的重要部分，熟练掌握调试程序的方法能够提高编程能力。

（7）Tools（工具）：列出常用的工具命令，如 ActiveX Control Test Container（测试一个 ActiveX 控件的容器）、Spy++（用于在程序运行时以图形化的方式查看系统进程、线程、窗口、窗口消息等）等。其中"Options"命令可以设置 Visual C++6.0 的开发环境，如图 2-9 所示。

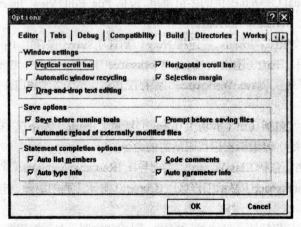

图 2-9 Options 窗口

（8）Window（窗口）：设置窗口的布局方式，列出所有打开的文档。

（9）Help（帮助）：提供使用 Visual C++6.0 的帮助。

3. 工具栏

图 2-10 所示为常用工具栏，图 2-11 所示为调试程序工具栏，默认的系统显示常用工具栏。在工具栏或菜单栏的空白处单击鼠标右键，可以弹出快捷菜单，如图 2-12 所示，在快捷菜单中可以选择显示的工具栏。

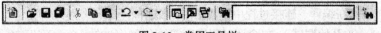

图 2-10 常用工具栏

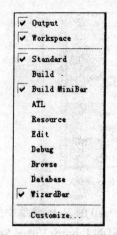

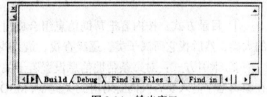

图 2-11　调试程序工具栏　　　　图 2-12　工具栏选择菜单

4．工作区窗口

Visual C++6.0 以工作区（Project Workspace）的方式组织文件、工程和工程配置。一个工作区可以包含多个工程，由工作区统一协调和管理。通过工作区可以查看和操作工程中的所有元素。在创建一个新工程时，集成开发环境将自动创建以下几个与工作区相关的文件。

（1）工程工作区文件：文件类型为*.dsw，用于描述工作区及内容。

（2）工程文件：文件类型为*.dsp，存放特定的工程，用于记录工程中各种文件的名字和位置。

（3）工作区选项文件：文件类型为*.opt，该文件包含工作区文件中要用到的本地计算机的有关配置信息。

工作区窗口如图 2-13 所示，创建不同类型的工程时，窗口中包含的选项卡也不同，其含义如下。

图 2-13　工作区窗口

（1）ClassView：显示工程中定义的类。

（2）FileView：显示工程中的所有文件。

5．输出窗口

如图 2-14 所示，输出窗口用于输出编译与链接等过程的信息。

图 2-14　输出窗口

6．文件编辑区

文件编辑区用于编辑源程序代码。

2.4　Visual C++6.0 的帮助

Visual C++6.0 的帮助可以通过"帮助（Help）"菜单打开，如图 2-15 所示。

（1）执行"Help→Keyboard Map"命令，"Help Keyboard" 窗口分类显示 Visual C++6.0 各项命令的描述和快捷键，如图 2-16 所示。

（2）在"Help→Microsoft on the Web"菜单中包括若干菜单项，可以链接到微软公司的站点，获取技术支持与帮助。

（3）在 Visual Studio 6.0 组件中包括 MSDN Library Visual Studio 6.0，它是 Visual Studio 6.0 的帮助。安装了 MSDN Library Visual Studio 6.0 后，在 Windows 操作系统中增加了"开始→Microsoft Developer Network→MSDN Library Visual Studio 6.0"菜单，单击该菜单命令可以打开 MSDN 帮助。

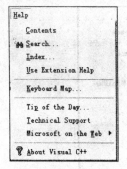 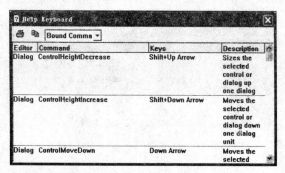

图 2-15　Help 菜单　　　　　　　　图 2-16　Help Keyboard 窗口

在 Visual C++6.0 的 Help 菜单中的 Contents、Search、Index、Technical Support 任意一个菜单命令下打开"MSDN Library Visual Studio 6.0"窗口，如图 2-17 所示。利用 MSDN，可以通过目录、索引和搜索 3 种方式获取帮助。

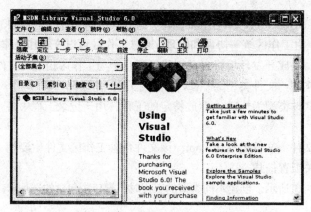

图 2-17　MSDN 窗口

① 目录方式：按内容把帮助信息组合成树形结构。在查找某项内容时，先找到此内容所属的大类，然后找它所属子类，逐级查找，最终找到所需内容。

② 索引方式：对每条帮助信息设置若干关键字，所有关键字按照字母顺序排列。用户只要在编辑框中输入要查找内容对应的关键字，MSDN 就会自动搜索关键字序列，找到相应的关键字，然后弹出窗口列举与此关键字相关的所有主题，用户可以在其中选择所需主题。

③ 搜索方式：以查询的方式得到帮助信息。

2.5　Visual C++6.0 中的 C 语言程序设计

在 Visual C++6.0 中编写 C 语言程序一般需要经过以下 4 个步骤。

（1）建立源程序文件，即扩展名为.cpp 的程序文件。

（2）编译源程序生成目标文件，即扩展名为.obj 的文件。

（3）组建、连接生成可执行程序，即扩展名为.exe 的文件。

（4）调试、运行程序。

建立 C 语言程序有两种方法：一种是先建立工程，在建立的工程中建立 C 语言源程序文件；另一种是直接建立 C 语言源程序文件，由系统自动创建工程。

【例 2.1】建立一个 Workspace，在该 Workspace 中建立一个工程，在工程中编写 C 语言源程序。

（1）打开 Visual C++6.0，执行"File→New"命令，在"New"对话框中选择"Workspaces"选项卡，如图 2-18 所示，设置工作区名为"a"，保存位置为"c:\a"。系统创建一个名字为"a"的文件夹，在该文件夹中自动生成 a.ncb、a.dsw 和 a.opt 三个文件，如图 2-19 所示。

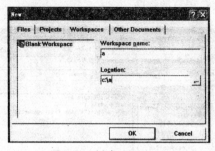

图 2-18 创建 Workspace

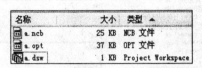

图 2-19 Workspace "a" 建立的文件

（2）执行"File→New"命令，在"New"对话框中选择"Projects"选项卡，工程类型为"Win32 Console Application"，工程名为"aa"，保存位置为"c:\a\aa"，选中"Add to current workspace"选项将工程添加到当前的 Workspace 中，如图 2-20 所示。

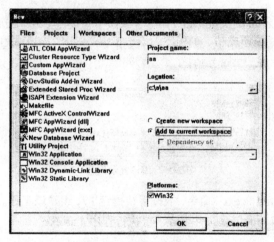

图 2-20 创建工程窗口

（3）单击"OK"按钮，如图 2-21 所示，选中"An empty project"选项设置为空工程。单击"Finish"按钮，完成工程的创建。此时，在工作区文件夹"c:\a"下自动创建了"aa"和"Debug"文件夹，如图 2-22 所示。"aa"文件夹下包含工程文件"aa.dsp"。

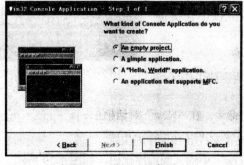

图 2-21 设置工程类型

图 2-22 生成的文件夹和文件

（4）执行"File→New"命令，在"New"对话框中选择"Files"选项卡，如图 2-23 所示。选中"C++ Source File"选项，即 C++源程序文件，设置文件名为"hello"，选中"Add to project"选项，将源文件添加到当前项目中，单击"OK"按钮，此时在"c:\a\aa"文件夹下创建了源程序文件"hello.cpp"。在如图 2-24 所示的文件编辑区输入 C 语言源程序。

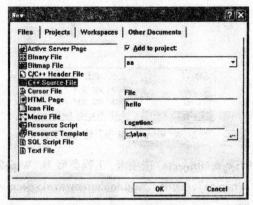 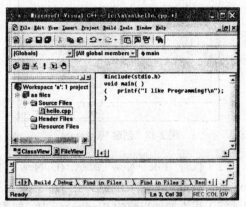

图 2-23　建立一个 C++文件　　　　　　　　图 2-24　程序输入界面

（5）执行"Build→Compile hello.cpp"命令，或按下快捷键 Ctrl + F7 编译源程序。如图 2-25 所示，Output 窗口中显示编译成功、源程序无语法错误。此时，如果源程序有语法错误，则可以根据错误提示修改源程序后，再重新编译。

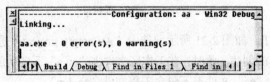

图 2-25　编译提示信息

（6）执行"Build→Build aa.exe"命令，或按下快捷键 F7，组建该工程。如图 2-26 所示，Output 窗口中显示组建和连接成功的信息，并生成了可执行程序"aa.exe"。

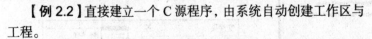

图 2-26　组建提示信息

（7）执行"Build→Execute aa.exe"命令，或按下快捷键 Ctrl + F5 运行程序。程序的运行结果如图 2-27 所示。

（8）保存源程序文件、工程文件、工作区文件。

【例 2.2】直接建立一个 C 源程序，由系统自动创建工作区与工程。

图 2-27　程序的运行结果

（1）打开 Visual C++6.0，执行"File→New"命令，在"New"对话框中选择"Files"选项卡，选中"C++Source File"选项，如图 2-28 所示，设置文件名和保存的位置。

（2）单击"OK"按钮，在建立的文件"exp.cpp"中输入源程序代码，如图 2-29 所示，保存源程序文件。

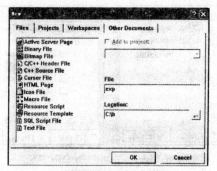
图2-28 新建一个C++文件

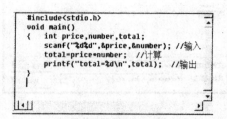
图2-29 源程序代码

（3）单击"调试程序"工具栏中的"compile"按钮，编译源程序文件。由于源程序文件不属于任何工程和工作区，因此会弹出如图2-30所示的对话框，提示是否建立一个默认的工程工作区。

图2-30 提示建立工程工作区

（4）单击"是"按钮，编译过程结束后，在Output窗口显示编译成功的信息，生成"exp.obj"目标文件。

（5）单击"调试程序"工具栏中的"Build"按钮，连接生成可执行程序。

（6）单击"调试程序"工具栏中的"Execute Program"按钮，执行可执行程序。输入"3 10"，程序的运行结果如图2-31所示。

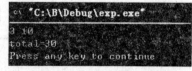
图2-31 程序的执行结果

（7）保存程序的所有相关文件。将该文件夹"C:\b"下的所有文件复制到存储设备，也可以只复制扩展名为.cpp的C源程序文件，以备再次打开该工程或该源程序文件进行编译和修改。

学习提示：
（1）请通过"资源管理器"查看"C:\b"文件夹下生成的文件和子文件夹，如图2-32所示。
（2）请观察子文件夹"Debug"下生成的一些文件，如图2-33所示。

图2-32 工程文件夹

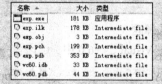
图2-33 Debug文件夹

（3）在一个工程中只能建立一个名为main()的函数。建议大家为一个程序建立一个工程。
（4）为了避免工程和源程序文件管理混乱，建议读者编写的每一个程序对应一个工程文件夹，在一个文件夹中包含一个工程的所有文件，复制时可以复制整个工程文件夹。

【例2.3】打开一个已有的工程文件。

方法一：执行"File→Open Workspace"命令，如图2-34所示，选择工作区文件。打开工作区时也会打开工作区的所有工程和源程序文件，如图2-35所示。

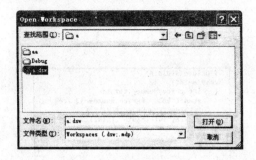
图 2-34 打开工作区

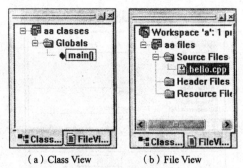
（a）Class View　　（b）File View

图 2-35 工作区窗口

方法二：执行"File→Open"命令，在"打开"对话框中选择要打开的文件类型和文件，如图 2-36 所示。可以选择打开一个 C++ 源程序文件(*.cpp)，也可以选择打开一个工程文件(*.dsw)。

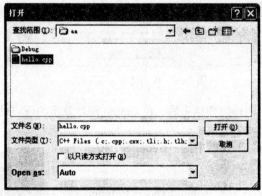
图 2-36 "打开"对话框

学习提示：
（1）一个工作区可以容纳多个工程，一个工程可以容纳多个文件。
（2）移动程序时一定不要少了源程序文件。

习　　题

一、选择题

（1）在 Visual C++6.0 中，C 语言源程序的扩展名是（　　）。
　　　A）.exe　　　　　B）.cpp　　　　　C）.obj　　　　　D）.app
（2）在 Visual C++6.0 中，工作区文件的扩展名是（　　）。
　　　A）.exe　　　　　B）.cpp　　　　　C）.obj　　　　　D）.dsw
（3）在 Visual C++6.0 中，工程文件的扩展名是（　　）。
　　　A）.dsp　　　　　B）.cpp　　　　　C）.obj　　　　　D）.dsw
（4）在编译源程序时，不可以使用（　　）命令。
　　　A）Ctrl + F7　　　B）Compile　　　C）F5　　　　　D）🖻
（5）以下选项中，Visual C++6.0 不支持（　　）调试程序的方法。
　　　A）单步执行 F5　　　　　　　　　　B）Step Into 单步执行

C）Run to Cursor 运行到光标处　　　　　　D）执行单独的一个非主函数

（6）以下选项中，（　　）不是 Visual C++6.0 帮助系统的功能。

　　A）MSDN　　　　　　　　　　　　　B）联机帮助

　　C）Keyboard Map 和 Tips of the Day　　　D）批处理程序

二、操作题

1. 建立一个工作区，在工作区内建立一个工程，并建立一个 C++源文件，编写【例 2.1】源程序。编译、组建、执行程序，观察结果。

2. 建立一个 C++源文件，录入【例 2.2】源程序代码，编译、组建、执行程序，观察结果。

3. 打开一个已有的工程文件。

4. 打开并修改一个已有的 C++源程序文件。

本章资源

第 3 章 数据类型、运算符与表达式

在学习编程之前必须先学会如何表示数据、能够执行哪些运算，这是学习程序设计的基础。本章主要介绍数据类型、常量与变量、输入与输出、运算符等内容。

3.1 C 语言的数据类型

现实世界中的信息存在方式多样，表示方法各有不同，如整数、实数、字符等。这些信息在计算机中也要按照一定的方式进行组织存放，以便于分配存储空间和进行运算。C 语言将数据分为多种类型，不同数据类型，其存储长度、取值范围和允许的操作都不同。C 语言的数据类型如图 3-1 所示。

（1）基本数据类型：所谓"基本"，是指其值不可以再分解的数据类型。C 语言中的基本数据类型包括整型、实型、字符型和枚举类型。

（2）构造类型：利用现有的一个或多个数据类型构造新的数据类型。例如，数组、结构体和共用体类型等。

（3）指针类型：一种特殊的数据类型，用于表示某个变量在内存中的地址。

（4）空类型：类型说明符为 void，常用来定义没有返回值的函数。

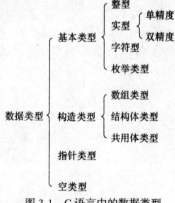

图 3-1 C 语言中的数据类型

3.2 变量与常量

根据在程序运行过程中其值能否改变，将数据分为变量与常量。

3.2.1 变量

在程序执行过程中，其值可以改变的量称为变量。如图 3-2 所示，变量占据内存中的一块存储单元，用来存放数据，存储单元内的数据可以改变。给存储单元起的名字，就是变量名。在存储单元里存放的数据就是变量的值。例如，变量 a 的值为 8，则 a 为变量名，8 为变量值。

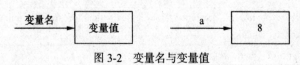

图 3-2 变量名与变量值

变量名、变量值与存储单元之间的关系如图 3-3 所示。地址空间列给出内存单元的编址，内

存单元列中的 X、Y、C 分别代表一位二进制数 0 或 1，变量名列给出相应地址单元的名称。例如，变量 a 是整型变量，占据地址单元 1 001～1 004 的 4 个字节；变量 b 是字符型，占据地址单元 1005 的 1 个字节；变量 c 是单精度浮点型，占据地址单元 1006～1009 的 4 个字节。

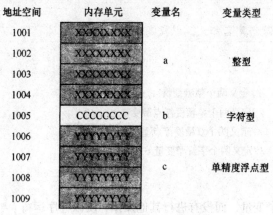

图 3-3　变量与内存单元

1．定义变量

变量必须先定义后使用。定义变量时编译系统自动检测出所需要的存储空间的大小，然后为变量分配存储单元。变量的定义格式为

数据类型　变量名 1 [,变量名 2] [,变量名 3]……[,变量名 n];

（1）数据类型给出变量的类型。[ ]表示可选项。在 Visual C++6.0 中，C 语言中常用的数据类型如表 3-1 所示。

表 3-1　　　　　　　　　　　　常用数据类型

类型定义关键字	类　型　名	占据的字节数
short int	短整型	2 字节
int	基本整型	4 字节
long int	长整型	4 字节
float	单精度浮点型	4 字节
double	双精度浮点型	8 字节
long double	长双精度浮点型	8 字节
char	字符型	1 字节

（2）变量命名必须遵守标识符的规则。所谓标识符，就是在 C 语言中对变量、符号常量、函数、数组、构造类型等对象命名的有效字符序列。C 语言规定标识符只能由字母、数字和下画线 3 种字符组成，而且第 1 个字符必须为字母或下画线。变量的命名不能使用 C 语言的保留字（即关键字）。C 语言中的系统保留字有 32 个，如表 3-2 所示。

表 3-2　　　　　　　　　　　　C 语言的保留字

用　　途	关　键　字
数据类型	char, short, int, unsigned, long, float, double, struct, union, void, enum, signed, const, volatile
存储类别	typedef, auto, register, static, extern
流程控制	break, case, continue, default, do, else, for, goto, if, return, switch, while
运算符	sizeof

例如:
(1) max、min、a、b3、_total、Student、_1_2_3 和 w_3 都是合法的变量名。
(2) 3abc、M.D.John、!eer、abc?d、a>b、int、float、if 和 while 都是不合法的变量名。

学习提示:
变量命名应该尽量做到见名知义,以提高程序的可读性。

【例 3.1】定义变量。

```
void main()
{   int a,b;           //定义两个整型变量a,b
    float f1,f2;       //定义两个单精度浮点型变量f1,f2
    double d1,d2;      //定义两个双精度浮点型变量d1,d2
    char c1,c2;        //定义两个字符型变量c1,c2
}
```

说明:
(1) 程序定义了 8 个变量,而没有进行其他操作,所以程序运行后看不到任何结果。
(2) 在程序编译和连接后,按下快捷键 F10(Step Over 单步退出) 追踪执行程序。每次按下 F10 键,程序继续运行下一行。如图 3-4 所示,此时可以在 Visual C++6.0 界面下部的 "Variables" 窗口的 "Locals" 选项卡中观察变量的情况。
(3) 所定义变量的初始值为无意义的数据。

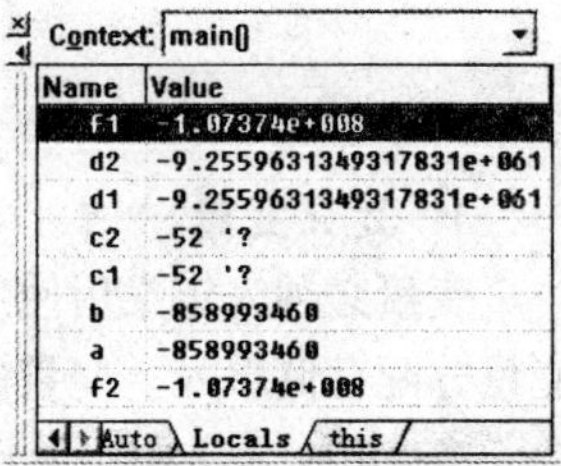

图 3-4 变量取值

2. 变量赋初值

赋初值就是让变量获得初值。如果变量未赋初值,那么其值为无意义的数据。变量没有赋值就参与运算,会得到错误的结果。有两种方法给变量赋值。
(1) 在定义变量的同时给变量赋初值,也叫做初始化。

【例 3.2】变量初始化。

```
void main()
{   int a=3,b=4;
    float f1=4.5,f2=9;
    double d1=100.8,d2=10.09;
}
```

在程序编译和连接后,按下快捷键 F10(Step Over 单步退出)追踪执行程序。变量初始化后的情况如图 3-5 所示。

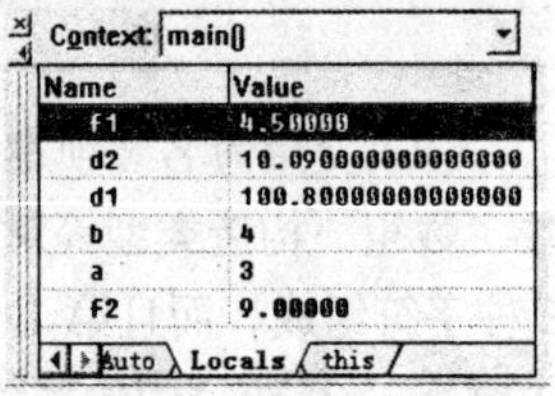

(2) 在变量定义后,再赋值。

【例 3.3】先定义所需要的变量,再通过赋值语句给变量赋初值。

```
void main()
{   int a,b;
    float f1,f2;
    double d1,d2;
    a=3;b=4;        //赋值
    f1=4.5;f2=9;
    d1=100.8;d2=10.09;
}
```

图 3-5 变量取值

说明:
本例中先定义后赋值,赋值后变量的取值情况与【例 3.2】相同。

3.2.2 常量

在程序执行过程中,其值不能改变的量称为常量。常量分为字面常量、符号常量和 const 常量 3 种。

1. 字面常量

字面常量是指在程序中直接书写的数据,如整型常量、实型常量和字符型常量。

(1)整型常量:表示整数,如 23、-2 和 0。语句"z=x/2+y*3;"中出现的数字 2 和 3 均为十进制整型常量。

(2)实型常量:表示实数,如 0.23、-5.6 和 145.78。语句"c=5.67*e-0.78/f;"中出现的数字 5.67 和 0.78 均为实型常量。

(3)字符型常量:表示单个字符,必须用一对单撇号"'"将字符括起来。如'A'、'$'、'8'和'*'等。

2. 符号常量

符号常量用一个标识符代表一个常量,它在使用之前必须先定义。其一般定义形式为

```
#define 标识符 常量
```

其中,#define 是一条预处理命令,称为宏定义,它把标识符定义为常量。在编译之前,编译系统自动将后续源程序中所有出现的标识符替换为对应常量。

【例 3.4】符号常量的定义和使用。

```
#define PI 3.14
#define R 5
#include<stdio.h>
void main()
{ float area,l;
  l=2*PI*R;              //替换为 l=2*3.14*5;
  area=PI*R*R;           //替换为 area=3.14*5*5;
  printf("l=%f, area=%f\n",l,area);    //输出
}
```

程序的运行结果如下。

```
l=31.400000, area=78.500000
Press any key to continue
```

说明:

(1)常量标识符最好采用大写字母,便于与其他变量区分。
(2)符号常量的值不能再被赋值。
(3)符号常量的命名要见名知义,便于理解。

学习提示:

(1)符号常量经常用在程序中同一个常量值反复书写的情况下。使用符号常量时,只要修改#define 语句中的常量值,就可以改变源程序中所有符号常量对应的值。

(2)符号常量没有数据类型。编译器只进行字符替换,在字符替换后才检查语法错误。

3. const 常量

使用关键字 const 定义的常量叫做 const 常量,它是只读常量。其定义形式如下:

```
const 类型标识符 变量标识符 = 初始化数据;
类型标识符 const 变量标识符 = 初始化数据;
```

const 常量只能在定义时初始化,不能进行赋值,只能读数据。

【例3.5】const 常量的定义和使用。

```
#include<stdio.h>
void main()
{   const float PI=3.14;                //float 类型的常量
    int const R=5;                      //int 类型的常量
    float area,l;
    PI=3.14159;                         //此语句有错误，const 常量 PI 不能被赋值
    l=2*PI*R;
    area=PI*R*R;
    printf("l=%f, area=%f\n",l,area);   //输出
}
```

学习提示：

const 常量有数据类型，编译系统将对其进行语法检查。

3.3 整型数据

3.3.1 整型常量与变量

整型常量用来表示整数，如 123、-234、0 等。整型常量可以有八进制、十进制与十六进制的表示方法。例如，十进制整数 123，表示为八进制（加前缀 0）即 0173，表示为十六进制（加前缀 0x 或 0X）为 0x7B 或 0X7B。在 Visual C++ 6.0 中整数类型如表 3-3 所示。

表 3-3　　　　　　　　　　整数类型表示的数据范围

整 数 类 型	比特（位）数	所能表示的数的范围
有符号短整型　[signed] short [int]	16	$-32\,768 \sim 32\,767$ 即 $-2^{15} \sim (2^{15}-1)$
无符号短整型　unsigned short [int]	16	$0 \sim 65\,535$ 即 $0 \sim (2^{16}-1)$
有符号基本整型　[signed] int	32	$-2\,147\,483\,648 \sim 2\,147\,483\,647$ 即 $-2^{31} \sim (2^{31}-1)$
无符号基本整型　unsigned int	32	$0 \sim 4\,294\,967\,295$ 即 $0 \sim (2^{32}-1)$
有符号长整型　[signed] long [int]	32	$-2\,147\,483\,648 \sim 2\,147\,483\,647$ 即 $-2^{31} \sim (2^{31}-1)$
无符号长整型　　unsigned long [int]	32	$0 \sim 4\,294\,967\,295$ 即 $0 \sim (2^{32}-1)$

其中，数据类型中用方括号"[ ]"括起来的部分在定义变量时可以省略。一般在定义有符号变量时 signed 可以省略。

3.3.2 整型数据的输入和输出

1. 标准输入输出头文件

在 C 语言中数据的输入与输出通过格式输入输出函数完成，使用前必须使用以下语句包含标准输入输出头文件。

```
#include <stdio.h>
```

（1）stdio.h 是标准输入输出头文件。

（2）#include 是一条预处理命令，它将头文件包含到用户的源程序中。stdio.h 中提供输入和输出函数的原型，使得后续源程序可以使用头文件中声明的函数。

2. 整型数据的输出

在 C 语言中，可以使用格式输出函数 printf 向屏幕输出数据。printf 函数的格式为

printf（格式控制字符串，输出项列表）；

（1）输出项列表列出要输出的数据项，可以是常量、变量或表达式，多个输出项之间用","隔开。

（2）格式字符串是由双撇号括起来的字符串，其中包括格式说明符和普通字符。格式说明符由"%"和格式字符组成，如"%d""%f"和"%c"等，整型数据格式说明符的含义如表3-4所示。普通字符（包括转义字符序列）会简单地显示。

（3）格式说明符必须与数据类型一致，否则输出结果将会出错。

表3-4　　　　　　　　　　整型数据格式说明符的含义

格式说明符	说　　明
%d	基本整型 int，十进制输出
%o	基本整型 int，八进制输出
%x	基本整型 int，十六进制输出
%u	基本整型 int，无符号输出

【例3.6】简单的格式输出举例。

```
#include<stdio.h>
void main()
{   int a=3,b=4,c=5;
    printf("%d %d %d\n", a, b, c);
    printf("a=%d b=%d c=%d\n", a, b, c);
}
```

程序运行结果如下。

```
3 4 5
a=3 b=4 c=5
Press any key to continue_
```

说明：

（1）变量a、b和c为int类型，所以输出格式说明符为%d，3个变量分别在对应%d的位置显示数据。

（2）格式字符串"a=%d b=%d c=%d\n"中除格式说明符以外的普通字符如"a=""b="和"c="将被原样输出。

（3）格式字符串最后的"\n"为换行回车符，在输出后光标将转到下一行的开始继续输出。

学习提示：

【例3.6】的程序是简单的整型变量输出方法，读者应该先熟练掌握。

（4）输出函数printf格式说明符的完整形式如下，其含义如表3-5所示。

%　-　0　m.n　l或h　　格式说明符

表3-5　　　　　　　　　　格式说明符含义表

符　号	含　　义
%	格式说明符的起始符号
-	指定输出左对齐
0	指定空位填0
m.n	指定输出域宽及精度 m：指域宽，即输出项在输出设备上所占的列宽数。如果数据的列宽比m大，则忽略m n：指精度，表示输出的实型数据小数点后面的位数。不指定n时，默认值为6
l或h	输出长度修正 l：长整型，可以有%ld、%lo、%lx、%lu；而实型数据可以有%lf h：将整型的格式字符修正为%hd、%ho、%hx和%hu，用于输出short类型的整数

27

【例3.7】 短整型、基本整型和长整型整数的输出。

```
#include<stdio.h>
void main()
{   short int sa=123;   int a=456,b=123,c=-123;   long int la=789;
    printf("%hd,%d,%ld\n",sa,a,la);
    printf("%10hd,%10d,%10ld\n",sa,a,la);        //每个输出域宽为10列，右对齐
    printf("%-10hd,%-10d,%-10ld\n",sa,a,la);     //每个输出域宽为10列，左对齐
    printf("%010hd,%010d,%010ld\n",sa,a,la);     //每个输出域宽为10列，右对齐，空白
处补0
    printf("%2hd,%2d,%2ld\n",sa,a,la);           //数据列宽大于域宽2，忽略域宽2
    printf("%d,%o,%x \n", b, b, b);              //十进制、八进制、十六进制输出
    printf("%d,%u,%d,%u\n", b, b, c, c);         //十进制和无符号格式输出
}
```

程序的运行结果如下。

```
123,456,789
       123,       456,       789
123       ,456       ,789
0000000123,0000000456,0000000789
123,456,789
123,173,7b
123,123,-123,4294967173
Press any key to continue_
```

说明：

（1）短整型的格式说明符为"%hd"，长整型的格式说明符为"%ld"。

（2）格式字符串"%10hd,%10d,%10ld\n"的输出占 10 列宽且右对齐，左边补空；格式字符串"%-10hd,%-10d,%-10ld\n"的输出占 10 列宽且左对齐，右边补空；格式字符串"%010hd,%010d,%010ld\n"的输出占10列宽右对齐，左边补0。

（3）格式字符串"%d, %o, %x \n"分别以十进制、八进制和十六进制的格式输出int类型的变量b。

（4）格式字符串"%2hd,%2d,%2ld\n"数据列宽大于域宽2，忽略域宽。

（5）格式字符串"%d, %u, %d, %u\n"分别以十进制格式和无符号格式输出int变量。变量c为-123，将其当成无符号格式输出时结果异常。

3. 整型数据的输入

在C语言中，可以使用格式输入函数scanf通过键盘为变量输入数据。scanf函数的格式为

scanf（格式控制字符串，输入项地址列表）；

说明：

（1）输入项地址列表，给出变量的地址。变量的地址表示方法为&变量名，多个变量地址之间用","隔开。

（2）格式控制字符串由输入分隔符和格式说明符构成。

（3）输入分隔符可以是普通字符或标点符号等，用户输入数据时要原样输入这些分隔符。

（4）不同进制的整型变量输入对应的格式说明符如表3-6所示。

表3-6　　　　　　　　　　　整型数据的格式说明符

格式说明符	格 式
%d 或%i	有符号十进制整型
%ld 或%Ld	有符号十进制长整型
%hd 或%Hd	有符号十进制短整型

续表

格式说明符	格 式
%ud	无符号十进制整型
%uld 或%uLd	无符号十进制长整型
%uhd 或%uHd	无符号十进制短整型
%o	八进制整型
%lx 或%Lx	十六进制长整型

（5）格式输入函数 scanf 的格式说明符的完整形式如下，其含义如表 3-7 所示。

%　*　m　l 或 h　格式字符

表 3-7　　　　　　　　　　　格式说明符含义表

符　号	含　义
%	格式说明符的起始符号
*	赋值抑制符，按照格式读入数据后不赋值给任何变量，虚读
m	为域宽说明符，用于指定输入数据的宽度
l 或 h	长度修正说明符，在整型与实型中可以使用，加 l（长整型及双精度型），加 h（短整型）
格式符号	d：十进制整数，o：八进制整数，x：十六进制整数 f：浮点型实数，e：指数型实数，c：字符型数据

【例 3.8】向整型变量 a、b 和 c 输入数据。

```
#include<stdio.h>
void main()
{   int a,b,c;
    scanf("%d%d%d",&a,&b,&c);           //输入3个变量
    printf("%d %d %d\n",a,b,c);         //输出3个变量
}
```

程序在运行时，如果输入"3 4 5"，中间以空格作为分隔符，变量 a、b 和 c 分别得到 3、4 和 5。程序的运行结果如下。

```
3 4 5
3 4 5
Press any key to continue
```

说明：

（1）输入的多个数据之间以一个或多个空格键"␣"、Tab 键或者回车键分隔。以下输入也可以正确输入 3、4 和 5。

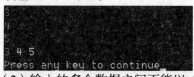

(2) 输入的多个数据之间不能以","等字符作为分隔。例如，在输入时以","作为分隔，除了第一个变量得到正确的数据外，后两个变量的数据会出错。

```
3,4,5
3 -858993460 -858993460
Press any key to continue
```

学习提示：

（1）【例 3.8】是整型变量的简单输入方法，初学者应该先熟练掌握。
（2）格式说明符必须与变量的类型严格对应。

【例3.9】采用包含普通字符的格式向整型变量输入数据。

```c
#include<stdio.h>
void main()
{   int a,b,c;
    scanf("a=%d,b=%d,c=%d",&a,&b,&c);     //输入3个变量
    printf("%d %d %d\n",a,b,c);           //输出3个变量
}
```

在输入数据时,格式控制字符串中的普通字符必须原样输入"a=3,b=4,c=5",程序的运行结果如下。

```
a=3,b=4,c=5
3 4 5
Press any key to continue
```

此时如果输入"3 4 5",则变量a、b和c都得不到正确的数据,程序的运行结果如下。

```
3 4 5
-858993460 -858993460 -858993460
Press any key to continue
```

学习提示:

请思考语句"scanf("%d,%d,%d",&a,&b,&c);"该如何正确地输入3个整型数据。

【例3.10】向short、int、long整型变量输入数据。

```c
#include<stdio.h>
void main()
{   short int ha;  int a;  long int la;
    scanf("%hd%d%ld",&ha,&a,&la);    //short、int、long变量的输入格式分别为%hd、%d和%ld
    printf("%hd %d %ld\n",ha,a,la);
}
```

short、int、long整型变量的输入格式分别为%hd、%d和%ld。程序的运行结果如下。

```
123 4567 912345
123 4567 912345
Press any key to continue
```

【例3.11】采用指定数据宽度的格式向整型变量输入数据。

```c
#include<stdio.h>
void main()
{   int a,b,c;
    scanf("%5d%5d%5d",&a,&b,&c);      //输出3个域宽为5的变量
    printf("%d %d %d\n",a,b,c);       //输出3个变量
}
```

运行程序时,输入"123456789123456",程序的运行结果如下。

```
123456789123456
12345 67891 23456
Press any key to continue
```

说明:

(1)系统顺序提取5位整数赋给3个变量。

(2)如果输入"123 456 789",仍然是提取每5位赋给对应变量,程序的运行结果如下。

```
123  456  789
123 456 789
Press any key to continue
```

【例3.12】采用含有抑制符的格式说明符输入整型数据。

```c
#include<stdio.h>
void main()
{   int a;
```

```
    scanf("%*d",&a);
    printf("%d\n",a);
}
```

程序在运行时，输入"123"，变量 a 得不到"123"，程序的运行结果如下。

```
123
-858993460
Press any key to continue_
```

说明：

（1）含有抑制符的格式说明符"%*d"获得的输入"123"会被省略，变量 a 得不到任何输入。

（2）将 scanf 函数改写成"scanf("%*d%d",&a);"，在输入两个数时，变量 a 才能获得第 2 个数。

【例 3.13】采用含有抑制符的格式向整型变量输入数据。

```
#include<stdio.h>
void main()
{   int a;
    scanf("%*d%d",&a);
    printf("%d\n",a);
}
```

输入"123 456"后，变量 a 得到第 2 个数"456"。程序的运行结果如下。

```
123 456
456
Press any key to continue_
```

4．输入函数的实现原理

【例 3.14】分别向整型变量 a 和 b 输入数据。

```
#include<stdio.h>
void main()
{   int a,b;
    scanf("%d,%d",&a,&b);
}
```

从终端输入"5,6"，并按下回车键后，a 变量被赋值 5，b 变量被赋值 6。"5,6"是数据流，数据流输入完后，不是立刻送给相应变量，而是先将数据送到缓冲区内，当按下回车键后，才按照 scanf 所指定的格式将数据送给相应的变量。

在语句"scanf("%d,%d",&a,&b);"中，","为输入分隔符，表示输入的数据流根据逗号分隔成两部分。系统将数据流片段"5"和"6"分别按照格式说明符"%d"转换成整型，最后将整数 5 和 6 分别送到变量 a 和 b 所指的内存空间中。&为取地址符号，&a、&b 为符号地址，&a 和&b 给出整型变量 a 和 b 四字节地址空间的首地址。

scanf 函数在执行中遇到以下两种情况后结束。

（1）格式参数中的格式项用完——正常结束。

（2）格式项与输入域不匹配时——非正常结束。如从键盘输入的数据数目不足。

scanf 是一个函数，它也有返回值。这个返回值就是成功匹配的项数。

在输入数据时，并不是输入完一个数据项就被送给一个变量，而是在键入一行字符并按下回车键之后才被输入。这一行字符先被放在一个缓冲区内，然后按照 scanf 函数格式说明的要求从缓冲区中读数据。如果输入的数据多于一个 scanf 函数所要求的个数，余下的数据留给下一个 scanf 函数使用。

3.3.3 整型数据在内存中的存储方式 ★

数据的存储方式是指数据在内存中以何种形式组织并存放。计算机中的数据以二进制方式存放。不同数据类型的数据在计算机中占据的存储空间不同，采用的存储方式也不同。

1. 整数的存储

整数在存储单元中存储的是该数的补码。

一个正的补码和原码相同，正数的原码就是该数的二进制形式。正数的原码、反码和补码相同。负数的补码是该数绝对值的原码取反后加一。

在 Visual C++ 6.0 中，短整型（short）占 2 个字节，基本整型（int）占 4 个字节，长整型（long）占 4 个字节。本节以基本整型（int）为例，探讨整数的存储方式。

```
int a=18,b=-18;
```

变量 a 存储时需要占据 32 位存储空间。

（1）正数在内存中存储

a 的值为 18，其补码与原码相同，即二进制数 10010。变量 a 占 4 个字节，其低 5 位为 10010，高位用 0 填充，如图 3-6 所示。

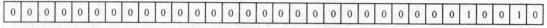

图 3-6　整数 18 在内存中的存储形式

（2）负数在内存中存储

b 的值为 -18，其绝对值 18 的原码为 "00000000000000000000000000010010"，将原码取反后为 "11111111111111111111111111101101"，加 1 后得到 -18 的补码为 "11111111111111111111111111101110"，如图 3-7 所示。

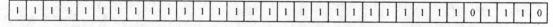

图 3-7　整数 -18 在内存中的存储形式

（3）经过推导可知，+0 和 -0 的补码均为 "00000000000000000000000000000000"，如图 3-8 所示。

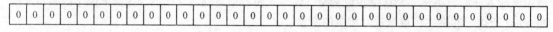

图 3-8　整数 0 在内存中的存储形式

2. 整型数据的溢出

在编写程序时，必须注意运算数据、运算中间结果和最终结果的取值范围，并选择合适的数据类型。如果将整数 1234567 赋给短整型（short）变量，由于 1234567 超过了短整型（short）变量的的数据范围 -32768～32767，就会发生数据溢出的错误。

【例 3.15】整型数据溢出举例。

```
#include<stdio.h>
void main()
{   short a,b;
    a=32767;
    b=a+1;
    printf("a=%hd b=%hd\n", a, b);
}
```

整数 32768 超过了短整型（short）变量的存储数值范围，变量 b 发生数据溢出，程序的运行结果如下。

```
a=32767 b=-32768
Press any key to continue
```

3.4 实型数据

3.4.1 实型常量与变量

在 Visual C++6.0 中，实型数据分为单精度浮点型（float）、双精度浮点型（double）和长双精度浮点型（long double），如表 3-8 所示。

表 3-8　　　　　　　　　　实型数据的数据范围和有效位数

实 数 类 型	比特（位）数	有 效 数 字	数 值 范 围
单精度浮点型 float	32	6~7	$\pm (3.4 \times 10^{-38} \sim 3.4 \times 10^{38})$
双精度浮点型 double	64	15~16	$\pm (1.7 \times 10^{-308} \sim 1.7 \times 10^{+308})$
长双精度浮点型 long double	64	15~16	$\pm (1.7 \times 10^{-308} \sim 1.7 \times 10^{+308})$

在默认情况下，实型常量为双精度浮点型（double），如 12.345。单精度浮点型（float）常量要加后缀 F（或 f），如 12.345F 或 12.345f，长双精度浮点型（long double）常量要加后缀 L（或 l），如 12.345L 或 12.345l。

实型数据有定点格式和指数格式两种表示方式。直接用小数点分开整数与小数部分的称为定点格式，如 21.67。采用科学计数法将实数分为尾数和指数两部分，用 E 或 e 隔开，称为指数格式。指数部分表示 10 的多少次方。如 1234.5，也可以写成 1.2345E3，表示 1.2345×10^3。浮点数的有效数字位数决定数据的精度。

【例 3.16】实型变量举例。

```
#include<stdio.h>
void main()
{   float a,b;
    double c,d;
    long double e,f;
    a=1234.56789F;
    b=1.23456789E5;
    c=1234.56789;
    d=1.23456789E5;
    e=1234.56789L;
    f=1.23456789E5;
}
```

在程序编译和连接后，按下快捷键 F10（Step Over 单步退出）追踪执行程序。变量的情况如图 3-9 所示。

说明：
（1）float 类型的变量 a 和 b 的有效数字位数为 6~7 位，多余的数位被省略。
（2）double 和 long double 类型变量的有效数字位数为 15~16 位，能保存的数据比 float 类型数据的精度更高。

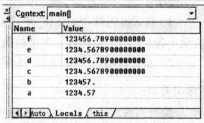

图 3-9　变量与内存单元

3.4.2 实型数据的输入和输出

实型数据的输入与输出格式说明符如表 3-9 所示。

表 3-9　　　　　　　　　　实型数据的格式说明符列表

格式说明符	含　义
%f	定点格式输入单精度数，输出单、双精度数，默认小数点后 6 位，不够则用 0 补充
%lf	定点格式方式输入或输出双精度型实数
%g	定点格式输出，去掉小数点后无效的 0
%E 或%e	以指数形式输出

1. 实型数据的输出

实型数据的输出使用格式输出函数 printf 来实现。在输出实型数据时，可以根据需要设置定点形式或指数形式输出，还可以设置输出的数据的宽度、小数点后的位数、对齐方式等。

【例 3.17】按照不同格式输出实型变量。

```
#include<stdio.h>
void main()
{   float a=1234.56789,b=1.23456789E5;
    double c=1234.56789,d=1.23456789E5;
    printf("%f, %f\n",a,b);        //%f 格式输出的小数点后的位数默认为 6 位
    printf("%g, %g\n",a,b);        //%g 格式的输出省略了后边不影响精度的 0
    printf("%e, %e\n",a,b);        //%e 格式的输出为指数形式
    printf("%lf, %lf\n",c,d);      //%lf 格式的输出为双精度浮点数
}
```

程序的运行结果如下。

```
1234.567871, 123456.789063
1234.57, 123457
1.234568e+003, 1.234568e+005
1234.567890, 123456.789000
Press any key to continue
```

【例 3.18】输出实型变量，设置输出宽度与小数点后显示的位数和对齐方式。

```
#include<stdio.h>
void main()
{   float a=1234.56789;
    printf("%f,%10.1f,%-10.1f,\n", a, a, a);
}
```

程序的运行结果如下。

```
1234.567871,    1234.6,1234.6    ,
Press any key to continue
```

说明：

（1）格式说明符 "%10.1f" 中 "%10" 表示输出占 10 列宽、右对齐、不足时在左边补空，".1" 说明小数点后有一位小数，多余的数位四舍五入。

（2）格式说明符 "%-10.1f" 的输出左对齐，不足时在右边补空。

> **学习提示：**
> 要特别注意浮点型数据输入输出时的有效位数与小数点后显示的位数。

2. 实型数据的输入

【例 3.19】输入多个实型数据。

```
#include<stdio.h>
void main()
{   float a,b;
    double c;
```

```
    scanf("%f%f%lf",&a,&b,&c);           //输入双精度数必须用%lf 格式
    printf("%f %f %lf\n",a,b,c);         //各格式说明符之间要用空格隔开，便于区分各个数
}
```

在运行时输入 3 个实数，用空格隔开。程序的运行结果如下。

```
12.3 456.7 89.1234
12.300000 456.700012 89.123400
Press any key to continue
```

【例 3.20】使用指数形式输入多个实型数据。

```
#include<stdio.h>
void main()
{   float a,b,c;
    scanf("%e%e%e",&a,&b,&c);
    printf("%f %f %f\n",a,b,c);          //各格式说明符之间要用空格隔开，便于区分各数
}
```

在运行时使用指数形式输入 3 个实数，程序的运行结果如下。

```
1.234E3 4.5678E5 5.6789E2
1234.000000 456780.000000 567.890015
Press any key to continue
```

3.4.3 实型数据在内存中的存储方式★

与整数的存储方式不同，实型数据按照指数形式存放，就是将一个实数表示成小数部分和指数部分，分别存放。小数部分又称为"尾数"，指数部分又称为"阶码"。对一个实数来说，指数的大小可以使小数点的位置不同，也就是小数点是"浮动的"，因此实数称为浮点数。

系统在存放实数时，将其分为 4 个部分，如图 3-10 所示。实数+123.567 在内存中的存储形式如图 3-11 所示。实际上在计算机内部使用二进制来表示小数部分，而用 2 的幂次来表示指数部分。

数的符号位	小数部分	指数的符号位	指数

图 3-10 实数的 4 个部分

+	.123567	+	3

图 3-11 实数+123.567 的存储

对于实型数来说，有效数字以外的数位将被舍弃，因此，有效数字的位数决定数的精度。读者应该注意根据问题的取值范围和精度，选择合适的实型（float、double、long double）。

【例 3.21】实型数据的有效数字位数。

```
#include<stdio.h>
void main()
{   float a;
    double b;
    a=1234567890.1234567;
    b=1234567890.1234567;
    printf("%f %lf\n", a, b);
    printf("%.10f %.10lf\n", a, b);
}
```

在程序编译和连接后，按下快捷键 F10（Step Over 单步退出）追踪执行程序。变量的取值情况如图 3-12 所示。

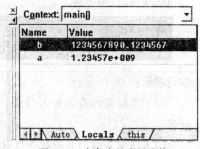

图 3-12 内存中的变量取值

程序的运行结果如下。

```
1234567936.000000 1234567890.123457
1234567936.0000000000 1234567890.1234567000
Press any key to continue
```

说明：

（1）变量 a 为 float 类型，其有效数字位数为 6～7 位，其后边的数位均被省略。

（2）变量 b 为 double 类型，其有效数字位数为 15～16 位，因此其数据精度高。

（3）"%f" 和 "%lf" 格式在输出时，默认小数点后边为 6 个数位。

【例 3.22】实型数据的有效位数。

```c
#include<stdio.h>
void main()
{   float a;
    double b;
    a=1234567890.1234567;
    b=1234567890.1234567;
    printf("%.10f %.10lf\n", a, b);
    a=a+1000;
    b=b+1000;
    printf("%.10f %.10lf\n", a, b);
}
```

按下快捷键 F10（Step Over 单步退出）追踪执行程序。初始变量 a 和 b 的取值如图 3-13（a）所示，a 和 b 都加 100 以后的取值如图 3-13（b）所示。

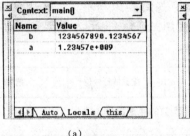 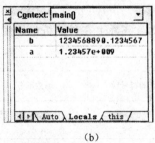

(a)　　　　　　　　　　(b)

图 3-13　内存中的变量取值

说明：

（1）变量 a 为 float 类型，其有效数字位数为 6～7 位，其后边的数位均被省略。加 1000 正好在省略的位置，因此 a 无变化或者变化不准确。

（2）变量 b 为 double 类型，其有效数字位数为 15～16 位，加 1000 的结果准确。

程序的运行结果如下。

```
1234567936.0000000000 1234567890.1234567000
1234568960.0000000000 1234568890.1234567000
Press any key to continue
```

学习提示：

（1）实型数据存在舍入误差，因此在进行一个很大的实数或一个很小的实数的运算时要谨慎。

（2）注意实数的有效数字位数。

3.5 字符型数据

3.5.1 字符型常量、转义字符与变量

1. 字符型常量

字符型常量表示单个字符，用一对单撇号"' '"将字符括起来。

例如，'a'、'B'、'$'、'*'、'5'和'8'等字符。

2. 转义字符

在"\"后面跟一个字符，代表一个特殊控制字符，称为转义字符。常见的转义字符如表 3-10 所示。

表 3-10　　　　　　　　　转义字符列表

字 符 形 式	功　　能
\n	换行
\t	横向跳格
\v	竖向跳格
\b	退格
\r	回车
\f	走纸换页
\\	反斜杠字符"\"
\'	单引号（撇号）"'"
\ddd	1 到 3 位八进制数所代表的字符，如'\141'表示字符'a'
\xhh	1 到 2 位十六进制数所代表的字符，如'\x61'表示字符'a'

3. 字符型变量

字符数据的类型名为 char。一个字符型变量占据一个字节的内存空间，它可以存放一个字符。在内存中实际存放的是字符的 ASCII 码。例如，字符'a'在内存中存放 ASCII 码 97，在处理时其中的 ASCII 码也可以将其看成是整数进行处理。

字符的 ASCII 码如表 3-11 所示。

表 3-11　　　　　　　　　ASCII 码表

十进制数	十六进制	字符	十进制数	十六进制	字符	十进制数	十六进制	字符	十进制数	十六进制	字符
00	00	NUL	14	0E	SO	28	1C	FS	42	2A	*
01	01	SOH	15	0F	SI	29	1D	GS	43	2B	+
02	02	STX	16	10	DEL	30	1E	RS	44	2C	,
03	03	ETX	17	11	DC1	31	1F	US	45	2D	-
04	04	EOT	18	12	DC2	32	20	SP	46	2E	.
05	05	ENQ	19	13	DC3	33	21	!	47	2F	/
06	06	ACK	20	14	DC4	34	22	"	48	30	0
07	07	BEL	21	15	NAK	35	23	#	49	31	1
08	08	BS	22	16	SYN	36	24	$	50	32	2
09	09	HT	23	17	ETB	37	25	%	51	33	3
10	0A	LF	24	18	CAN	38	26	&	52	34	4
11	0B	VT	25	19	EM	39	27	'	53	35	5
12	0C	FF	26	1A	SUB	40	28	(	54	36	6
13	0D	CR	27	1B	ESC	41	29	)	55	37	7

续表

十进制数	十六进制	字符	十进制数	十六进制	字符	十进制数	十六进制	字符	十进制数	十六进制	字符
56	38	8	74	4A	J	92	5C	\	110	6E	n
57	39	9	75	4B	K	93	5D	]	111	6F	o
58	3A	:	76	4C	L	94	5E	^	112	70	p
59	3B	;	77	4D	M	95	5F	-	113	71	q
60	3C	<	78	4E	N	96	60	'	114	72	r
61	3D	=	79	4F	O	97	61	a	115	73	s
62	3E	>	80	50	P	98	62	b	116	74	t
63	3F	?	81	51	Q	99	63	c	117	75	u
64	40	@	82	52	R	100	64	d	118	76	v
65	41	A	83	53	S	101	65	e	119	77	w
66	42	B	84	54	T	102	66	f	120	78	x
67	43	C	85	55	U	103	67	g	121	79	y
68	44	D	86	56	V	104	68	h	122	7A	z
69	45	E	87	57	W	105	69	i	123	7B	{
70	46	F	88	58	X	106	6A	j	124	7C	|
71	47	G	89	59	Y	107	6B	k	125	7D	}
72	48	H	90	5A	Z	108	6C	l	126	7E	~
73	49	I	91	5B	[	109	6D	m	127	7F	DEL

【例3.23】字符型变量。

```
#include<stdio.h>
void main()
{   char c1,c2,c3;
    c1='a';            //常量字符
    c2=97;             //常量ASCII值
    c3='\141';         //八进制数转义字符
}
```

在按下快捷键F10（Step Over 单步退出）追踪执行程序时，3个变量的取值如图3-14所示。其中c1、c2和c3都得到了字符'a'，其中保存的都是ASCII码值97。

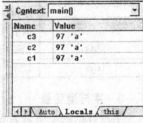

图3-14 内存中的变量取值

3.5.2 字符型数据的输入和输出

字符型数据的输入与输出有两种方法：一种是通过基本输入输出函数实现，另一种是通过格式输入输出函数实现。

1. 利用基本输入输出函数输入输出字符数据

（1）getchar()函数：获得从键盘上输入的一个字符。

（2）putchar(c)：向终端输出参数c中的一个字符。参数c可以是字符常量、变量或表达式。

【例3.24】输入一个字符，并输出该字符。

```
#include<stdio.h>
void main()
{   char c;
    c=getchar();          //输入字符，赋给变量c
    putchar(c);           //将字符变量c输出
    putchar('\n');        //输出转义字符'\n',即输出一个换行
}
```

在运行时输入字母"a"后按下回车键，变量c获得了输入的字母'a'。程序的运行结果如下：

因为一条getchar()语句只能读入一个字符,所以当输入多个字符时,也仍然只取第1个字符。例如,虽然输入5个字符"qadfa",但是变量c也只能取第1个字符'q'。程序的运行结果如下。

【例3.25】输入与输出多个字符。

```
#include<stdio.h>
void main()
    {char c1,c2,c3;
    c1=getchar();  c2=getchar();   c3=getchar();
    putchar(c1);  putchar(c2);  putchar(c3);
    putchar('\n');
}
```

在运行时输入字符"abc"之后按下回车键,3个getchar()函数依次读取一个字符送给一个变量。程序的运行结果如下。

在输入时空格、Tab和回车键都会被getchar()函数接受。本例如果输入"a␣b␣c",那么c1得到'a',c2得到'␣',c3得到'b'。程序的运行结果如下。

【例3.26】使用putchar(getchar())输入与输出字符。

```
#include<stdio.h>
void main()
{   putchar(getchar());
    putchar(getchar());
    putchar(getchar());
    putchar('\n');
}
```

语句"putchar(getchar())"将由"getchar()"函数输入的字符立刻由"putchar()"函数输出。程序的运行结果如下。

2. 利用格式输入输出函数输入输出字符数据

使用格式输入输出函数输入和输出字符型数据的格式说明符为"%c"。

因为字符型数据在内存中以ASCII码存放,所以也可以用整型的格式说明符如"%d""%o"和"%x"等输入和输出字符型数据。

【例3.27】字符型数据的格式输入与输出。

```
#include<stdio.h>
void main()
{   char c;
    scanf("%c",&c);
    printf("%c %d %o %x \n",c, c, c, c);
}
```

在运行时，输入字母"a"后按下回车，将输出字母"a"及其十进制、八进制和十六进制的ASCII码值。程序的运行结果如下。

```
a
a 97 141 61
Press any key to continue
```

【例3.28】字符型数据的运算。

```c
#include<stdio.h>
void main()
{   char c;
    scanf("%c",&c);
    printf("%c %d\n", c, c);
    c=c-32;                            //小写字母转换为大写字母
    printf("%c %d\n", c, c);
}
```

在运行时，输入小写字母"b"，语句"c=c-32;"使得变量c中ASCII值98（字母"b"）减去32，更改为66（字母"B"）。程序的运行结果如下。

```
b
b 98
B 66
Press any key to continue
```

3.6　字符串

字符串常量是用一对双撇号"""" 括起来的0个或多个字符，字符串中可以包括转义字符。例如：

```
"I like programming!\n"
" Abc \' def \" \141 Tianjin \\! \n"
"a=%d,b=%d,c=%d"
```

【例3.29】常量字符串举例。

```c
#include<stdio.h>
void main()
{   printf(" I like programming! \n");
    printf(" Abc \' def \" \141 Tianjin \\! \n");      //其中包括转义字符
}
```

程序的运行结果如下。

```
I like programming!
 Abc ' def " a Tianjin \!
Press any key to continue
```

3.7　算术运算符和算术表达式

3.7.1　C语言运算符简介

表达式描述对哪些数据进行什么样的运算，它由运算符和运算量组成，每个表达式都有值和数据类型。运算符表示进行的运算操作。运算量和操作数表示运算的对象，它可以是常量、变量或函数。C语言中的运算符如表3-12所示。

表 3-12　　　　　　　　　　　C 语言中的运算符

编　号	类　名	包含的运算符
1	算术运算符	+ - * / % ++ --
2	关系运算符	> < == >= <= !=
3	赋值运算符	=
4	逻辑运算符	! && ||
5	位运算符	<< >> ~ | ^ &
6	条件运算符	? :
7	逗号运算符	,
8	指针运算符	* &
9	求字节运算符	sizeof
10	强制类型转换运算符	（类型）
11	分量运算符	. ->
12	下标运算符	[ ]
13	其他	如函数调用运算符（）

学习运算符需要注意以下几点（★）。

（1）运算符的功能。

（2）运算符与运算量的关系，包括运算量的个数与类型。例如，非运算（！）需要一个运算对象，加运算（+）需要两个运算对象。又如加运算（+）的运算对象可以是实型或整型数据，而模运算（%）只能对整数进行。

（3）运算符的优先级。运算符的优先级表示运算的先后顺序。优先级高的先运算，优先级低的后运算。

（4）结合方向。运算符的优先级别相同时，还要考虑是从左向右还是从右向左结合。如表达式"S + 5 - C"是从左向右运算，而表达式"a = b = 3"则是从右向左运算。

（5）结果的类型。就是表达式结果的类型。

学习提示：

（1）运算符的学习比较容易，但需要细致和耐心。

（2）要学会通过编写小程序来验证运算结果，加深对运算符优先级、结合方向和结果类型的理解。

3.7.2　算术运算符和表达式

基本的算术运算符如表 3-13 所示，使用算术运算符构成的表达式称为算术表达式。

（1）乘、除、求余的优先级相同，加、减的优先级相同，乘、除、求余的优先级高于加、减的优先级。

（2）如果希望某个运算先做，可以使用小括号"()"括起来。如 34*（a+b），5-（a+（r-6）%4），小括号"()"中的运算先做。

表 3-13　　　　　　　　　　算术运算符及其使用

运算符	功能	结合性	双目（单目）	注意事项
+	加	右	双目	
-	减、取负	左	双目或单目	
*	乘	左	双目	

续表

运算符	功能	结合性	双目（单目）	注意事项
/	除	左	双目	整数与整数相除时，结果为整数，舍去小数部分
%	求余（模）	左	双目	参与运算的数必须是整型

（3）整数除整数的结果为整数。例如，5/3得1，-5/3得-1，5/9得0。

（4）将数学表达式 $\dfrac{(a+b)^2}{a(b+c)}$ 描述成C语言算术表达式为(a + b)*(a + b)/(a*(b + c))。在书写算术表达式时，注意不能省略乘号"*"。

【例3.30】算术运算符的使用。

```
#include<stdio.h>
void main()
{   printf("%d  %d \n", 5+3, 5-3);          //5+3得8，5-3得2
    printf("%d\n",5*3);                      //5*3得15
    printf("%d %d %d \n",5/3, -5/3, 5/9);   //整数除整数得整数
    printf("%d %d\n",5%3 ,-5%3);             //求余数
}
```

程序的运行结果如下。

```
8  2
15
1 -1 0
2 -2
Press any key to continue_
```

3.7.3 自增自减运算符

自增运算符（++）和自减运算符（--）的功能是将变量的值自加1或自减1，如表3-14所示。

表3-14　　　　　　　　　　　自增自减运算符

运　算　符	功　　能
++i, --i	相当于i=i+1, i=i-1 先让i的值增1或减1，后引用变量i的值
i++, i--	相当于i=i+1, i=i-1 先引用变量i的值，后让i的值增1或减1

（1）该运算符为单目运算符，且运算对象只能为一个变量。
（2）不同的编译系统对自增自减运算符的结合方向可能有不同的解释，有的自右向左，有的自左向右。
（3）究竟是先自增自减后取值，还是先取值后自增自减，完全取决于自增自减运算符与变量的位置关系。

【例3.31】++和--运算符的使用。

```
#include<stdio.h>
void main()
{   int i=6,j=6;
    i++;                    //i自加1
    ++j;                    //j自加1
    printf("i=%d,j=%d\n", i, j);
```

```
    i=6;j=6;
    i--;                    //i自减1
    --j;                    //j自减1
    printf("i=%d,j=%d\n", i, j);
}
```

程序的运行结果如下。

```
i=7,j=7
i=5,j=5
Press any key to continue_
```

学习提示：

（1）复杂的自增自减运算符，晦涩难懂，程序可读性较差。
（2）初学者只需要在编程中把++和--运算符当成自加1和自减1的运算即可。

【例3.32】阅读并分析以下程序表达式中s和i的值（★）。

```
#include<stdio.h>
void main()
{   int i=6,s=0,t=0;
    s=s+i++;                //相当于s=s+(i++)，结果为s=6, i=7
    printf("%d %d\n", s, i);
    i=6;s=0;
    s=++i;                  //结果为s=7, i=7
    printf("%d %d\n", s, i);
    i=6;s=0;
    s=i--;                  //结果为s=6, i=5
    printf("%d %d\n", s, i);
    i=6;s=0;
    s=s+i--;                //相当于s=s+(i--)，结果为s=6, i=5
    printf("%d %d\n", s, i);
    i=6;s=0;
    s=s+--i;                //相当于s=s+(--i)，结果为s=5, i=5
    printf("%d %d\n", s, i);
}
```

程序的运行结果如下。

```
6 7
7 7
6 5
6 5
5 5
Press any key to continue_
```

【例3.33】分析++和--的运算次序（★）。

```
#include<stdio.h>
void main()
{   int i=3,j=1,s=0;
    s=(i++)+(i++)+(i++);
    printf("%d %d\n", s, i);      //结果 s=9,i=6
    i=3;
    s=(++i)+(++i)+(++i);
    printf("%d %d\n", s, i);      //结果 s=16,i=6
    i=3;j=1;s=0;
    s=i+++j;
    printf("%d %d\n", s, i);      //结果 s=4,i=4
```

```
        i=3;
        printf("%d %d\n", i, i++);          //结果为 3 3
        i=3;
        printf("%d %d\n", i, ++i);          //结果为 4 4
}
```

程序的运行结果如下。

```
9 6
16 6
4 4
3 3
4 4
Press any key to continue
```

说明：

（1）在 Visual C++6.0 中，表达式 "(i++)+(i++)+(i++)" 解释为 3+3+3，然后 i 三次自加 1。因此 s=9、i=6。

（2）在 Visual C++6.0 中，表达式 "i+++j" 解释为 "(i++)+j"，即 3+1，然后 i 自加 1。因此 s=4、i=4。

（3）在 Visual C++6.0 中，因为语句 "printf("%d %d\n", i, i++);" 中++在后，所以先取值，后自加。

3.7.4 赋值运算符和赋值表达式

1. 赋值运算符和表达式

赋值运算符 "=" 连接的式子称为赋值表达式，功能是计算右边表达式的值并赋给左边的变量。赋值表达式的一般形式为

变量=表达式

（1）当右边的表达式值与左边变量的类型不一致时，将右边的值转换为左边变量的类型。

（2）实数转换为整型数时，截去小数部分，保留整数部分。整数转换为实型时，在小数点后补 0。

（3）赋值运算符具有右结合性。例如，"a = b = c = 8" 相当于 "a = (b = (c = 8))"。

（4）赋值表达式的值为右边表达式的值。

【例 3.34】 赋值运算符构成赋值语句。

```
#include<stdio.h>
void main()
{   int a;
    float b;
    a=3.14*2*2;          //右边的实数转换为整数时，截去小数部分
    b=3.14*2*2;
    printf("a=%d,b=%f\n",a,b);
}
```

程序的运行结果如下。

```
a=12,b=12.560000
Press any key to continue
```

【例 3.35】 赋值运算符构成赋值语句。

```
#include<stdio.h>
void main()
{   int a,b,c;
    a=b=c=5;             //相当于 a=(b=(c=5))
```

```
    printf("a=%d,b=%d,c=%d\n", a, b, c);
    a=(b=3)+(c=4);
    printf("a=%d,b=%d,c=%d\n", a, b, c);
}
```
程序的运行结果如下。

```
a=5,b=5,c=5
a=7,b=3,c=4
Press any key to continue
```

2. 复合赋值符

在赋值符"="之前加上其他双目运算符可以构成复合赋值符。如+=、-=、*=、/=、%=、<<=、>>=、&=、^=和|=。

构成复合赋值表达式的一般形式为

变量　双目运算符= 表达式

它相当于：

变量 = 变量 运算符 表达式

例如：

   a + = 15   相当于   a = a + 15
   x* = y + 8   相当于   x = x* (y + 8)
   r% = h   相当于   r = r%h

【例 3.36】复合赋值运算符构成赋值语句。

```
#include<stdio.h>
void main()
{   int a=1,b=2,c=3;
    a+=5;                   //相当于 a=a+5
    b*=6+a;                 //相当于 b=b*(6+a)
    c/=2;                   //相当于 c=c/2
    printf("a=%d,b=%d,c=%d\n",a,b,c);
    a=12;
    a+=a-=a*a;              //相当于 a=a+(a=(a-a*a))
    printf("a=%d\n",a);
}
```
程序的运行结果如下。

```
a=6,b=24,c=1
a=-264
Press any key to continue
```

说明：

语句"a+=a-=a*a;"相当于"a=a+(a=(a-a*a))",它先进行"a=(a-a*a)",此时 a=-132；再进行 a=a+(-132)的运算，最后 a=-264。

学习提示：
（1）复合赋值表达式的左边必须是变量。
（2）将复合赋值符右侧的表达式看做一个整体。
（3）复合赋值运算符有利于编译处理，能提高编译效率并产生质量较高的目标代码。

3.7.5 逗号运算符和表达式

在 C 语言中，逗号","称为逗号运算符。它把两个表达式连接起来组成一个表达式，称为

逗号表达式。逗号表达式的一般形式为

　　表达式1,表达式2

（1）逗号表达式求值过程是从左向右求表达式的值，并以表达式2的值作为整个逗号表达式的值。例如，表达式"3+5,6+8"的值为14。

（2）在C语言中，逗号运算符是所有运算符中级别最低的。

（3）逗号表达式可以拓展为以下形式：

　　表达式1,表达式2,…,表达式n

整个逗号表达式的值为最右边的表达式n的值。

【例3.37】逗号表达式的应用。

```
#include<stdio.h>
void main()
{   int a=5,b=7,c=9,y;
    y=(a-b),(b+c);                  //相当于(y=(a-b)),(b+c)
    printf("y=%d \n",y);
}
```

因为赋值运算符"="的优先级高于逗号运算符，所以语句"y=(a-b),(b+c);"相当于"(y=(a-b)),(b+c);"。程序的运行结果如下。

```
y=-2
Press any key to continue
```

【例3.38】逗号表达式的应用。

```
#include<stdio.h>
void main()
{   int a=2,b=4,c=6,x,y;
    x=(a-b,b+c);                    //x的取值为b+c
    y=a-b,b+c;                      //相当于"(y=a-b),b+c"，y的取值为a-b
    printf("x=%d, y=%d \n", x, y);
    x=(a+b,a+c,b+c,a-b,a-c,b-c);    //x的取值为b-c
    y=a+b,a+c,b+c,a-b,a-c,b-c;      //y的取值为a+b
    printf("x=%d, y=%d \n", x, y);
}
```

程序的运行结果如下。

```
x=10, y=-2
x=-2, y=6
Press any key to continue
```

学习提示：

　　并不是所有的逗号都组成逗号表达式。例如，定义多个变量时，变量之间的","为变量的分隔符。函数参数表中逗号只是用作各变量的间隔符。如语句"printf("%d%d",a,b);"。

3.8　数据类型的转换

不同类型的数据在进行混合运算时，要先进行类型转换，将不同类型的变量转换成相同的类型，然后再进行运算。转换的方法有两种：一种是自动转换，另一种是强制转换。

3.8.1　隐式类型转换

当不同类型的数据进行混合运算时，编译系统自动将数据转换为同一数据类型。这种自动的类型转换也称为隐式类型转换，它遵循以下规则。

（1）转换按数据的字节长度变长、精度变高。例如，int 类型和 long 类型一起运算，要先把 int 类型数据转换为 long 类型。数据类型的长度和精度从低到高依次为 char、short、int、long、float、double。

（2）有 float 类型浮点数参加的运算都要转换为双精度浮点数 double，即 float 类型必须转换成 double 类型。

（3）char 类型和 short 类型参与运算时必须先转换成 int 类型。

（4）在赋值运算中，赋值号两边量的数据类型不同时，赋值号右边数据的类型将转换为左边变量的类型。

【例 3.39】不同数据类型的混合运算。

```
#include<stdio.h>
void main();
{   int a=5;
    float b=3.14,c;
    char d='b';
    c=b*a*a+'a'-d +3.5*'b';          //不同类型数据的混合运算
    printf("c=%f\n",c);
}
```

程序的运行结果如下。

```
c=420.500000
Press any key to continue_
```

学习提示：
（1）字节数少的数据类型向字节数多的数据类型自动转换，且不丢失数据。
（2）字节数多的数据类型向字节数少的数据类型自动转换，会丢失部分信息。

3.8.2 强制类型转换运算符

如果要按照需要来进行数据的类型转换，可以使用强制类型转换运算符。强制类型转换的一般形式为

（类型名）（表达式）

（1）强制类型转换运算符的功能是把表达式的运算结果强制转换成类型名所指的类型。
（2）强制类型转换运算符的优先级高于算术运算符。
（3）强制类型转换只将结果进行临时转换，而不改变变量的数据类型。

例如：

(float) a   把 a 转换为实型
(int)(x+y)   把 x + y 的结果转换为整型
(int)x+y   相当于((int)x)+y

【例 3.40】强制类型转换举例。

```
#include<stdio.h>
void main()
{   float a=3.6,b=3.7;
    int c,d,e;
    c=(int)a+(int)b;              //相当于3+3
    d=(int)(a+b);                 //相当于3.6+3.7取整
    e=(int)a+b;                   //相当于3+3.7取整
    printf("c=%d,d=%d,e=%d\n",c,d,e);
}
```

程序的运行结果如下。

```
c=6,d=7,e=6
Press any key to continue
```

习　题

一、选择题

（1）以下选项中，（　　）不是 C 语言中的基本数据类型。
　　　A）整型　　　　　　B）字符型　　　　　　C）实型　　　　　　D）数组
（2）变量需要占用一定的存储空间，一个 int 类型的变量占据（　　）个字节。
　　　A）1　　　　　　　B）2　　　　　　　　C）3　　　　　　　　D）4
（3）以下关于变量定义的说法中错误的是（　　）。
　　　A）变量必须先定义后使用，变量名尽量做到见名知义
　　　B）一次可以同时定义多个相同类型的变量
　　　C）定义变量的同时给该变量赋初值，叫初始化
　　　D）在变量定义时可以指出其类型，也可以不指出
（4）在定义变量后，按下（　　）键追踪执行程序，并观察变量在内存中的取值。
　　　A）F1　　　　　　B）F10　　　　　　　C）F5　　　　　　　D）TAB
（5）以下选项中，不属于常量的是（　　）。
　　　A）A123　　　　　　　　　　　　　　　B）#define　PI　3.14
　　　C）'A'　　　　　　　　　　　　　　　　D）const　float　PI=3.14
（6）要将变量 A 初始化为-123，以下定义中错误的是（　　）。
　　　A）unsigned　int　A=-123;　　　　　　B）int　A=-123;
　　　C）long　A=-123;　　　　　　　　　　　D）short　A=-123;
（7）要将变量 B 初始化为 1.023456789，以下定义中正确的是（　　）。
　　　A）int　B=1.023456789;　　　　　　　　B）float　B=1.023456789;
　　　C）double　B=1.023456789;　　　　　　 D）char B=1.023456789;
（8）以下选项中，不合法字符常量的是（　　）。
　　　A）'\\'　　　　　　B）'\xbb'　　　　　C）'\019'　　　　　D）'c'
（9）以下关于输入输出格式说明符的说法错误的是（　　）。
　　　A）%d 是 int 的输入输出格式符　　　　B）float 和 double 输入格式符都可以是%f
　　　C）float 和 double 输出格式符都可以是%f　　D）%c 是 char 数据的输入输出格式符
（10）以下关于输入输出的说法错误的是（　　）。
　　　A）使用输入输出函数时，需要在程序中加入#include<stdio.h>命令
　　　B）scanf("%d",&a)中的&表示取地址，可以省略
　　　C）printf("%5d",a);表示输出变量 a 的值，占 5 列
　　　D）printf("%5.3f",a)表示输出变量 a 的值，保留小数点后 3 位，整个数据占 5 列
（11）以下选项中，正确的字符串是（　　）。
　　　A）'hello'　　　　　B）"hello "　　　　　C）hello　　　　　　D）'h'
（12）已定义变量 char c，则不能正确地给该变量赋值的是（　　）。

　　　　A）c=97　　　　　B）c='A'　　　　　C）c="B"　　　　D）c='A'+6
（13）已定义 int a=2,b=3,c=9，则表达式 c%a+b 的值是（　　）。
　　　　A）3　　　　　　B）7　　　　　　　C）8　　　　　　D）4
（14）以下程序段执行后，a 的值是（　　）。
```
int a;
double b=4.86;
a=b;
```
　　　　A）NULL　　　　B）4　　　　　　　C）4.86　　　　　D）5
（15）若变量 x 和 y 已正确定义并赋值，以下各项符合 C 语言语法的表达式是（　　）。
　　　　A）x++　　　　 B）x+34=y　　　　 C）x+23=x+y　　 D）(x+y)++
（16）以下表示数学式 (3xy)/(ab) 的 C 语言表达式中，错误的是（　　）。
　　　　A）3*x*y/a/b　　B）x/a*y/b*3　　　C）3*x*y/a*b　　 D）x/b*y/a*3
（17）已知 a=2，执行语句 b=a++后，a、b 的值分别是（　　）。
　　　　A）a=2　b=2　　B）a=3　b=3　　　C）a=2　b=3　　 D）a=3　b=2
（18）已知 a=6，执行语句 b=--a 后，a、b 的值分别是（　　）。
　　　　A）a=6　b=6　　B）a=5　b=5　　　C）a=6　b=5　　 D）a=5　b=6
（19）已知 int a=2, b=3, c=4, d，则逗号表达式 d=a, a=b+c, c=c+1 的值是（　　）。
　　　　A）5　　　　　　B）6　　　　　　　C）7　　　　　　D）8
（20）已知 x=3.5，y=6.3，则(int)(x+y)的值是（　　）。
　　　　A）6　　　　　　B）7　　　　　　　C）9　　　　　　D）8

二、填空题

（1）C 语言中的基本数据类型包括_____、_____、_____和枚举类型。
（2）无符号短整型所能表示的数据范围是_____，有符号短整型所能表示的数据范围是_____。
（3）十进制整型常量 517 的八进制表示方法是_____，十六进制的表示方法是_____。
（4）int 类型的变量存储时占据____个字节，float 类型的变量存储时占据____个字节，double 类型的变量存储时占据____个字节，char 类型的变量存储时占据____个字节。
（5）定义 int m=1，a=3，b=2，c=4，d，执行语句"d=m=a=b;"后，m 的值为_____，d 的值为_____。
（6）定义 int x, y=2, z=3，则执行语句"x=3+(y--)+(++z);"后，x 的值为_____。
（7）表达式"4/6*(int)4.6/(int)(2.67*3.8-5.6)"值的数据类型为_____。
（8）已经定义 a=5，则执行语句 a-=a*=a+a 后，a 的值为_____。
（9）以下程序运行后的输出结果是_____。

```
#include<stdio.h>
void main()
{   float x=3.45f;
    printf("%f,",x);
    printf("%10.2f\n",x);
}
```

（10）以下程序运行后的输出结果是_____。

```
#include<stdio.h>
void main()
{   float x=3.45f;
    int y=5;
```

```
    double s=0;
    s=x+(double)y*3+y%2;
    printf("%lf\n",s);
}
```

（11）以下程序运行后的输出结果是_____。

```
#include<stdio.h>
void main()
{   float x=3.45f;
    int y=5;
    double s=0;
    s=x+y/3+y%2;
    printf("%lf\n",s);
}
```

（12）已知数字字符'0'的ASCII值为48。以下程序运行后的输出结果是_____。

```
#include<stdio.h>
void main()
{   char a='4',b='8';
    b--;
    printf("%c,",b);
    printf("%d",b-a);
}
```

（13）以下程序运行时要给变量赋值 a=4、b=6，应该输入_____，输出结果是_____。

```
#include<stdio.h>
void main()
{   int a,b;
    scanf("a=%d,b=%d",&a,&b);
    printf("%d%d",a,b);
}
```

三、编程题

1. 输入三位数，分别输出该数各个数位上的数字（单步执行时请注意观察变量的取值）。
2. 输入一个大写字母，将其转换为小写字母（单步执行时请注意观察变量的取值）。

单元测试

学号_____ 姓名_____ 得分_____

一、选择题

（1）在程序执行时，（   ）的值可以发生改变。
　　A）变量　　　　　　B）常量　　　　　　C）符号常量　　　　D）地址

（2）以下叙述中正确的是（   ）。
　　A）在程序运行时，常量的取值可以改变
　　B）用户定义的标识符允许使用关键字
　　C）用户定义的标识符必须用大写字母开头
　　D）用户定义变量时应尽量做到"见名知义"

（3）以下选项中，（   ）标识符是正确的C语言标识符。
　　A）if, 3abc, _a4　　　　　　　　B）we, _3e, count
　　C）w!, for, Const　　　　　　　D）#t, er2_r, in-qw

（4）定义 int a=1, b=2, c=3, d=4，则表达式(a+b)/d-c 的值是（   ）。
　　A）-1　　　　　　　B）-2　　　　　　　C）-3　　　　　　　D）-4

（5）以下程序段执行后，k 的值是（   ）。
```
int k=2,a=3,b=4;
k*=a+b;
```
　　A）10　　　　　　　B）12　　　　　　　C）14　　　　　　　D）2

二、填空题

（1）已经定义 a=3，执行语句 a+=a-=a*=a+2 后，a 的值是_____。

（2）以下程序运行后的输出结果是_____。
```
#define a 5
#include<stdio.h>
void main()
{   int x;
    x=(a+3)*a;
    printf("%d",x,y);
}
```

（3）以下程序运行后的输出结果是_____。
```
#include<stdio.h>
void main()
{   float x=3.14159;
    printf("%.3f\n",x);
}
```

（4）以下程序运行后的输出结果是_____。
```
#include<stdio.h>
void main()
{   int x=5;
    int s=0;
    s=x+x/2+x%2;
    printf("%d\n",s);
```

（5）以下程序运行后的输出结果是_____。
```c
#include<stdio.h>
void main()
{   int y=-12;
    printf("3456%d\n",y);
}
```

（6）已知数字字符'0'的 ASCII 值为 48。以下程序运行后的输出结果是_____。
```c
#include<stdio.h>
void main()
{   char a='4',b='6';
    b=b+2;
    printf("%c,",b);
    printf("%d",b-a);
}
```

三、编程题

1. 输入矩形的长和宽，求矩形的面积和周长。执行程序时请分别按照单步执行和编译执行方式进行（单步执行时请注意观察变量的取值）。

2. 输入四位数，分别求该数各个数位上的数字之和。

第4章 顺序结构程序设计

本章资源

顺序结构按照语句的先后顺序执行程序,它是程序设计中最简单的控制结构。本章介绍 C 语言的语句、注释,顺序结构的算法设计、程序编写,常见错误及程序调试方法。通过学习本章,读者可以深入学习和掌握程序设计的一般过程。

4.1 C 语句概述

语句用于向计算机软硬件系统发出操作指令以完成一定任务。一条 C 语言的语句在编译后将产生若干条机器指令。一个 C 程序主要由两部分组成:数据描述(声明部分)和数据操作(语句)。数据描述用于定义数据结构和初始化,如 "int a;" 不是一条语句,它不产生机器操作,而是定义变量 a。数据操作部分则进行数据加工,如 "a=10;" 是一条赋值语句,表示给变量 a 赋值 10。

C 语言的每一条语句后都必须跟一个分号 ";"。

C 语言的语句主要包括以下 5 种。

1. 控制语句

控制语句完成一定的控制功能,C 语言包括以下 9 种控制语句。

(1) 条件语句:if()～else～

(2) 循环语句:for()～

(3) 循环语句:while()～

(4) 循环语句:do～while()

(5) 结束本次循环语句:continue

(6) 多分支选择语句:switch

(7) 中止循环或 switch 语句:break

(8) 转向语句:goto

(9) 从函数返回语句:return

2. 函数调用语句

C 语言的函数调用语句由调用一次函数后跟上一个分号 ";" 构成。例如:

```
printf("Hello.\n");
```

3. 表达式语句

C 语言的表达式语句由表达式后跟上 ";" 构成。例如,赋值表达式语句:

```
a=12;
```

4. 空语句

```
;
```

空语句是指只有一个分号的语句,它什么都不执行,经常用于 goto 语句的转向点,或描述空的循环体。

5. 复合语句

用花括号"{}"把多条语句括起来，构成复合语句。例如：

```
{   t=a;
    a=b;
    b=t;
}
```

4.2　C 程序的注释

程序的注释用于描述程序的编写者、版本号，版本形成日期，程序的功能等信息，还用于描述程序某部分、某条语句的功能，从而使得程序更易于理解。程序中的注释将被编译器忽略，编译时注释不产生任何可执行语句，因此不影响程序的运行。

在 Visual C++6.0 中，注释主要有两种形式，即单行注释和多行注释。

1. 单行注释

单行注释以"//"开始，可以跟在语句的后边，也可以单独作为一行。例如：

```
area=PI*r*r;  //计算圆的面积
//以上语句计算面积
```

2. 多行注释

多行注释以"/*"开始，到"*/"结束，它可以放在任何可以放空格的地方，如跟在语句后边，单独从一行开始，甚至插入一条语句中间。例如：

```
float r /* 半径 */,area /*面积*/;
r=6;
area=PI*r*r;       /*计算圆的面积,
r为半径*/
```

学习提示：
读者在编写程序时应该恰当地使用注释，增加程序的可读性，养成良好的编程习惯。

4.3　顺序结构程序设计

顺序结构是结构化程序设计中最简单的控制结构，它一般包括输入、处理和输出3个步骤。其传统流程图如图4-1（a）所示，其 N-S 流程图如图 4-1（b）所示。

程序设计的过程一般包括以下步骤。

（1）分析问题：分析问题的原理、定义，找出其中的规律。

（2）设计算法：根据分析，设计解决问题的算法。

（3）编写程序：编写程序，调试、运行。

【例 4.1】编写程序，输入三角形的 3 条边长 a、b 和 c，求三角形的面积。

1. 分析

根据数学知识，在已知三角形的 3 条边时可以使用海伦公式来求其面积，即

图 4-1　顺序结构处理过程

$$s = \frac{a+b+c}{2}$$

$$area = \sqrt{s(s-a)(s-b)(s-c)}$$

2. 算法设计

根据前述分析，要计算三角形面积需要先输入三角形的 3 条边长，然后利用海伦公式计算面积。求三角形面积算法的传统流程图如图 4-2（a）所示，其 N-S 流程图如图 4-2（b）所示。

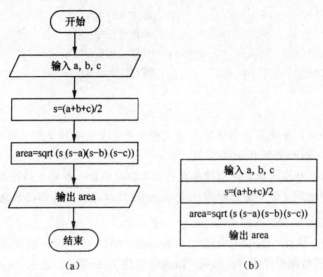

图 4-2 "三角形面积"算法

学习提示：
　　算法要求输入的 3 条边长能够构成一个三角形，如果运行时输入的 3 条边长不能构成三角形，则此程序将出错。因为读者是初学编程，处理这种错误的方法将在后续章节讲述。

3. 编程步骤

（1）建立 "E:\C\" 文件夹，用于存放相关文件。

（2）打开 Visual C++6.0，执行 "File（文件）→New（新建）" 命令，打开 "New（新建）" 对话框，单击 "Location（位置）" 旁的 按钮，选择 "E:\C\" 文件夹作为工程存放的位置，如图 4-3 所示。选择 "C++ Source File" 文件类型。

（3）编写源程序：根据如图 4-2 所示的算法，在如图 4-4 所示界面中编写源程序。

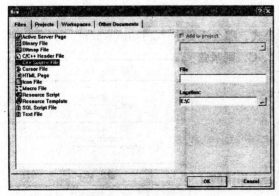

图 4-3 "新建"对话框

图 4-4 编写源程序

源程序代码如下：

```c
#include <stdio.h>
#include <math.h>                              //因为使用数学函数sqrt()，所以必须包含math.h
void main()
{   float a,b,c;                               //a,b,c为三角形的3条边长
    float s,area;                              //s为三角形周长的一半，area为三角形面积
    printf("\nPlease Input a,b,c:");           //提示输入三角形3条边长
    scanf("%f%f%f",&a,&b,&c);                  //输入3条边长
    s=(a+b+c)/2;                               //计算周长的一半s
    area=sqrt(s*(s-a) * (s-b) * (s-c));        //计算三角形面积area
    printf("area=%f \n",area);                 //输出三角形面积area
}
```

学习提示：

① 在编写程序时，首先根据算法需要确定程序中变量的数据类型。因为三角形的边长和面积不一定是整数，因此使用float类型。

② 注意确定输入和输出数据使用的格式符，本例题中输入和输出均使用 "%f"。

③ 因为程序中使用了开平方根数学函数 sqrt()，所以在文件头部必须使用语句 "#include <math.h>"。

（4）编译和组建：执行 "Build（组建）→Compile（编译）" 命令，或者按下▣按钮，或者按下 Ctrl+F7 组合键，进行源程序编译。如果 "Build（组建）" 标签中，显示 "eg0401.obj - 0 error(s), 0 warning(s)"，则表示编译成功。

执行 "Build（组建）→Build（组建）" 命令，或者按下▣按钮，或者按下 F7 键，生成可执行程序。如果 "Build（组建）" 标签中显示 "eg0401.exe - 0 error(s), 0 warning(s)"，则表示组建成功，生成了可执行文件 "eg0401.exe"。

（5）运行：执行 "Build（组建）→Execute（运行）" 命令，或者按下▣按钮，或者按下 Ctrl + F5 组合键，执行程序。在打开的 MS DOS 对话框中，显示 "Please Input a,b,c:"，提示输入三角形3条边长，此处输入 "3 4 5"，在下一行显示面积为 6.000000，其执行结果如下。

```
Please Input a,b,c:3 4 5
area=6.000000
Press any key to continue
```

4. 思考

任何问题都必须按照分析问题、设计算法、编写程序的步骤来解决。在分析问题时，要充分利用现有的数学、物理、化学等知识。

例如，求三角形面积的问题，如果没有海伦公式，那么就要使用几何知识来分析，并得出算法。设三角形的3边 a、b、c 的对角分别为 A、B、C，则余弦定理为

$$\cos C = \frac{a^2+b^2-c^2}{2ab}$$

$$area = \frac{ab\sin C}{2} = \frac{ab\sqrt{1-\cos^2 C}}{2}$$

如果继续进行数学推导，最终将得到与海伦公式相同的计算公式。根据上述分析设计的算法如图 4-5 所示。

输入 a，b，c
$\cos C = \dfrac{a^2+b^2-c^2}{2ab}$
$area = \dfrac{ab\sqrt{1-\cos^2 C}}{2}$
输出 area

图 4-5 "三角形面积" 算法 2

第4章 顺序结构程序设计

学习提示：
读者在学习编程的初期，要努力养成良好的编程习惯。
（1）按照分析问题、设计算法、编写程序的步骤来解决问题。
（2）程序中的变量必须先定义后使用，并根据问题的性质确定变量的类型。
（3）不同类型的数据采用对应的输入和输出格式符。
（4）变量的命名应该力求见名知义，使得程序可读性强。
（5）注意为程序和语句编写注释，以增加程序的可读性。

【例 4.2】求解鸡兔同笼问题。已知笼子中鸡和兔的头数总共为 h，脚数总共为 f，问鸡和兔各有多少只？

（1）分析。设鸡和兔分别有 x 和 y 只，则可列出方程组 $\begin{cases} x+y=h \\ 2x+4y=f \end{cases}$。经过数学推导，方程组可以转化为公式 $\begin{cases} x=(4h-f)/2 \\ y=(f-2h)/24 \end{cases}$ 或 $\begin{cases} x=(4h-f)/2 \\ y=h-x \end{cases}$。

根据数学知识，任何一对 h 和 f，都能计算出相应的 x 和 y，x 和 y 值的取值范围是实数。在现实世界中，鸡和兔的只数只能为大于或等于 0 的整数。因此，如果所得 x 或 y 带小数部分或者小于 0，那么这一对 h 和 f 就不是正确的解。

（2）算法设计：根据上述分析，求解此问题算法如图 4-6 所示。

（3）编写程序。根据图 4-6 所示算法，编写源程序如下：

| 输入 h, f |
| x=(4h-f)/2 |
| y=h-x |
| 输出 x,y |

图 4-6 "鸡兔同笼问题"算法

```
#include <stdio.h>
void main()
{   int h,f;                    //h为头的总数，f为脚的总数
    float x,y;                  //x为鸡的只数，y为兔子的只数
    printf("Please Input h,f:");
    scanf("%d%d",&h,&f);        //分别输入头和脚的数目
    x=(4*h-f)/2;                //计算鸡的只数
    y=h-x;                      //计算兔子的只数
    printf("x= %f,y=%f \n",x,y);
}
```

此程序的 h 和 f 为 int 类型，而计算的结果 x 和 y 可能带小数部分。x 和 y 为 float 类型，当 x 和 y 值带小数部分或小于 0 时，说明这一对 h 和 f 输入有错。程序运行时，输入 10 30，其运行结果如下。

```
Please Input h,f:10 30
x=5.000000,y=5.000000
Press any key to continue
```

【例 4.3】编写程序，输入一个三位整数，将其个位、十位和百位数反序后，得到一个新的整数并输出。例如，输入整数 234，输出整数 432。

（1）分析。要将整数的数位反序，首先必须求得其个位、十位和百位数，然后再计算得到反序后的数。

（2）算法设计。根据上述分析，求解此问题算法如图 4-7 所示。

（3）编写程序。根据图 4-7 所示算法，编写以下源程序：

| 输入三位整数 m |
| a=m%10 |
| b=m/10%10 |
| c=m/100%10 |
| n=a*100+b*10+c |
| 输出 n |

图 4-7 两位整数对调

```
#include <stdio.h>
void main()
{   int m,n,a,b,c;
```

57

```
        printf("Please input 三位整数:");
        scanf("%d",&m);
        a=m%10;           //求个位数
        b=m/10%10;        //求十位数
        c=m/100%10;       //求百位数
        n=a*100+b*10+c;   //反序后的数
        printf("%d 对调后是 %d\n",m,n);
    }
```

程序运行时输入 234，其运行结果如下。

```
Please input 三位整数:234
234 对调后是 432
Press any key to continue
```

学习提示：
取得一个整数的各位数字的方法在实际编程中经常使用，读者应注意掌握。

4.4　常见的编程错误及其调试

在实际编程中错误经常发生，很少有程序第 1 次编译运行就完全正确。计算机先驱 Grace Murray Hopper 博士发现的第 1 个硬件错误是在一个计算机组件中有一只大昆虫，因此错误常被称为 Bug，而发现并纠正错误的过程称为调试，即 Debug。

在编写程序的过程中，错误是很难避免的。通常编译器检测到一个错误，会给出错误信息，提示可能的错误原因。但是，错误的提示信息并不一定准确，有时候难以理解，甚至误导编程者。

有的程序在编译时能够通过，但是在执行时会出现意外错误。有的程序则因为算法的错误，导致运行结果出错。因此读者需要通过更多地编写和调试程序，逐渐积累经验，从而提高程序调试能力。

程序中经常出现的错误包括语法错误、运行时错误、未检测到的错误和逻辑错误。

4.4.1　语法错误

代码违反一条或多条 C 语言语法规则，编译器在编译时将检测到语法错误。程序中如果有语法错误，它将不能编译通过，并且不能执行。

初学者在 C 语言编程中常见的语法错误如下：

（1）变量未定义。
（2）语句后缺少分号";"。
（3）忘记包含所需要的库函数头文件。
（4）忘记乘法运算符"*"。例如，语句"a=3b;"。
（5）字符串两边的双引号应该成对出现。例如，语句"printf("c = %d,c);"。
（6）花括号"{}"不配对。
（7）小括号"()"不配对。例如，语句"s = (a + b + c/2;"。

编译器会一直试图找出所有可能的错误，一个错误可能导致产生多条错误提示信息。因此，在修改程序时，应该首先修改位置靠前的错误，在重新编译程序后再查看错误信息，并继续调试。

在调试时，只要用鼠标双击错误信息行，对应的语句行将会反显为蓝底白字，其左侧将出现提示图标 ➡ 。

第 4 章 顺序结构程序设计

【例 4.4】输入英里数，将其转换为千米数并输出。
（1）算法设计。经分析，该问题的算法如图 4-8 所示。
（2）编写程序。编写的程序代码如下：

输入 miles
kms=0.621miles
输出 kms

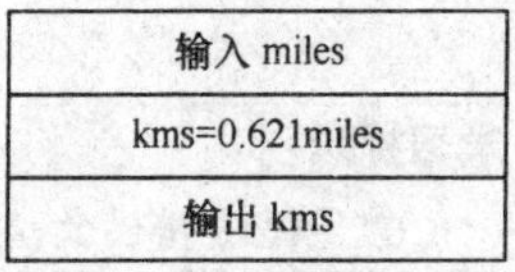

图 4-8 "英里到千米数转换问题"算法

```
1    void main()
2    {   double kms
3        printf("Please input miles:");
4        scanf("%lf",&miles);
5        kms=0.621miles;
6        printf("%lf miles= %lf kms,miles,kms);
7    }
```

此程序中存在多条语法错误，在编译时，错误提示信息如图 4-9 所示。

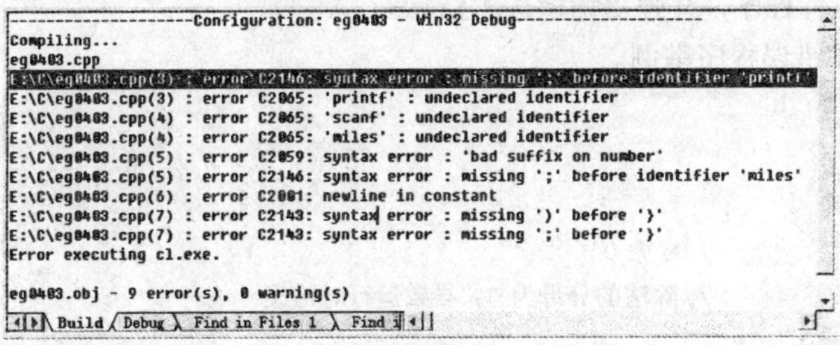

```
--------------------Configuration: eg0403 - Win32 Debug--------------------
Compiling...
eg0403.cpp
E:\C\eg0403.cpp(3) : error C2146: syntax error : missing ';' before identifier 'printf'
E:\C\eg0403.cpp(3) : error C2065: 'printf' : undeclared identifier
E:\C\eg0403.cpp(4) : error C2065: 'scanf' : undeclared identifier
E:\C\eg0403.cpp(4) : error C2065: 'miles' : undeclared identifier
E:\C\eg0403.cpp(5) : error C2059: syntax error : 'bad suffix on number'
E:\C\eg0403.cpp(5) : error C2146: syntax error : missing ';' before identifier 'miles'
E:\C\eg0403.cpp(6) : error C2001: newline in constant
E:\C\eg0403.cpp(7) : error C2143: syntax error : missing ')' before '}'
E:\C\eg0403.cpp(7) : error C2143: syntax error : missing ';' before '}'
Error executing cl.exe.

eg0403.obj - 9 error(s), 0 warning(s)
```

图 4-9 错误提示信息

对错误提示信息的分析如下：

① E:\C\eg0403.cpp(3) : error C2146: syntax error : missing ';' before identifier 'printf'

"E:\C\eg0403.cpp(3)"中的"(3)"表示错误可能的行号，"error C2146"为错误编号，": syntax error : missing ';' before identifier 'printf'"为错误提示信息。

此条错误提示信息表示程序的第 3 行前的一行缺少";"，也就是第 2 行的结尾缺少";"。

② E:\C\eg0403.cpp(3) : error C2065: 'printf' : undeclared identifier

　 E:\C\eg0403.cpp(4) : error C2065: 'scanf' : undeclared identifier

标识符"printf"和"scanf"没有定义。实际上如果要使用 printf()和 scanf()函数，就必须在程序开头包含 stdio.h 文件，即"#include <stdio.h>"。

③ E:\C\eg0403.cpp(4) : error C2065: 'miles' : undeclared identifier

标识符"miles"没有定义，即变量 miles 没有定义。

④ E:\C\eg0403.cpp(5) : error C2059: syntax error : 'bad suffix on number'

　 E:\C\eg0403.cpp(5) : error C2146: syntax error : missing ';' before identifier 'miles'

第 5 行中表达式缺少运算符"*"，应该为"kms=0.621*miles;"。

⑤ E:\C\eg0403.cpp(6) : error C2001: newline in constant

　 E:\C\eg0403.cpp(7) : error C2143: syntax error : missing ')' before '}'

　 E:\C\eg0403.cpp(7) : error C2143: syntax error : missing ';' before '}'

第 6 行的格式字符串缺少结束的双引号。

（3）修改后的程序。根据错误提示信息修改后的程序如下：

```
1    #include <stdio.h>                              //增加了此行
2    void main()
3    {   double kms,miles;                           //增加了 miles 变量定义和语句结束的";"
4        printf("Please input miles:");
5        scanf("%lf",&miles);
6        kms=0.621*miles;                            //增加了"*"
```

```
7      printf("%lf miles= %lf kms",miles,kms);    //格式字符串增加了右侧双引号
8  }
```

学习提示：

常见语法错误的说明，请查阅附录Ⅰ Visual C++6.0 常见错误提示。

4.4.2 运行时错误

运行时错误是指在程序编译时未能找出，而在程序执行时被计算机检测到的错误。当程序试图执行一个非法操作时会导致运行时错误。例如，被 0 除是一个运行时错误。当运行时错误发生时，计算机会停止执行程序，并弹出错误提示信息。

【例 4.5】被 0 除错误程序举例。

```
#include <stdio.h>
void main()
{   int a,b,c;
    a=10;
    b=5/9;             //b 为 0
    c=a/b;             //除法的分母为 0，导致运行时错误
    printf("c=%d",c);
}
```

程序在运行时，将产生运行时错误，提示信息如图 4-10 所示。

4.4.3 未检测到的错误

未检测到的错误是指有一些在编译和运行时都不会被计算机检测出来，但是却会导致程序运行结果不正确的错误。编程者必须预测并验证程序的结果，以确定程序是否正确。

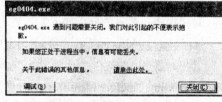

图 4-10 运行时错误的提示

常见的未检测到的错误如下：

（1）printf()或 scanf()语句中变量类型与使用格式说明符号不一致。例如：

```
#include <stdio.h>
void main()
{   int a;
    a=12345;
    printf("%f\n",a);
}
```

此处变量 a 为 int 类型，而 printf()语句中错误地使用"%f"格式，导致程序运行时输出结果不正确。

（2）赋给 int 类型变量的数超出变量的取值范围。例如：

```
#include <stdio.h>
void main()
{   int a;
    a= 2147483648;        //超过了 int 类型的取值范围- 2147483648～2147483647
    printf("%d\n",a);
}
```

程序的运行结果如下。

```
-2147483648
Press any key to continue
```

（3）scanf()语句中忘记使用变量的取地址符号"&"。例如：

```
scanf("%d%d",a,b);
```
程序在运行时输入的数据不能赋给对应的变量。

（4）运行程序时输入数据的方式与scanf()语句的格式要求不一致，导致数据不能正确赋给变量。例如：

```
#include <stdio.h>
void main()
{   int a,b;
    scanf("%d,%d",&a,&b);
    printf("%d,%d\n",a,b);
}
```

在程序运行时，正确的输入方式应为"3,4"。如果输入"3 4"，因为输入格式不正确，就使得输入的数据不能赋给变量b。

```
3 4
3,-858993460
Press any key to continue
```

（5）整数除法可能导致的结果错误。例如：

```
C=5/9* (F-32);
```

因为5/9的值为0，因此不论F的值为多少，变量C的值永远为0。

4.4.4 逻辑错误

逻辑错误是指由于不正确的算法导致的错误。逻辑错误主要源于错误的算法，因此在进行程序设计之前，应该仔细检查算法的正确性。逻辑错误只是得不到期望的结果，它通常不会导致运行时错误，编译时也不会有错误信息，因此错误定位和纠正较为困难。

对于一个程序，可以制订完善的测试方案，设计尽可能包括所有可能情况的测试用例，将运行的结果与预测的结果比对，从而发现逻辑错误。当发现逻辑错误时，需要使用程序调试的方法进行纠错。

4.4.5 程序调试方法

程序虽然通过了编译和组建，但是运行结果与期望的不一致，可能是因为算法出错，也可能是发生了计算机未检测到的错误。此时，可以通过程序调试（Debug）找出错误。

（1）执行"Debug（调试）→Step Over（单步跳过）"命令，或者按下F10键，开始单步执行程序，后续可以单步执行光标所在的当前语句，当前语句左侧有➡图标。

（2）在"Locals（本地）"标签中显示本地变量的当前值，如图4-11所示。

（3）在"Watch1~4"标签中，可以在"Name"列输入变量名或表达式，在"Value"列将显示变量或表达式的值，如图4-12所示。

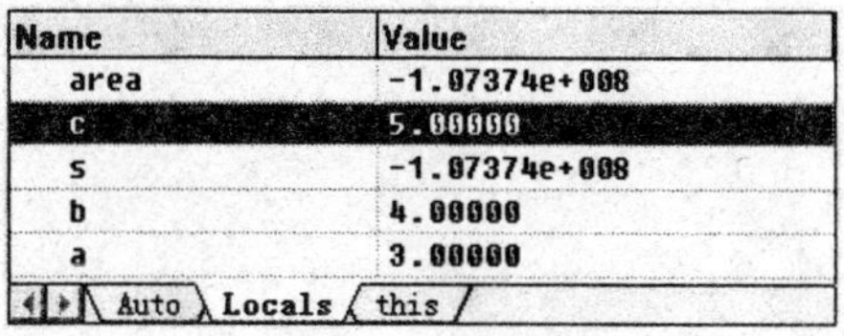

Name	Value
area	-1.07374e+008
c	5.00000
s	-1.07374e+008
b	4.00000
a	3.00000
\ Auto \ Locals \ this /

图4-11 "Locals"标签

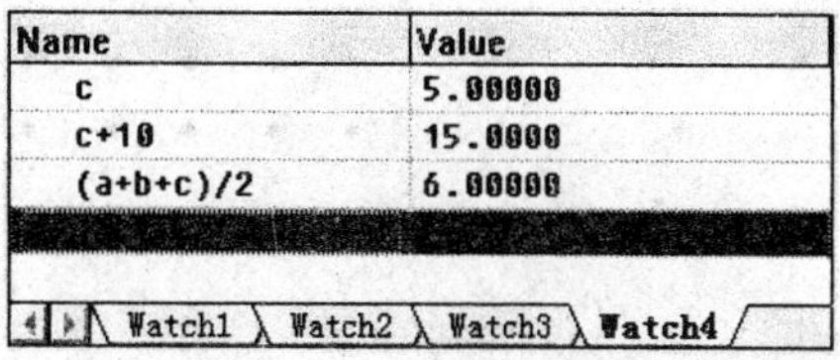

Name	Value
c	5.00000
c+10	15.0000
(a+b+c)/2	6.00000
\ Watch1 \ Watch2 \ Watch3 \ Watch4 /

图4-12 "Watch"标签

（4）执行"Debug（调试）→Step Into（单步进入）"命令，或者按下F11键，可以进入调试过程中跟踪的被调用函数的内部，如 printf（ ）函数中。

（5）将光标落在后续某条语句上，执行"Debug（调试）→Run to Cursor（运行到光标处）"命令，或者按下 Ctrl＋F10 组合键，将全速执行到光标所在的行。

（6）执行"Debug（调试）→Go（运行）"命令，或者按下 F5 键，将全速执行程序直到遇到一个断点或程序结束，或程序暂停等待用户输入。

（7）按下 ✋（切换断点）按钮，可将当前光标所在行设为断点。在按下"F5（Go）"按钮运行程序时，将停留在断点行，以便检查程序状态。

> **学习提示：**
> 初学者在调试程序时，应该通过反复的上机编程实践，熟练掌握以下调试程序的步骤。
> （1）执行"Step Over（单步跳过）"命令，或者按下 F10 键，单步调试并逐行执行程序。
> （2）逐行执行程序时，通过观察"Auto""Locals"或者"Watch1～4"标签中变量或表达式的变化，判断程序的正确性。

习　题

1. 设计算法并编写程序，输入圆柱的半径 r 和高 h，求圆柱体积和圆柱表面积。
2. 设计算法并编写程序，输入平面坐标系中两个点的坐标 (x_1, y_1) 和 (x_2, y_2)，计算两点之间的距离。
3. 设计算法并编写程序，输入一个矩形草坪的长和宽（单位：m），若以 $0.18 m^2/s$ 的速度修剪草坪，计算修剪草坪所需的时间。
4. 某商场营业员的总工资由两部分组成：基本工资和营业额提成费。设计算法并编写程序，输入基本工资（B）、本月的营业额（S）和营业额提成的比例（P），计算实发工资（T=B+S*P）。
5. 城市规划者建议将社区的所有马桶更换为每次冲水仅需 2 升的节水马桶。假定每 3 个人拥有一个马桶，旧马桶每次冲水平均用水 15 升，每个马桶每天冲水 14 次，安装每个新马桶花费 1 000 元，每吨水 3.4 元，每个马桶平均寿命 10 年。设计算法并编写程序，输入社区人数，测算每天节约的用水量和节约的开销。
6. 设计算法并编写程序，求解二元一次方程组 $\begin{cases} A_1X + B_1Y = C_1 \\ A_2X + B_2Y = C_2 \end{cases}$ 的解，要求输入系数 A_1、B_1、C_1、A_2、B_2 和 C_2。
7. 编写程序，输出以下图形。

```
          * * * * * * * * *
            * * * * * * *
              * * * * *
                * * *
                  *
```

单元测试

学号_____ 姓名_____ 得分_____

一、选择题

（1）C语言的每一条语句后都必须跟一个（　　）。
　　A）;　　　　　　B），　　　　　　C）。　　　　　　D）"

（2）C语言的单行注释以（　　）开始。
　　A）/*　　　　　　B）//　　　　　　C）*/　　　　　　D）{

（3）代码违反C语言语法规则，编译器在编译时将检测到（　　）。
　　A）运行时错误　　B）逻辑错误　　C）未检测到错误　　D）语法错误

（4）语句"kms=0.621Miles;"的语法错误是（　　）。
　　A）变量未定义　　　　　　　　　B）语句后缺少分号
　　C）忘记乘法运算符　　　　　　　D）缺少)

（5）由于不正确的算法导致的错误是（　　）。
　　A）运行时错误　　B）逻辑错误　　C）未检测到错误　　D）语法错误

（6）在调试程序时，按下（　　）键，开始单步调试，并逐行执行程序。
　　A）F5　　　　　　B）F7　　　　　　C）F10　　　　　　D）F11

二、填空题

（1）用花括号"{}"把多条语句括起来，构成_____。

（2）C语言中，多行注释以"_____"开始，到"_____"结束。

（3）程序设计的过程一般包括_____、_____和_____。

（4）程序中经常出现的错误包括_____、_____、_____和_____。

（5）在程序编译时未能找出，而在程序执行时被计算机检测到的错误是_____。

三、编程题

1. 设计算法并编写程序，输入华氏温度值F，求摄氏温度C，其公式为 $C=\dfrac{5}{9}(F-32)$。

2. 设计算法并编写程序，输入梯形的上底、下底和高，计算并输出面积。

3. 设计算法并编写程序，输入一个五位整数，将它反向输出。例如输入 12345，则输出 54321。

第 5 章 选择结构程序设计

本章资源

在结构化程序设计中,顺序结构按照语句的先后执行程序,只能解决一些简单问题。选择结构根据条件的真假决定程序控制流程,它是实现复杂程序的基础。本章介绍选择结构的算法设计,以及采用 C 语言编写选择结构程序的方法。

5.1 关系运算与逻辑运算

关系运算比较两个数据的关系;逻辑运算组合判断多个条件,用于描述程序设计中的条件。

5.1.1 关系运算符和关系表达式

关系运算符用于比较两个操作数的关系,用关系运算符连接两个表达式称为关系表达式,例如,表达式 a>b。如果关系成立,则表达式值为"真",否则为"假"。

在 C 语言中,关系表达式的值"真"用整数 1 表示,而值"假"用整数 0 表示。

关系运算符的操作数可以是数值、字符等数据类型。表 5-1 列出了 C 语言提供的关系运算符及其含义。

表 5-1 关系运算符

运算符	运算	关系表达式(假设:a=5,b=6,c=7)		优先级
>	大于	a>b 值为 0	a+b>c 值为 1	高
<	小于	3+a<6 值为 0	'A'<'a'值为 1	
>=	大于等于	a*b>c 值为 1	'A'>='a'值为 0	
<=	小于等于	12+c<=100 值为 1		
==	等于	a==b 值为 0	a+2==c 值为 1	低
!=	不等于	a!=b 值为 1	a+1!=b 值为 0	

说明:

(1)两个字符型数据按照字符的 ASCII 码值大小进行比较。例如,'A'的 ASCII 码值为 65,'a'的 ASCII 码值为 97,所以表达式"'A'<'a'"的值为"真",即整数 1。

(2)前 4 种关系运算符(>, <, >=, <=)的优先级相同,后两种关系运算符(==, !=)的优先级相同。前 4 种关系运算符优先级高于后两种关系运算符的优先级。

(3)关系运算符的优先级低于算术运算符;关系运算符的优先级高于赋值运算符"="。

例如:

① a>b+c,相当于 a>(b+c)。因为算术运算符优先级高于关系运算符。

② a==b>c,相当于 a==(b>c)。因为运算符">"的优先级高于运算符"=="。

③ a=b>c,相当于 a=(b>c)。因为关系运算符的优先级高于赋值运算符"="。

【例5.1】编写以下程序，查看结果。

```c
#include <stdio.h>
void main()
{   int a,b,c;
    int d,e,f;
    a=4,b=5,c=6;
    d=a>b;     //值为 0
    e=a<b<c;   //值为 1
    f=c>b>a;   //值为 0
    printf("%d %d %d \n",d,e,f);
}
```

程序的运行结果如下。

说明：

① 语句"d=a>b;"中，d 的取值为 0。因为表达式 a>b 的值为假，即整数 0。

② 语句"e=a<b<c;"中，e 的取值为 1。因为"<"运算符按照自左至右的方向结合，所以先执行"a<b"，其值为真，即整数 1，而"1<c"的值为真，即整数 1。

③ 语句"f=c>b>a;"中，f 的取值为整数 0。因为">"运算符按照自左至右的方向结合，所以先执行"c>b"，其值为真，即整数 1，而"1>a"的值为假，即整数 0。

5.1.2 逻辑运算符和逻辑表达式

逻辑运算符用于对操作数进行逻辑运算，用逻辑运算符连接关系表达式或逻辑值称为逻辑表达式。C 语言的逻辑运算符包括&&（与）、||（或）和!（非）。逻辑运算符的含义和优先级如表 5-2 所示，逻辑运算符的真值表如表 5-3 所示。

表 5-2　　　　　　　　　　　逻辑运算符的含义和优先级

运算符	含义	说明	举例(a=10)	值
&&	与（并且）	两个操作数都为真时，结果才为真	1<=a && a<15	1
||	或（或者）	两个操作数都为假时，结果才为假	a<=1 || a>=20	0
!	非（取反）	操作数为真，结果为假，反之亦然	!(a<4)	1

表 5-3　　　　　　　　　　　逻辑运算符的真值表

a	b	!a	a && b	a || b
1	1	0	1	1
1	0	0	0	1
0	1	1	0	1
0	0	1	0	0

说明：

（1）逻辑运算的操作数以 0 表示假，以非 0 表示真。逻辑运算的值"真"用整数 1 表示，"假"用整数 0 表示。

【例5.2】编写以下程序，查看结果。

```c
#include <stdio.h>
void main()
{   int a,b,c;
    a=4,b=5,c=6;
    printf("%d\n",!a);              //值为 0
```

```
        printf("%d\n",a&&b);       //值为1
        printf("%d\n",a||b);       //值为1
        printf("%d\n",a&&0||b);    //值为1
```

程序的运行结果如下。

说明：

① !a 的值为 0。因为整型变量 a 的值为 4，表示真。

② a&&b 的值为 1。因为 a 和 b 的值都不为 0，表示真。

③ a||b 的值为 1。因为 a 和 b 的值都不为 0，表示真。

④ a&&0||b 的值为 1，因为 a 和 b 的值都不为 0，表示真。

（2）在 C 语言中，各类运算符的优先级关系：!（非）高于&&（与）高于||（或），而&&（与）和||（或）低于关系运算符，!（非）高于算术运算符。在 C 语言中，运算符的优先级如图 5-1 所示。

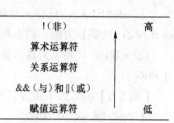

图 5-1 运算符优先级

例如：

① a>b&&c>d，相当于(a>b)&&(c>d)。因为关系运算符优先级高于逻辑&&（与）运算符。

② !a+b||a>b+1，相当于((!a)+b)||(a>(b+1))。因为算术运算符优先级高于关系运算符，!（非）运算符优先级最高。

学习提示：

在 C 语言中，运算符的优先级有时候容易造成混乱。在实际编程时，为了避免由运算符优先级不清楚造成的混乱，可以给需要先执行的表达式加上"()"。

【例 5.3】已知判断年份 y 是否为闰年的条件为①能被 4 整除，但不能被 100 整除，或者②能被 400 整除，写出其逻辑表达式。

分析：

（1）条件①描述为：y%4 == 0&&y%100!= 0

（2）条件②描述为：y%400 == 0

（3）条件①和②的关系为"或"，即只要满足①和②中任意一个，那么 y 就是闰年。因此，判断 y 为闰年的逻辑表达式可以描述为

```
y%4==0&&y%100!=0 || y%400==0
```

为了避免因为优先级造成的误解，也可以描述为

```
(y%4==0&&y%100! =0 )|| (y%400==0)
```

学习提示：

注意理解和掌握判断一个整数能否被另一个整数整除的方法。

【例 5.4】写出判断变量 a 是否介于 1 到 10 之间的表达式。

分析：

（1）表达式"1<=a <=10"错误。

此表达式值永远为真，即整数 1。因为表达式在实际运算时为"(1<=a)<=10"。不论(1<=a)为真（即 1）还是假（即 0），其值必然小于等于整数 10，所以该表达式永远为真，即整数 1。

（2）表达式"1<=a && a<=10"正确。

其含义是a大于等于1并且小于等于10。

学习提示：
> 注意判断一个变量是否介于某个区间的逻辑表达式写法。

短路求值（★）：

只要逻辑表达式的值可以确定就停止继续对表达式求值称为短路求值。在C语言的逻辑运算中，并不是所有的逻辑运算符都被执行，仅当必须执行下一个逻辑运算符才能求出表达式值的时候，才执行该运算符。例如：

① a&&b&&c。只有a为真，才判断b；只有a和b都为真，才判断c；只要a为假，就不判断b和c；只要b为假，就不判断c。

② a||b||c。只要a为真，就不判断b和c；只有a为假时，才判断b；只有a和b都为假时，才判断c。

【例5.5】编写以下程序，查看结果。

```
#include <stdio.h>
void main()
{   int a,b,c,d;
    a=4,b=5;
    d=(a<0)&&(b=10);   //d为0，b不变，仍然为5
    printf("%d %d\n",d,b);
    d=(a>0)||(b=0);    //d为1，b不变，仍然为5
    printf("%d %d\n",d,b);
}
```

程序的运行结果如下。

说明：

（1）语句"d =(a<0)&&(b = 10);"中，因为(a<0)为假，所以整个表达式为假，即变量d的值为0。不再判断(b = 10)，所以变量b的值不变，仍为5。

（2）语句"d =(a>0)||(b = 0);"中，因为（a>0）为真，所以整个表达式为真，即变量d的值为1。不再判断（b = 0），所以变量b的值不变，仍为5。

5.2 选择结构算法设计

本节通过几个问题的算法设计，介绍选择结构算法设计和描述的方法。

【例5.6】输入a、b值，输出其中较大的数。

解决该问题的主要步骤如下。

（1）输入变量a和b。

（2）如果a>b为真，则转入（3），否则转入（4）。

（3）输出a，转入（5）。

（4）输出b，转入（5）。

（5）结束。

算法的传统流程图如图5-2（a）所示，算法的N-S流程图如图5-2（b）所示。此算法的真和假两个分支都有语句。

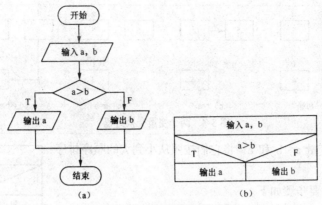

图 5-2 "求二变量最大值"算法

【例 5.7】输入 a、b 值,如果 a>b,那么交换 a 和 b,使得 a≤b。

解决该问题的主要步骤如下。

(1)输入变量 a 和 b。
(2)如果条件 a>b 为真,则交换 a 和 b;否则转入(3)。
(3)输出 a、b。
(4)结束。

算法的传统流程图如图 5-3(a)所示,N-S 流程图如图 5-3(b)所示。此算法在条件为真的分支上有语句,而在条件为假的分支上则什么都不执行。

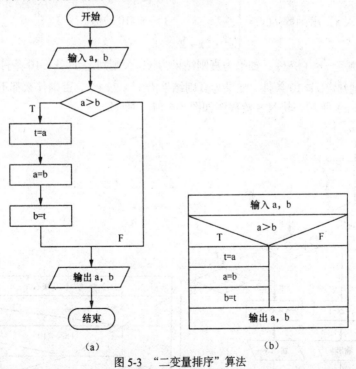

图 5-3 "二变量排序"算法

学习提示:

(1)算法依然包括输入、处理和输出 3 个部分,其中处理部分包括选择结构。
(2)使用中间变量 t 交换两个变量 a 和 b 数值的方法常用在一些经典算法中,交换过程如图 5-4 所示,应注意理解和掌握。

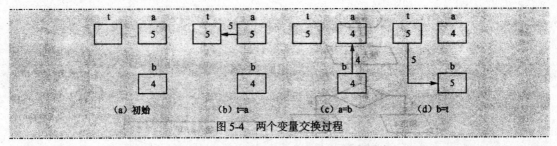

图 5-4 两个变量交换过程

【例 5.8】输入变量 a、b 和 c,将它们按照从小到大的顺序排序后输出。

解决该问题的主要步骤如下。

(1) 如果 a>b,则 a 和 b 交换。
(2) 如果 a>c,则 a 和 c 交换,此时可以保证 a 最小。
(3) 如果 b>c,则 b 和 c 交换,此时可以保证 b≤c。
(4) 排序完毕。

算法的 N-S 流程图如图 5-5 所示,经过 3 次比较和交换,完成排序过程。

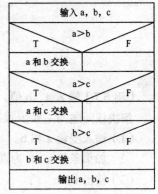

图 5-5 "三变量排序"算法

学习提示:
请思考 4 个、5 个、…、100 个变量排序问题的算法应该怎样设计。

【例 5.9】输入 x,求函数 $f(x)=\begin{cases} x & x<1 \\ 2x-1 & 1\leq x<10 \\ x^2+2x+2 & x\geq 10 \end{cases}$ 的值。

分析:首先判定 $x<1$ 条件,如果为真则结果为 x;否则判定 $1\leq x<10$ 条件,如果为真则结果为 $2x-1$;否则判定 $x\geq 10$ 条件,如果为真则结果为 x^2+2x+2,否则什么都不做。算法的传统流程图如图 5-6(a)所示,其 N-S 流程图如图 5-6(b)所示。

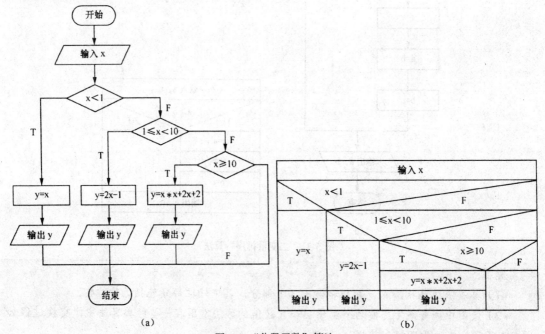

图 5-6 "分段函数"算法

图 5-6 所示算法虽然可以解决问题,但还可以优化。因为问题中的 3 个条件并不一定每个都需要判断。

(1)如果 $x<1$ 为假,那么在判断第二个条件 $1≤x<10$ 时,并不需要判断条件 $1≤x$。

(2)如果前两个条件都为假,那么第三个条件 $x>10$ 就一定为真,因此第三个条件可以不做判断。

(3)不论运行流程通过哪个分支,都要执行"输出 y"语句,所以,该语句只需要在选择结构的后边写一次。

优化后算法的传统流程图如图 5-7(a)所示,N-S 流程图如图 5-7(b)所示。

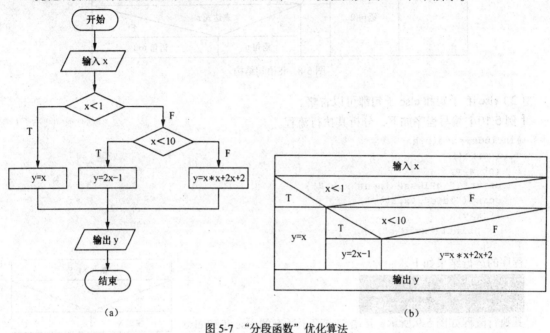

图 5-7 "分段函数"优化算法

学习提示:

(1)算法设计应该力求做到:①易于阅读和理解;②减少运算次数;③减少程序书写量。

(2)因为传统流程图占用篇幅较大且绘制困难,因此在后续章节中将主要以 N-S 流程图描述算法,读者也应重点掌握 N-S 流程图的画法。

5.3 if 语句

描述选择结构最常用的语句是 if 语句,它根据判定条件的真假,决定执行的语句。if 语句的形式为

```
if (表达式1)
    语句1
[else if (表达式2)
    语句2]
[ …… ]
[else if (表达式n)
    语句n]
[else
    语句n+1]
```

说明：

（1）if 语句对应的算法如图 5-8 所示，先判断前一个表达式，如果为真则执行对应语句，否则判断下一个表达式；如果前边的条件都为假，则执行 else 子句对应的语句。

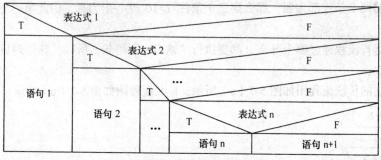

图 5-8　if 语句结构

（2）else if 子句和 else 子句都可以省略。

【例 5.10】编写程序如下，分析其执行流程。

```
#include <stdio.h>
void main()
{   int x,y;
    printf("\nPlease input x,y:");
    scanf("%d%d",&x,&y);
    if(x>y)
        printf("x=%d\n",x);
}
```

程序的运行结果如下。

```
Please input x,y:5 4
x=5
Press any key to continue
```

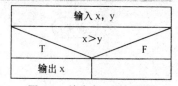

图 5-9　单分支 if 语句举例

其执行流程如图 5-9 所示。if 语句省略了所有的 else if 和 else 子句，只有一个分支。当 x>y 为真时，输出 x，否则什么都不输出。

（3）<语句 n>可以是一条语句，语句的结束处有分号";"；可以是用一对花括号"{}"括起来的多条语句组成的复合语句，复合语句可以看做一条简单语句。

【例 5.11】编写程序，输入三角形的三条边长，判断其是否构成三角形，如果是则计算其面积，否则输出错误提示。算法如图 5-10 所示。

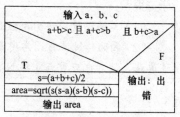

图 5-10　求三角形面积算法

```
#include <stdio.h>
#include <math.h>                   //因为使用数学函数 sqrt()，所以必须包含 math.h
void main()
{   float a,b,c;                    //a,b,c 为三角形的三条边长
    float s,area;                   //s 为三角形周长的一半，area 为三角形面积
    printf("\nPlease Input a,b,c:");//提示输入三角形三条边长
    scanf("%f%f%f",&a,&b,&c);       //输入三条边长
    if (a+b>c&&b+c>a&&c+a>b)        //判断三条边长，是否构成三角形
    {   s=0.5*(a+b+c);
        area=sqrt(s*(s-a)*(s-b)*(s-c));
        printf("area=%f\n",area);
    }
```

```
        else                           //不构成三角形
            printf("this is not a triangle\n");
}
```
程序的运行结果如下。

```
Please Input a,b,c:3 4 5        Please Input a,b,c:5 8 13
area=6.000000                   this is not a triangle
Press any key to continue       Press any key to continue
```

（4）表达式必须用一对"()"括起来。表达式一般为关系表达式或逻辑表达式，也可以是其他表达式。表达式的值非0，表示逻辑值"真"，为0则表示逻辑值"假"。

例如：

① if(a>b) printf("a");   //如果关系表达式 a>b 为真，那么执行输出语句。
② if (5)printf("okey!");   //常量5非0，表示逻辑值"真"，所以执行输出语句。
③ if ('a')printf("a");   //常量'a'非0，表示逻辑值"真"，所以执行输出语句。
④ if (0)printf("0");   //常量0表示逻辑值"假"，所以不执行输出语句。
⑤ if (a=0)printf("a=0");   //赋值表达式 a=0 值为0，表示逻辑值"假"，不执行输出语句。

（5）语句可以紧跟在 if、else if 或 else 子句的后边，也就是书写在同一行上，此时不影响程序的执行流程。例如：

```
if(x>y) printf("%d",x);
else    printf ("%d",y);
```

学习提示：

（1）为了提高程序的可读性，建议 if、else if 或 else 子句和语句在不同行书写。

（2）注意程序书写的缩进结构，即同一级的语句左边应该对齐，而下一级语句比上一级语句向右缩进几个字符，这样可以提高程序的可读性。按 Tab 键可以在本行向右缩进几格。

以下将按照【例5.6】【例5.7】【例5.8】的算法，编写程序说明 if 语句的用法。

【例5.12】按照图5-11（即图5-2（b））所示的算法，编写【例5.6】程序。输入 a、b 值，输出其中较大的数。

图 5-11

编写程序如下：

```
#include <stdio.h>
void main()
{   int a,b;
    printf("\nPlease input a,b:");
    scanf("%d%d",&a,&b);            //输入a,b
    if(a>b)
        printf("max=%d\n",a);
    else
        printf("max=%d\n",b);
}
```

此程序的 if 结构包括两个分支，当 a>b 时输出变量 a，否则输出 b。程序运行结果如下。

```
Please input a,b:5 4
max=5
Press any key to continue
```

【例5.13】按照图5-12（即图5-3（b））所示的算法，编写【例5.7】的程序。输入 a、b 值，如果 a>b，那么交换 a 和 b，使得 a≤b。

编写程序如下：

```
#include <stdio.h>
void main()
{   int a,b,t;
    printf("\nPlease input a,b:");
    scanf("%d%d",&a,&b);         //输入a,b
    if(a>b)                      //如果a>b,那么交换a和b
    {   t=a;
        a=b;
        b=t;
    }
    printf("a=%d, b=%d\n",a,b);  //输出a、b,此时a一定
小于或等于b
}
```

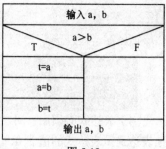

图 5-12

程序的运行结果如下。

```
Please input a,b:5 4
a=4, b=5
Press any key to continue
```

学习提示：

注意选择结构程序的调试过程（熟练掌握，经常使用）。

（1）执行"Step Over（单步跳过）"命令，或者按下F10键，开始单步调试，并逐行执行程序。观察选择结构的执行流程。

（2）逐行执行程序时，观察变量或表达式的变化，判断程序的正确性。

【例5.14】按照如图5-13（即图5-5）所示的算法，编写【例5.8】的程序。输入变量a、b和c，将它们按照从小到大的顺序排序后输出。

编写程序如下：
```
#include <stdio.h>
void main()
{   int a,b,c,t;
    printf("\nPlease input a,b,c:");
    scanf("%d%d%d",&a,&b,&c);       //输入a,b,c
    if(a>b)                         //如果a>b,那么交换a和b
    {   t=a;a=b;b=t; }
    if(a>c)                         //如果a>c,那么交换a和c
    {   t=a;a=c;c=t; }
    if(b>c)                         //如果b>c,那么交换b和c
    {   t=b;b=c;c=t; }
    printf("a=%d, b=%d, c=%d\n",a,b,c);//输出a、b、c
}
```

图 5-13

程序的运行结果如下。

```
Please input a,b,c:6 5 4
a=4,b=5,c=6
Press any key to continue
```

【例5.15】输入学生课程成绩mark，按照方法
$$\begin{cases} 优秀 & 90 \leq mark \leq 100 \\ 良 & 80 \leq mark < 90 \\ 中 & 70 \leq mark < 80 \\ 及格 & 60 \leq mark < 70 \\ 不及格 & 0 \leq mark < 60 \end{cases}$$
给出评分等级。

分析：

此问题将成绩mark分为5种情况，算法如图5-14所示。

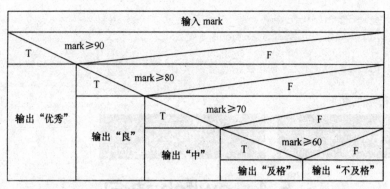

图 5-14 "成绩分级"算法

编写程序如下：

```
#include <stdio.h>
void main()
{   float mark;
    printf("\nPlease input mark:");
    scanf("%f",&mark);
    if(mark>=90)
         printf("优秀\n");
    else if (mark>=80)
         printf("良\n");
    else if (mark>=70)
         printf("中\n");
    else if (mark>=60)
         printf("及格\n");
    else
         printf("不及格\n");
}
```

程序为多分支选择结构，其中包括多个 else if 子句。程序的运行结果如下。

```
Please input mark:85
Press any key to continue_
```

【例 5.16】编写程序，输入三位整数，判断它是否为"水仙花数"。所谓水仙花数是指各位数字的立方和等于该数本身的整数。例如，$153 = 1^3 + 5^3 + 3^3$，所以 153 为水仙花数。

分析：

要判断整数 m 是否水仙花数，必须先求出其个位、十位和百位数字，然后判断各位数字的立方和是否等于 m，如果相等则 m 为水仙花数。

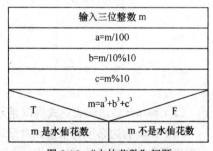

图 5-15 "水仙花数"问题

设计的算法如图 5-15 所示，编写程序如下：

```
#include <stdio.h>
void main()
{   int m,a,b,c;
    printf("\nPlease input 三位整数:");
    scanf("%d",&m);      //输入三位整数
    a=m/100;             //求百位数
    b=m/10%10;           //求十位数
    c=m%10;              //求个位数
```

```
    if (a*a*a+b*b*b+c*c*c==m)
          printf("%d 是水仙花数\n",m);
    else
          printf("%d 不是水仙花数\n",m);
}
```

程序的运行结果如下。

5.4 switch 语句

switch 语句是一种多分支选择结构语句，它用于编写选择分支较多的程序，如学生成绩按照分数段的分级问题。switch 语句的形式如下：

```
switch(变量或表达式)
{   case 常量表达式 1:语句 1
    case 常量表达式 2:语句 2
    ...
    case 常量表达式 n:语句 n
    default: 语句 n + 1
}
```

说明：

（1）switch 语句对应的算法如图 5-16 所示。当 switch 的"变量或表达式"的值与 case 子句后的常量表达式相等时，就执行 case 后边的语句；当所有的常量表达式值都不与变量或表达式的值相等，则执行 default 后面的语句。

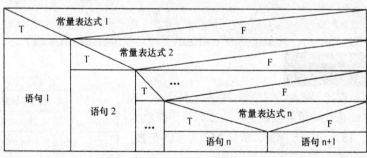

图 5-16 switch 结构

（2）switch 后边的表达式可以是基本类型整型或者字符型。

（3）case 后边必须为常量或常量表达式，并且 case 后边的常量或常量表达式必须互不相同，否则将因为冲突而导致语法错误。例如，以下语句在编译时将报错：

```
switch(mark)
{   case 2:printf("xx");
    case 1+1:printf("yy");    //两个 case 后的常量均为 2，所以报错
    default: printf("zz");
}
```

（4）各个 case 和 default 的先后次序不影响运行过程。

（5）每个 case 分支后边可以有多条语句，顺序执行。

（6）执行完一个 case 后面的语句以后，将继续执行下一个 case 后边的语句。可以在每个 case

对应语句的后边用一个 break 语句使得执行流程跳出 switch 结构。

（7）如果匹配的 case 分支后边没有语句，将继续执行下一个 case 后边的语句。

【例 5.17】编写程序，输入成绩等级 A、B、C、D 或 E，输出该成绩的分数段

$$\begin{cases} 90 \leqslant mark \leqslant 100 & A \\ 80 \leqslant mark < 90 & B \\ 70 \leqslant mark < 80 & C \\ 60 \leqslant mark < 70 & D \\ mark < 60 & E \end{cases}$$

编写程序如下：

```
#include <stdio.h>
void main()
{   char mark;
    printf("\nPlease input mark:");
    scanf("%c",&mark);   //输入成绩等级
    switch(mark)
    {    case 'A':printf("90~100\n");
         case 'B':printf("80~89\n");
         case 'C':printf("70~79\n");
         case 'D':printf("60~69\n");
         case 'E':printf("0~59\n");
         default:printf("Error\n");
    }
}
```

因为 switch 结构中每个 case 的语句后边没有 break，所以会继续执行下一个 case 后边的语句。在程序运行时输入"B"，其运行结果如下。

```
Please input mark:B
80~89
70~79
60~69
0~59
Error
Press any key to continue
```

在每个 case 的语句后边跟上 break 语句，将不再继续执行下一个 case 后的语句。编写的程序如下：

```
#include <stdio.h>
void main()
{   char mark;
    printf("\nPlease input mark:");
    scanf("%c",&mark);   //输入成绩等级
    switch(mark)
    {    case 'A':printf("90~100\n");break;   //增加了break
         case 'B':printf("80~89\n");break;
         case 'C':printf("70~79\n");break;
         case 'D':printf("60~69\n");break;
         case 'E':printf("0~59\n");break;
         default:printf("Error\n");
    }
}
```

程序的运行结果如下。

```
Please input mark:B
80~89
Press any key to continue
```

【例 5.18】采用 switch 结构，完成【例 5.15】的程序。输入学生课程成绩 mark，给出评分等级。

分析：

switch 结构的表达式要与 case 后边的常量表达式匹配。因为每一个成绩段中都包括多个整数

值,因此直接进行分支选择较困难。

使用表达式"d=mark/10"计算 d 值,可以减少分支数量。

当 mark 位于[90,100]时,d = 9 或 10;当 mark 位于[80,89]时,d = 8;当 mark 位于[70,79]时,d = 7;当 mark 位于[60,69]时,d = 6;当 mark 位于[0,59]时,d=0、1、2、3、4 或 5。

编写程序如下:

```c
#include <stdio.h>
void main()
{   int mark,d;
    printf("\nPlease input mark:");
    scanf("%d",&mark);      //输入成绩
    d=mark/10;              //整数除以整数,得整数
    switch(d)
    {   case 10:
        case 9:
            printf("优秀\n");break;
        case 8:
            printf("良\n");break;
        case 7:
            printf("中\n");break;
        case 6:
            printf("及格\n");break;
        case 5:
        case 4:
        case 3:
        case 2:
        case 1:
        case 0:
            printf("不及格\n");break;
        default:printf("Error\n");
    }
}
```

学习提示:

对于多分支选择结构,使用 switch 语句经常比 if 结构更直观,程序可读性好。但有的多分支结构却不能使用 switch 语句,例如,对多个变量进行条件判断的情况,就不宜使用 switch 语句。

【例 5.19】输入整数坐标点(x,y),判断其落在哪个象限中。

分析:

根据 x、y 值判断坐标点(x,y)落在哪个象限中,分为 5 种情况:①在第一象限内时,x>0,y>0;②在第二象限内时,x<0,y>0;③在第三象限内时,x<0,y<0;④在第四象限内时,x>0,y<0;⑤在坐标轴上时,其他情况。算法如图 5-17 所示。

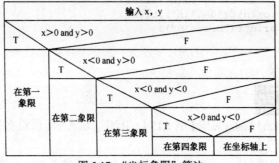

图 5-17 "坐标象限"算法

编写程序1：
```
#include <stdio.h>
void main()
{   int x,y;
    printf("\nPlease input x,y:");
    scanf("%d%d",&x,&y);  //输入x,y
    if (x>0&& y>0)
        printf("在第一象限\n");
    else if (x<0&& y>0)
        printf("在第二象限\n");
    else if (x<0&& y<0)
        printf("在第三象限\n");
    else if (x>0&& y<0)
        printf("在第四象限\n");
    else
        printf("在坐标轴上\n");
}
```

程序的运行结果如下。

编写程序2：
```
#include <stdio.h>
void main()
{   int x,y;
    printf("\nPlease input x,y:");
    scanf("%d%d",&x,&y);                              //输入x, y
    switch (x,y)                                      //出错,只能有一个变量或表达式
    {   case x>0&&y>0:printf("在第一象限\n"); break;   //出错,case后必须为常量或常量表达式
        case x<0&&y>0:printf("在第二象限\n"); break;
        case x<0&&y<0:printf("在第三象限\n"); break;
        case x>0&&y<0:printf("在第四象限\n"); break;
        default:printf("在坐标轴上\n");
    }
}
```

说明：

（1）程序1使用if语句，运行结果正确。

（2）程序2出现错误，因为：

① 语句switch后边只能有一个变量。如果switch语句后出现多个变量或表达式则报语法错误。

② case后边必须为常量或常量表达式，不能为任何变量或表达式。

5.5　选择结构的嵌套

在if语句结构中，每个分支执行的可以是单条语句，也可以是复合语句。在if语句中又包含一个或多个if语句的形式称为if语句的嵌套。if语句嵌套的形式为

```
1   if (表达式1)
2       if(表达式2)
3           语句1       内嵌if语句
4       else
5           语句2
```

```
6    else
7        if(表达式 3)
8            语句 3     内嵌 if 语句
9        else
10           语句 4
```

其执行流程如图 5-18 所示。

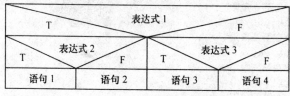

图 5-18 if 语句嵌套的流程

说明：

if 与 else 的配对关系：else 总是与它前面最近的未配对的 if 配对。

```
1    if (表达式 1)
2        if(表达式 2)
3            语句 1
4    else
5        if(表达式 3)    内嵌 if 语句
6            语句 2
7        else
8            语句 3
```

以上程序的执行流程如图 5-19 所示。虽然第 4 行的 else 与第 1 行的 if 在同一列上，看上去似乎第 4 行的 else 与第 1 行的 if 配对，但是实际上第 4 行的 else 与第 2 行的 if 配对，因为第 4 行的 else 离第 2 行的 if 最近。其真实配对情况的缩进结果如下。

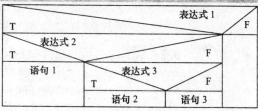

图 5-19 if 语句嵌套的流程

```
1    if (表达式 1)
2        if(表达式 2)
3            语句 1
4        else
5            if(表达式 3)   内嵌 if 语句
6                语句 2
7            else
8                语句 3
```

在编程时如果 if 与 else 的数目不同，程序设计者可以用花括号"{}"来确定配对关系。以下程序的执行流程如图 5-20 所示。

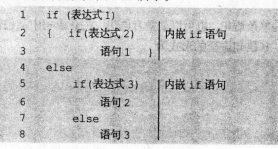

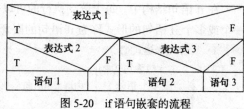

图 5-20 if 语句嵌套的流程

【例 5.20】按照如图 5-21（即图 5-7（b））所示的算法，编写【例 5.9】的程序，求函数

$$f(x) = \begin{cases} x & x<1 \\ 2x-1 & 1 \leq x<10 \\ x^2+2x+2 & x \geq 10 \end{cases} \text{的值。}$$

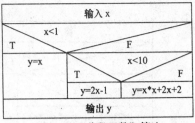

图 5-21 "分段函数"算法

编写程序 1：

```
#include <stdio.h>
void main()
{   float x,y;
    printf("\nPlease input x:");
    scanf("%f",&x);    //输入 x
    if(x<1)
        y=x;
    else if (x<10)
        y=2*x-1;
    else
        y=x*x+2*x+2;
    printf("y=%f\n",y);
}
```

其中包括了 else if 子句和 else 子句，程序正确，其运行结果如下。

```
Please input x:5
y=9.000000
Press any key to continue
```

编写程序 2：

```
#include <stdio.h>
void main()
{   float x,y;
    printf("\nPlease input x:");
    scanf("%f",&x);    //输入 x
    if (x>=1)
        if (x<10)
            y=2*x-1;
        else
            y=x*x+2*x+2;
    else
        y=x;
    printf("y=%f\n",y);
}
```

程序的 N-S 流程图如图 5-22 所示，该程序正确。

编写程序 3：

```
#include <stdio.h>
void main()
{   float x,y;
    printf("\nPlease input x:");
    scanf("%f",&x);    //输入 x
    y=x;
    if (x<10)
        if (x>=1)
            y=2*x-1;
    else
        y=x*x+2*x+2;
    printf("y=%f\n",y);
}
```

else 与其前面最近的 if 配对，所以，程序 3 的 N-S 流程图如图 5-23 所示，该程序错误。

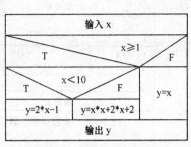
图 5-22 程序 2 流程图

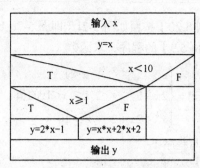
图 5-23 程序 3 流程图

如果将第 2 个 if 语句用花括号 "{}" 括起来,则流程正确,修改后的部分程序如下:

```
y=x;
if (x<10)
{    if (x>=1)
         y=2*x-1;
}
else
    y=x*x+2*x+2;
```

【例 5.21】停车场规定如下:

(1) 如果车辆是货运车辆,那么小于等于 2 吨的收费 10 元,大于 2 吨的谢绝入内。

(2) 如果车辆是客运车辆,乘员数量小于等于 7 人,则收费 5 元;如果乘员数大于 7 人,则收费 10 元。

编写程序输入车辆类型、吨数或者乘员数量,根据停车场的规定,判断该车可以进入,收费多少元?

分析和算法设计:

根据停车场的规定,必须先输入车型,然后根据车型决定下一步输入和处理。算法如图 5-24 所示。

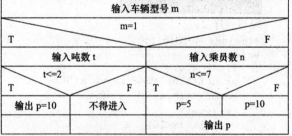
图 5-24 停车场问题算法

```
#include <stdio.h>
void main()
{   int m,t,n,p;
    printf("请输入车型(1~货车,2~客车): ");
    scanf("%d",&m);
    if (m==1)
    {   printf("请输入吨数: ");
        scanf("%d",&t);
        if (t<=2)
            printf("停车费为 10 元\n");
        else
            printf("该车不得进入!\n");
    }
    else
    {   printf("请输入乘员数: ");
        scanf("%d",&n);
        if (t<=7)
            p=5;
        else
            p=10;
        printf("该车停车费为 %d 元\n",p);
```

}
程序结果的运行如下。

学习提示：
要特别注意选择结构程序书写的缩进结构，以提高程序的可读性。

5.6 条件运算符

如果 if 语句的两个分支都只执行赋值语句给同一个变量赋值，那么可以用条件运算符来处理。条件运算符的一般形式如下：

表达式 1?表达式 2:表达式 3

它的执行过程如图 5-25 所示。先求解表达式 1，如果为非 0（真），则求表达式 2 作为条件表达式的值；否则求解表达式 3 作为条件表达式的值。

图 5-25 条件表达式执行过程

例如，有以下 if 语句：

```
if (x>y)
    max=x;
else
    max=y;
```

用条件运算符表示为

```
max=(x>y)?x:y;
```

说明：

（1）条件运算符的优先级高于赋值运算符，低于关系运算符和算术运算符。因此，语句

max=x>y?x:y 相当于 max=(x>y)?x:y
max=x>y?x:y+1 相当于 max=(x>y)?x:(y+1)

（2）条件运算符按照"自右至左"顺序结合。例如：

a>b?a:c>d?c:d 相当于 a>b?a:(c>d?c:d)

（3）条件表达式写为以下形式。

z=x>y?(x=100):(y=100);

如果 x=5，y=4，那么语句运行时表达式(y=100)不执行，所以语句运行后 z 为 100，x 为 100，y 为 4。

【例 5.22】 编写程序，输入一个字符，判断其是否为大写字母，如果是大写字母，则将其转换为小写字母，否则不变。

分析：
描述字符变量 ch 为大写字母的逻辑表达式为 ch>='A' 并且 ch<='Z'。程序的流程如图 5-26 所示。

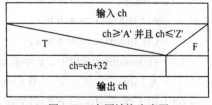

图 5-26 大写转换为小写

使用 if 语句编写的程序如下：

```
#include <stdio.h>
void main()
{   char ch;
    printf("\nPlease input ch:");
    scanf("%c",&ch);
```

```
    if (ch>='A'&&ch<='Z')
            ch=ch+32;
    printf("ch=%c\n",ch);
}
```

使用条件运算符编写的程序如下：

```
#include <stdio.h>
void main()
{   char ch;
    printf("\nPlease input ch:");
    scanf("%c",&ch);
    ch=(ch>='A'&&ch<='Z')?ch=ch+32:ch;   //条件运算符
    printf("ch=%c\n",ch);
}
```

程序的运行结果如下：

```
Please input ch:D
ch=d
Press any key to continue
```

学习提示：
　　条件运算符经常可以减少编程的书写量，增加程序的可读性。

习　　题

一、选择题

（1）已知字符'a'的ASCII码值为97，运行语句"d='a'<100;"后d的值为（　　）
　　　A）0　　　　　　　　B）1　　　　　　　　C）97　　　　　　　　D）100

（2）要求当a的值为奇数时，表达式为"假"；a的值为偶数时，表达式为"真"，该表达式是（　　）。
　　　A）a%2==1　　　　　B）!(a%2)　　　　　C）!(a%2==0)　　　　D）a%2

（3）以下关于逻辑运算符两侧运算对象的叙述中正确的是（　　）
　　　A）只能是整数0或1　　　　　　　　　B）只能是整数0或非0整数
　　　C）可以是结构体类型的数据　　　　　D）可以是任意合法的表达式

（4）已经定义变量int a，则不能正确描述数学关系9<a<14的表达式是（　　）。
　　　A）9<a<14　　　　　　　　　　　　　B）a==10||a==11||a==12||a==13
　　　C）a>9 && a<14　　　　　　　　　　D）!(a<=9)&&!(a>=14)

（5）已经定义 int a=1,b=2,c=3，以下语句中执行效果与其他3个不同的是（　　）。
　　　A）if(a>b) c=a,a=b,b=c;　　　　　　B）if(a>b) {c=a,a=b,b=c;}
　　　C）if(a>b) c=a;a=b;b=c;　　　　　　D）if(a>b) {c=a;a=b;b=c;}

（6）在switch(c)语句中，c不能是（　　）类型。
　　　A）int　　　　　　　　B）char　　　　　　　C）long　　　　　　　D）double

（7）以下关于else与if配对的说法中，正确的是（　　）。
　　　A）if总是与它后边最近的else配对
　　　B）if总是与它前边未配对的else配对
　　　C）else总是与它前面最近的if配对
　　　D）else总是与它前面最近的未配对的if配对

（8）已经定义 int a=1,b=2,c=3,d=4，则条件表达式 a<b?a:c<d?c:d 的值是（   ）。
  A）1   B）2   C）3   D）4

二、填空题

（1）能判断当整型变量 m 能同时被 6 和 8 整除时为真的表达式是_____。
（2）能判断当字符型变量 ch 为数字字符 "0~9" 的表达式是_____。
（3）以下程序的运行结果是_____。

```
#include <stdio.h>
void main()
{   int a,b,c;
    a=10;b=0;c=0;
    printf("%d\n", a&&b||c);
}
```

（4）以下程序的运行结果是_____。

```
#include <stdio.h>
void main()
{   int a=1,b=2,c=3;
    if(c=a) printf("%d\n",c);
    else printf("%d\n",b);
}
```

（5）执行以下程序时，若从键盘输入 25，输出的结果是_____。

```
#include <stdio.h>
void main()
{   int a;
    scanf("%d",&a);
    if (a>20) printf("%d,",a);
    if (a>10) printf("%d,",-a);
    if (a>5) printf("%d",0);
}
```

（6）以下程序判断当 ch 为小写字母时，输出为小写字母，否则输出为其他字符，请将程序补充完整。

```
#include <stdio.h>
void main()
{   char ch;
    scanf("%c",&c);
    if (_____)
        printf("这是小写字母");
    else
        printf("其他字符");
}
```

（7）执行以下程序时，从键盘输入 1，则输出结果是_____。

```
#include <stdio.h>
void main()
{   int a;
    scanf("%d",&a);
    switch(a)
    {   case 1:printf("111");
        case 2:printf("222");
        default:printf("333");
    }
}
```

（8）执行以下程序段后，输出结果是_____。

```
#include <stdio.h>
void main()
```

```
{   int k=0,a=1,b=2,c=3;
    k=a<b?b:a;
    k=k>c?c:k;
    printf("%d",k);
}
```

三、编程题

1. 设计算法编写程序，输入一个年号，判断该年号是否为闰年（闰年条件参考【例5.3】）。
2. 设计算法编写程序，输入噪声强度值，根据下表输出人体对噪声的感觉。

强度分贝（db）	感　觉
<=50	安静
51~70	吵闹，有损神经
71~90	很吵，神经细胞受到破坏
91~100	吵闹加剧，听力受损
101~120	难以忍受，呆一分钟即暂时致聋
120以上	极度聋或全聋

3. 设计算法编写程序，输入一个字符，判断该字符是大写字母、小写字母、数字还是其他字符。
4. 设计算法编写程序，将4个变量从大到小排序，并输出。
5. 设计算法编写程序，判断两位整数 m 是否为守形数。守形数是指该数本身等于自身平方的低位数，例如25是守形数，因为 $25^2=625$，而625的低两位是25。
6. 某服装店经营套装，也单件出售，针对单笔交易的促销政策为
（1）一次购买不少于50套，每套80元；
（2）一次购买不足50套，每套90元；
（3）只买上衣每件60元；
（4）只买裤子每条45元。
设计算法编写程序，输入一笔交易中上衣和裤子数，计算收款总额。
7. 设计算法编写程序，输入年和月份，判断该月所对应的天数。月份为1、3、5、7、8、10、12月对应天数为31天，4、6、9、11月对应天数为30天，2月一般为28天，闰年为29天。（用switch结构编写）
8. 运输公司按照以下方法计算运费。路程（s）越远则每公里运费越低。方法如下：

$$\begin{cases} s < 250 & 无折扣 \\ 250 \leqslant s < 500 & 2\%折扣 \\ 500 \leqslant s < 1000 & 5\%折扣 \\ 1000 \leqslant s < 2000 & 8\%折扣 \\ 2000 \leqslant s < 3000 & 10\%折扣 \\ 3000 \leqslant s & 15\%折扣 \end{cases}$$

设每公里每吨货物基本运费为p，货物重w（吨），距离为s（km），折扣为d，总运费计算公式为

$$f = p \times w \times s \times (1-d)$$

设计算法编写程序，要求输入p、w和s，计算总运费（用if语句或者switch语句编写）。

单元测试

学号_____ 姓名_____ 得分_____

一、选择题

（1）若变量 kk 为 char 型，以下能判断 kk 的值为大写字母的表达式是（　　）。
   A）kk>='A'&& kk<='Z'　　　　　　　　B）!(kk>='A' || kk<='Z')
   C）(kk+32)>= 'A' && (kk+32)<= 'Z'　　D）kk>='a'&& kk<='z'

（2）已经定义 int a=5，b=4，c=3，那么关系表达式 a<b<c 和 a>b>c 的值分别是（　　）。
   A）0　0　　　　B）1　0　　　　C）0　1　　　　D）1　1

（3）已经定义 int a=2，b=3，c=4，则以下选项中值为 0 的表达式是（　　）。
   A）a && b　　　　　　　　　　　B）(a<b)&&!c||1
   C）(a==1)&&(!b==0)　　　　　　　D）a || (b+b)&&(c-a)

（4）若有表达式 w?(x+1):(y+1)，则其中与 w 等价的表达式是（　　）。
   A）w==1　　　　B）w==0　　　　C）w!=1　　　　D）w!=0

二、填空题

（1）以下程序的运行结果是_____。

```c
#include <stdio.h>
void main()
{   int a=3,b=4,c=8,d=4;
    printf("%d\n", (a>b)&&(c>d));
}
```

（2）两次运行以下程序，分别从键盘上输入 3 和 2，则输出结果分别是_____和_____。

```c
#include <stdio.h>
void main()
{   int x;
    scanf("%d",&x);
    if (x>2) printf("%d",x);
    else    printf("%d",-x);
}
```

（3）以下程序输入整数 a,b，当 a<b 时将其反序。请将程序补充完整。

```c
#include <stdio.h>
main()
{   int a,b,t;
    scanf("%d%d",&a,&b);
    if(a<b)
    {   t=a; _____; _____; }
    printf("%d %d\n",a,b);
}
```

（4）执行下列程序的输出结果是_____。

```c
#include <stdio.h>
void main()
{   char n='c';
    switch(n)
    {   default:printf("Error");break;
        case 'a':printf("good ");break;
        case 'c':printf("morning ");
        case 'd':printf("class");
```

}
}

三、编程题

1. 设计算法编写程序，输入整数，判定该数能否同时被 6、9 和 14 整除。

2. 设计算法编写程序，输入 x，求函数 $f(x) = \begin{cases} 2x-1 & x<0 \\ 2x+10 & 0 \leq x<10 \\ 2x+100 & 10 \leq x<100 \\ x^2 & x \geq 100 \end{cases}$ 的值。

3. 设计算法编写程序，输入三位整数，判断该数是否符合以下条件：它除以 9 的整数商等于它各位数字的平方和。例如 224，它除以 9 的整数商为 24，而 $2^2 + 2^2 + 4^2 = 24$。

4. 设计算法编写程序，输入 a 和 b 的值，按公式 $y = \begin{cases} \cos a + \cos b & a>0, b>0 \\ \sin a + \sin b & a>0, b \leq 0 \\ \cos a + \sin b & a \leq 0, b>0 \\ \sin a + \cos b & a \leq 0, b \leq 0 \end{cases}$ 计算 y 值。

第6章 循环结构程序设计

本章资源

循环结构是结构化程序设计的3种基本结构之一，它是学习程序设计的重点。本章介绍循环结构的算法设计，以及使用C语言编写循环结构程序的方法。

6.1 循环结构概述

【例6.1】求 s=10!，即求10的阶乘。
分析：求10!的算法可以描述为一条语句：s = 1×2×3×3×4×5×6×7×8×9×10。
【例6.2】求 s=100!，即求100的阶乘。
分析：
算法 s = 1×2×3×3×4×5×⋯×100 是错误的，因为"⋯"不能被任何一种编程语言理解和描述。此时可以使用循环结构的算法来解决问题：
（1）s=1，i=1；
（2）如果 i<=100，那么转入（3），否则转入（6）；
（3）s=s*i；
（4）i=i+1；
（5）转到（2）；
（6）输出 s。

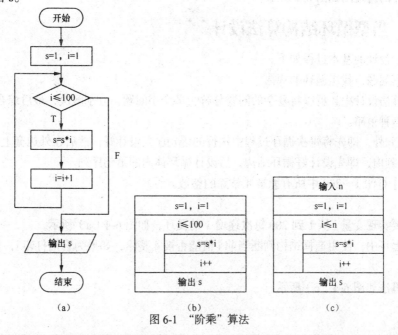

图 6-1 "阶乘"算法

此算法的传统流程图如图 6-1（a）所示，其 N-S 流程图如图 6-1（b）所示。

如果要求输入整数 n，并求 n!，那么只要将循环的条件 i<=100 改为 i<=n 即可，算法如图 6-1（c）所示。

【例 6.3】两种死循环的算法如图 6-2（a）和图 6-2（b）所示。

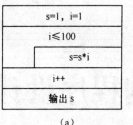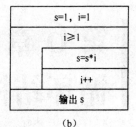

图 6-2 死循环算法

分析：

（1）在如图 6-2（a）所示算法中，语句 i++ 在循环体外，因此在循环体内 i 的值永远为 1，循环条件永远为真，循环无法结束，造成死循环。

（2）在如图 6-2（b）所示算法中，条件 i>=1 永远为真，循环体内 i 的值逐渐增大，直到 i 超出范围溢出，造成死循环。

学习提示：

循环结构的算法设计中，应该特别注意循环变量的变化趋势，确保算法中循环的条件最终可以为假，从而避免死循环。

6.2 当型循环结构

6.2.1 当型循环

当型循环结构一般包括以下过程：

（1）赋初值；
（2）判断循环条件，如果为真，则转入（3），否则转入（4）；
（3）执行循环操作的语句序列，转入（2）；
（4）结束循环，继续循环体后边的语句。

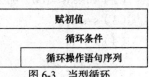

图 6-3 当型循环

当型循环的流程图如图 6-3 所示。

6.2.2 当型循环结构算法设计

循环算法设计的基本过程如下。

（1）观察问题，找出循环的规律。

（2）在算法设计中，可以将复杂的问题分解为多个小问题，分别解决，最后综合在一起。可以采用以下两种策略。

① 由内到外，即先将每次循环过程中执行的语句序列设计好，然后在外边套上循环结构。
② 由外到内，即先设计好循环结构，后设计循环体内的语句序列。

【例 6.4】打印 1～200 中所有能被 4 整除的整数。

分析：

（1）需要实现变量 i 从 1 到 200 每次递增 1 的循环，如图 6-4（a）所示。

（2）在循环中，使用选择结构判断当前 i 值能否被 4 整除，如果为真则打印 i，如图 6-4（b）所示。

完整的算法如图 6-4（c）所示。

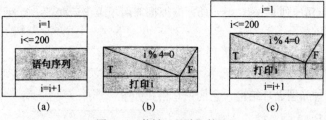

图 6-4 "能被 4 整除"算法

【例 6.5】当 $|x|<1$ 时,计算公式 $\ln(1+x) = x - \frac{x^2}{2} + \frac{x^3}{3} - \frac{x^4}{4} + \cdots$ 中前 20 项的和。

分析:

(1) 要计算前 20 项的和,可以先设计循环结构,使得循环执行 20 次,如图 6-5(a)所示。

(2) 分析观察可知,此问题后一项和前一项的关系为

① 后一项和前一项符号相反,m 表示符号,则 m = -m;

② 后一项的分子是前一项分子乘 x,k 表示分子,则 k=k*x,分母为 i。

设计根据前一项求得后一项的算法如图 6-5(b)所示,其中 t 表示每个项的值。

(3) 将如图 6-5(b)所示算法加入如图 6-5(a)所示算法中,并设定初始值,算法如图 6-5(c)所示。

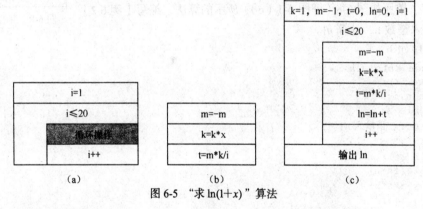

图 6-5 "求 ln(1+x)"算法

【例 6.6】输出 Fibonacci 数列 1、1、2、3、5、8、13、21、…的前 40 项。

分析:

(1) 观察数列的规律,可知后一项是前两项之和。设 a 和 b 分别为前两项,c 为后一项,则 c = a + b。调换 a、b 和 c 即 a=b,b=c,算法如图 6-6(a)所示。加入循环中如图 6-6(b)所示。

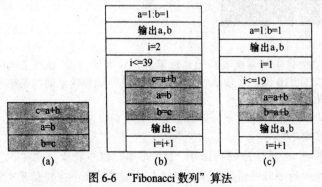

图 6-6 "Fibonacci 数列"算法

（2）经观察，语句序列 a=a+b、b=a+b，能根据前两项求出后两项。算法如图6-6（c）所示，循环次数减少了。

6.2.3 while 语句

while 语句是一种当型循环结构，它的书写格式如下：

```
while（表达式 p）
    <循环体语句>
```

while 循环的执行流程如图6-7所示。

说明：

（1）初始化变量后，先判断表达式 p，如果为真（为非0值），则进入循环，执行循环体内语句。

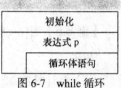

图6-7 while 循环

（2）当表达式 p 为假（为0）时，则结束循环，继续执行循环后边的语句。

（3）循环体如果包括一条以上的语句，则用花括号"{}"括起来，作为复合语句。

（4）在循环体中应有逐渐使表达式 p 为假的语句，从而结束循环。否则，表达式 p 永远为真，则循环永不结束，即死循环。

（5）循环体内的语句序列可以是顺序结构、选择结构，也可以是循环结构。

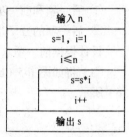

图6-8 "阶乘"算法

【例6.7】按照如图6-8（即图6-1（c））所示的算法，编写【例6.2】的程序，输入整数 n，计算 n!。

编写程序如下：

```c
#include <stdio.h>
void main()
{   int n,i;
    double s;
    printf("请输入n: ");
    scanf("%d",&n);
    i=1; s=1;
    while(i<=n)
    {   s=s*i;
        i++;
    }
    printf("%d 的阶乘为 %.01f\n",n,s);//%.01f 使得小数点后无小数部分
}
```

程序的运行结果如下：

```
请输入n: 20
20 的阶乘为 2432902008176640000
Press any key to continue
```

学习提示：

（1）注意循环结构程序的调试过程（熟练掌握，经常使用）：执行菜单命令"Start Debug→Step Over"或者按下F10键，单步执行程序，观察循环结构程序的控制流程。并在"Locals"窗口观察变量的变化情况。

（2）程序中定义 s 为 double 类型，因为当 n 值较大时，n!将会很大，int、long 或 float 类型的取值范围或者精度都不够。

（3）思考：如果将 while 后边的花括号"{}"省略，程序的执行过程会怎样？

（4）注意缩进结构的书写习惯，循环内部语句应该缩进几个字符位置（按 Tab 键）。

【例6.8】按照如图6-9（即图6-4（c））所示的算法，编写【例6.4】的程序，打印1～200中所有能被4整除的整数。

编写程序如下：

```
#include <stdio.h>
void main()
{   int i;
    i=1;
    while(i<=200)
    {   if (i%4==0)
            printf("%d ",i);
        i++;
    }
}
```

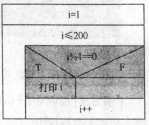

图6-9 "能被4整除"算法

程序的运行结果如下。

```
8 12 16 20 24 28 32 36 40 44 48 52 56 60 64 68 72 76 80 84 88 92 96 100 104 10
8 112 116 120 124 128 132 136 140 144 148 152 156 160 164 168 172 176 180 184 18
8 192 196 200 Press any key to continue
```

符合条件的整数有50个，显示格式不够美观。可以考虑按照行列方式输出，即每行输出10个数。

在如图6-10（a）所示的算法中，每次发现符合条件的情况都执行n++，n可以记录满足条件的个数。输出时，当n%10==0时换行，而n%10!=0时不换行，就能实现按行列方式输出，算法如图6-10（b）所示。

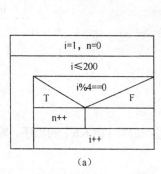
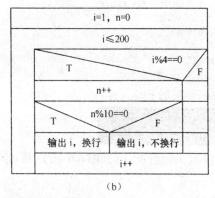

图6-10 "分行输出"算法

编写程序如下：

```
#include <stdio.h>
void main()
{   int i,n;
    i=1;n=0;                    //n用于计算满足条件的个数
    while(i<=200)
    {   if (i%4==0)
        {   n++;
            if (n%10==0)
                printf("%5d\n",i);  //换行
            else
                printf("%5d",i);    //不换行
        }
        i++;
    }
}
```

程序的运行结果如下。

学习提示：
这种在循环中计数的方法，经常用在各种程序和算法中，应该注意掌握。

【例6.9】按照如图6-11（即图6-5（c））所示的算法，编写【例6.5】的程序，计算当$|x|<1$时，公式$\ln(1+x)$的值。

编写程序如下：

```c
#include <stdio.h>
void main()
{   double x,t,k,ln;
    int i,m;
    printf("请输入x:");
    scanf("%lf",&x);
    k=1; m=-1; ln=0; i=1;
    while(i<=20)
    {   m = -m;
        k = k * x;
        t = m * k / i;
        ln = ln + t;
        i++;
    }
    printf("ln=%lf\n",ln);
}
```

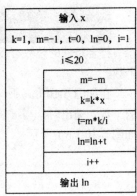

图6-11 "求$\ln(1+x)$"算法

程序的运行结果如下。

【例6.10】按照如图6-12（即图6-6（b））所示的算法，编写【例6.6】的程序，输出Fibonacci数列。

编写程序如下：

```c
#include <stdio.h>
void main()
{   long a,b,c,i;
    a=1;b=1;i=2;
    printf("%10d%10d",a,b);        //输出前两个数
    while (i<=39)
    {   c=a+b;
        a=b;
        b=c;
        i++;
        if (i%5==0)
            printf("%10d\n",c);    //换行
        else
            printf("%10d",c);      //不换行
    }
}
```

图6-12 "Fibonacci数列"算法

程序的运行结果如下。

说明：

用如图 6-12 所示的算法，则 40 个数输出格式不美观。在程序中加入一个选择结构，并调整了循环变量的开始和结束值，使得每行输出 5 个数，格式比较整齐。

6.3 直到型循环

6.3.1 直到型循环

1. 直到型循环

直到型循环结构一般包括以下过程：

（1）赋初值；

（2）执行循环操作的语句序列；

（3）判断循环条件，如果为真，则转入（2），否则转入（4）；

（4）结束循环，继续循环体后边的语句。

直到型循环的流程图如图 6-13 所示。

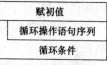

图 6-13 直到型循环

2. 当型循环和直到型循环的比较

（1）当型循环先判断条件，如果为真则执行循环体内的语句序列；如果为假则结束循环。因此，如果第一次循环条件为假时，则循环语句执行 0 次。

（2）直到型循环先执行循环体内的语句序列，后判断循环条件。如果条件为真，则返回继续执行循环语句序列，否则结束循环。因此，直到型循环的循环语句至少执行 1 次。

在如图 6-14（a）和图 6-14（b）所示的算法中，循环变量 i 从 1 变化到 100，每次循环递增 1。循环操作语句序列可以是顺序、选择以及循环结构的任何语句序列；循环操作语句序列可以与循环变量 i 有关，也可以无关。

学习提示：

（1）思考：如果初始时 i=101，循环的执行情况如何？

（2）循环变量的增量可以为其他数，如 2、3 等，如图 6-14（c）所示，也可以为-1、-2 等，如图 6-14（d）所示。请思考如图 6-14（c）和图 6-14（d）所示算法的执行过程。

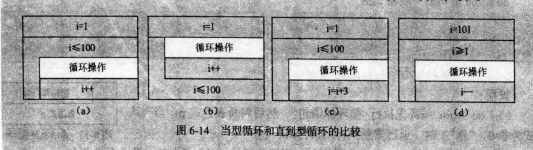

图 6-14 当型循环和直到型循环的比较

6.3.2 直到型循环结构算法设计

【例6.11】计算分数序列的和：$s = 1 + \dfrac{1}{2} + \dfrac{1}{3} + \cdots$，直到最后项小于0.00001。

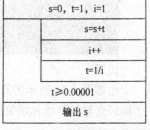

图6-15 "分数序列和"算法

分析：

（1）经观察，问题中后一项的分母是前一项的分母加1，即i++。

（2）此问题并未指定求和的项数，但要求在项t小于0.00001时停止，因此循环的条件为t>=0.00001。

设计的算法如图6-15所示。

> **学习提示：**
> 循环的条件并不一定是某个循环变量的比较如i<=1000，也可以是其他表达式如t>=0.00001等。

【例6.12】利用格里高利公式 $\dfrac{\pi}{4} \approx 1 - \dfrac{1}{3} + \dfrac{1}{5} - \dfrac{1}{7} + \cdots$，求圆周率π，要求最后一项绝对值小于$10^{-6}$。

分析：

（1）观察序列中各项1、-1/3、1/5、-1/7，找出规律如下：

① 后一项和前一项符号相反。用m表示符号，则m=-m。

② 后一项比前一项分母大2，分子都为1。k表示分母，则k=k+2。设计根据前一项求得后一项的算法如图6-16（a）所示，其中t表示每个项的值。

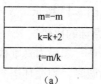

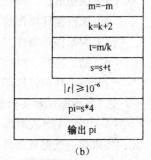

图6-16 "求π"算法

（2）循环的条件是$|t| \geq 10^{-6}$，在循环体内，将每一次循环计算的项t加到结果s上。在设计时，初始值根据循环的第一项反复演算获得。

其中π符号在程序中无法表示，故用pi表示π。算法如图6-16（b）所示。

> **学习提示：**
> 在循环算法设计中，尤其要注意循环初始值和循环条件的设计，这两个地方出现错误的可能性较大，应该反复演算、论证。

6.3.3 do while 语句

do while 语句的一般格式为

```
do
    <循环体语句>
while(表达式p)
```

do while 循环的执行流程如图6-17所示。

说明：

（1）do while 循环先执行<循环体语句>，然后判断表达式p，当表达式为非0（"真"）时，返回重新执行<循环体语句>。

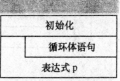

图6-17 do while 循环

（2）循环体如果包括一条以上的语句，则用花括号"{}"括起来，作为复合语句。

【例6.13】按照如图6-18（即图6-15）所示的算法，编写【例6.11】的程序，计算分数序列的和：$s = 1 + \frac{1}{2} + \frac{1}{3} + \cdots$（直到最后项小于 0.000 01）。

编写程序如下：

```c
#include <stdio.h>
void main()
{   float s,t;
    long i;
    s=0;t=1;i=1;
    do
    {   s=s+t;
        i++;
        t=1.0/i;
    }
    while(t>=0.000 01);
    printf("s=%8.3f\n",s);
}
```

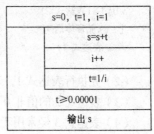

图 6-18 "分数序列和" 算法

程序的运行结果如下。

【例6.14】按照如图6-19（即图6-16（b））所示的算法，编写【例6.12】的程序，利用格里高利公式 $\frac{\pi}{4} \approx 1 - \frac{1}{3} + \frac{1}{5} - \frac{1}{7} + \cdots$，求圆周率π，要求最后一行绝对值小于 10^{-6}。

编写程序如下：

```c
#include <stdio.h>
#include <math.h>   //使用数学函数 fabs()，需包含 math.h
void main()
{   double s,k,t,pi;
    int m;
    k = 1; s = 1; t = 1; m = 1;
    do
    {   m=-m;
        k = k + 2;
        t = m / k;
        s = s + t;
    }while(fabs(t)>=0.000 001);   //fabs(t)函数求t的绝对值
    pi = s * 4;
    printf("pi=%lf\n",pi);
}
```

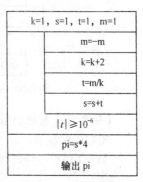

图 6-19 "求π" 算法

程序的运行结果如下。

> **学习提示：**
> 如果要使用数学函数 fabs()，那么必须在程序的前边包含<math.h>头文件。

6.4 for 循环语句

for 循环是计数型循环，经常用于循环次数已知的情况，它的本质是当型循环。【例6.2】【例6.4】【例6.5】【例6.6】都可以用 for 循环实现。for 循环的一般形式为

```
for (表达式1;表达式2;表达式3)
    <循环体语句>
```

说明：

（1）for 循环的执行流程如图 6-20 所示，其本质与 while 循环语句相同。即

```
表达式1;
while(表达式2)
{   <循环体语句>
    表达式3;
}
```

（2）先执行表达式 1，表达式 1 经常用于初始化循环变量。

（3）表达式 2 的值非 0（"真"）时，执行循环体语句，否则退出循环，继续执行循环后语句。

（4）表达式 3 经常用于改变循环变量的值。

（5）循环体如果包括一条以上的语句，则用花括号"{}"括起来，作为复合语句。

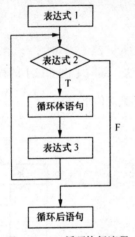

图 6-20　for 循环执行流程

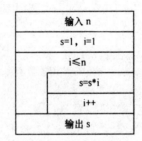

图 6-21　"n!"的算法

【例 6.15】按照如图 6-21（即图 6-1（c））所示的算法，编写【例 6.2】的程序，计算 n!。
编写程序如下：

```
#include <stdio.h>
void main()
{   int n,i;
    double s;
    printf("请输入n:");
    scanf("%d",&n);
    s=1;
    for(i=1;i<=n;i++)
        s=s*i;
    printf("%d!=%.01f\n",n,s);
}
```

程序的运行结果如下。

```
请输入n:20
20!=2432902008176640000
Press any key to continue
```

说明：

（1）for 循环的写法比 while 语句的写法更简洁。for 语句循环的 NS 流程图如图 6-22（a）和图 6-22（b）所示，如图 6-22（c）所示循环的 i 从 n 到 1，每次减 1，相当于 for (i=n;i>=1;i--)。

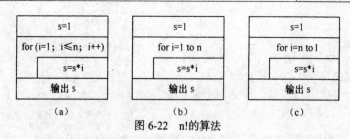

图 6-22　n!的算法

（2）for 语句的表达式 1 可以省略，可将赋初值语句写在 for 语句之前，但 ";" 不能省略。例如：
```
i=1;
for(; i<=n; i++)
    s=s*i;
```
（3）for 语句的表达式 2 可以省略，但 ";" 不能省略。此时循环条件默认为真，程序将会死循环。例如：
```
for(i=1; ; i++)
    s=s*i;
```
（4）for 语句的表达式 3 可以省略，此时应将其写入循环体内。例如：
```
for(i=1; i<=n; )
{   s=s*i;
    i++;
}
```
（5）for 语句中的表达式 1 和表达式 3 可以使用逗号表达式。例如：
```
for(s=1, i=1; i<=n; s=s*i, i++)
    ;
```

6.5　break 语句和 continue 语句

break 语句可以用于跳出 switch 结构，并继续执行 switch 结构后边的语句；还可以用于跳出 while、do while 和 for 循环结构，并继续执行后续语句。break 语句不能用于 switch 结构和循环结构以外的其他地方。

continue 语句能够结束本次循环，即跳过循环体内下面的语句，继续进行下一次循环。

例如，程序 1 的执行流程如图 6-23 所示，程序 2 的执行流程如图 6-24 所示。

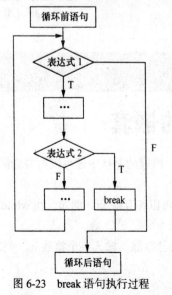　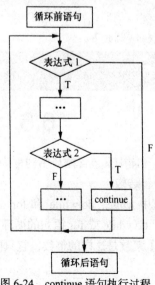

图 6-23　break 语句执行过程　　　图 6-24　continue 语句执行过程

（1）程序1
```
while(表达式1)
{   ...
    if (表达式2)
        break;
    ...
}
```

（2）程序2
```
while(表达式1)
{   ...
    if (表达式2)
        continue;
    ...
}
```

【例6.16】编写程序计算半径从1到100的圆面积，当面积大于100时，结束计算。

设计算法如图6-25所示，编写程序如下：

```
#include <stdio.h>
const double pi=3.141 592 6;
void main()
{   float r,area;
    for(r=1; r<=100; r++)
    {   area=pi*r*r;
        if (area>100)
            break;         //直接跳出循环
        printf("area=%f\n",area);
    }
}
```

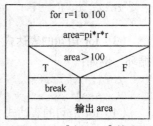

图6-25 【例6.16】算法

程序的运行结果如下。

```
area=3.141593
area=12.566370
area=28.274334
area=50.265480
area=78.539818
Press any key to continue
```

【例6.17】编写程序，输出从1到100中所有能被3整除的整数。

设计算法如图6-26所示，编写程序如下：

```
#include <stdio.h>
void main()
{   int n;
    for(n=1; n<=100; n++)
    {   if (n%3!=0)
            continue;      //直接进行下一次循环
        printf("%3d",n);
    }
}
```

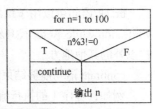

图6-26 【例6.17】算法

程序的运行结果如下。

6.6　循环的嵌套

在一个循环体中又包含循环结构称为循环的嵌套，内嵌的循环中还可以再嵌套循环，如此形成多层循环嵌套结构。

在C语言中while、do while 和for 三种循环语句可以相互嵌套。例如，在while 语句中，可以嵌套while、do while 或for 语句的循环。

【例6.18】素数是这样的整数，它只能被1和它自己整除。输入一个整数m，判断m是否为素数。

分析：

（1）根据定义，如果从 2 到 m-1 中所有整数都不能整除 m 即可确定 m 是素数。可用变量 flag 标记 m 是否为素数，其初值设为 1。当发现第一个能整除 m 的 i 时，可以确定 m 不是素数，此时使 flag = 0 并退出循环。在循环结束时，如果 flag 为 1 那么 m 是素数，否则 m 不是素数。算法如图 6-27（a）所示。当 m 是素数时，循环次数为 m-2，当 m 很大时，循环次数很大。

（2）经证明，如果从 2 到 $\sqrt{m}$ 中的整数都不能整除 m，那么 $\sqrt{m}$ +1 到 m-1 中整数也都不能整除 m。因此循环只要从 2 到 $\sqrt{m}$ 间进行即可。优化后的算法如图 6-27（b）所示，其算法运行次数最多为 $\sqrt{m}$ -1 次，效率显著提高。

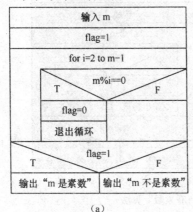 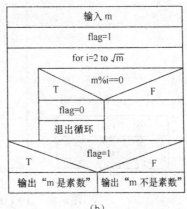

（a）　　　　　　　　　　　（b）

图 6-27 "素数"算法

按照如图 6-27（a）所示的算法，编写程序如下：

```c
#include <stdio.h>
void main()
{   long m,i;
    int flag;
    printf("请输入整数m:");
    scanf("%ld",&m);
    flag=1;                  //初始化 flag，m 是素数
    for(i=2;i<=m-1;i++)
        if (m%i==0)
        {   flag=0; //m 不是素数
            break;
        }
    if (flag==1)
        printf("整数 %ld 是素数! \r",m);
    else
        printf("整数 %ld 不是素数! \n",m);
}
```

程序的运行结果如下。

说明：

输入 m 为一个很大的数如 1 234 567 891 时，循环需要很长时间才能完成。按照如图 6-27（b）所示的算法，将程序改为

```c
k=sqrt(m);
for(i=2;i<=k;i++)
```

则程序的循环次数显著减少,运行时间明显缩短。

【例6.19】找出1到1000之间的所有素数。

分析:

(1)在【例6.18】如图6-27(a)和图6-27(b)所示的算法中,能够判断整数m是否为素数。

(2)让m作为循环变量从1循环到1000,如图6-28(a)所示。

(3)在图6-28(b)所示算法中嵌套了图6-27(b)所示的算法,可以找出从1到1000中的所有素数。

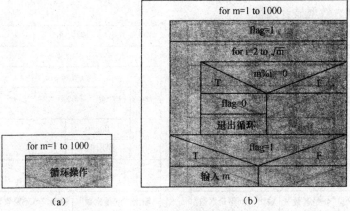

图6-28 "1～1000所有素数"算法

在外层的for循环内部嵌套for循环结构,编写程序如下:

```c
#include <stdio.h>
#include <math.h>
void main()
{   long m,i,k;
    int flag;
    for(m=1;m<=1 000;m++)
    {
        flag=1;              //初始化flag,m是素数
        k=sqrt(m);           //求m的平方根
        for(i=2;i<=k;i++)//内嵌for循环
            if (m%i==0)
            {   flag=0;      //m不是素数
                break;
            }
        if (flag==1)
            printf("%5d",m);
    }
}
```

程序的运行结果如下。

```
   1    2    3    5    7   11   13   17   19   23   29   31   37   41   43   47
  53   59   61   67   71   73   79   83   89   97  101  103  107  109  113  12
 131  137  139  149  151  157  163  167  173  179  181  191  193  197  199  21
 223  227  229  233  239  241  251  257  263  269  271  277  281  283  293  30
 311  313  317  331  337  347  349  353  359  367  373  379  383  389  397  40
 409  419  421  431  433  439  443  449  457  461  463  467  479  487  491  49
 503  509  521  523  541  547  557  563  569  571  577  587  593  599  601  60
 613  617  619  631  641  643  647  653  659  661  673  677  683  691  701  70
 719  727  733  739  743  751  757  761  769  773  787  797  809  811  821  82
 827  829  839  853  857  859  863  877  881  883  887  907  911  919  929  937
 941  947  953  967  971  977  983  991  997Press any key to continue_
```

该程序也可以写成用 while 循环内嵌套 for 循环的写法，程序如下：

```
#include <stdio.h>
#include <math.h>
void main()
{   long m,i,k;
    int flag;
    m=1;                    //初始化变量 m
    while(m<=1 000)         //while 语句
    {
        flag=1;             //初始化 flag，m 是素数
        k=sqrt(m);          //求 m 的平方根
        for(i=2;i<=k;i++)   //内嵌 for 循环
            if (m%i==0)
            {   flag=0;     //m 不是素数
                break;
            }
        if (flag==1)
            printf("%5d",m);
        m++;                //m 自增
    }
}
```

6.7 循环结构编程举例

本节通过几个编程实例，介绍几类问题的算法设计和编程方法。

【例 6.20】编写程序，输出"*"，构成如图 6-29（a）所示的图形。

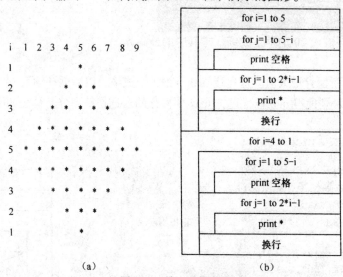

图 6-29 输出字符图形

分析：

绘制如图 6-29（a）所示的图形，就是在某一行的前半部分输出 m 个空格，后半部分输出 n 个"*"。

（1）上半部分共 5 行，编号为 1、2、3、4、5。第 1 行的 m 为 4，n 为 1，第 2 行的 m 为 3，n 为 3，因此第 i 行的 m 为 5-i，n 为 2*i-1。

（2）下半部分共4行，行号为4、3、2、1。m和n的计算方法与（1）相同。

（3）设计的算法如图6-29（b）所示。

编写程序如下：

```c
#include <stdio.h>
void main()
{   int i,j;
    for (i=1; i<=5; i++)              //控制行号
    {   for (j=1; j<=5-i;j++)
            printf(" ");              //输出空格
        for (j=1; j<=2*i-1; j++)
            printf("*");              //输出*
        printf("\n");                 //换行
    }
    for (i=4;i>=1;i--)                //控制行号
    {   for (j=1; j<=5-i; j++)
            printf(" ");              //输出空格
        for (j=1; j<=2*i-1; j++)
            printf("*");              //输出*
        printf("\n");                 //换行
    }
}
```

程序的运行结果如下。

【例6.21】循环输入20个学生成绩，求其中的最高分。

分析：

设变量max用于保存最大值。首先让max＝第1个成绩，以后循环输入x，用max与每个x比较，如果max<x，则使得max=x，这样max中保存的永远是最高分。算法如图6-30所示。

编写程序如下：

```c
#include <stdio.h>
void main()
{   int i,x,max;
    printf("请输入20个成绩:");
    scanf("%d",&x);                   //输入x
    printf("%3d",x);                  //输出当前x
    max=x;
    for (i=2; i<=20; i++)
    {   scanf("%d",&x);               //输入x
        printf("%3d",x);              //输出当前x
        if (max<x)                    //比较，获得更大值
            max=x;
    }
    printf("\n 最高分为:%3d\n",max);  //输出max
}
```

图6-30 "最大值"算法

程序的运行结果如下。

【例6.22】循环输入某学生的各科成绩,直到输入-99结束,求其总成绩。

分析:

使用直到型循环,每输入一个数检查是否为-99,如果是则结束循环,否则求和。算法如图6-31所示。

编写程序如下:

```
#include <stdio.h>
void main()
{   int x,s;
    printf("请输入成绩(-99结束):");
    s=0;x=0;
    do
    {   s=s+x;
        scanf("%d",&x);        //输入x
    }
    while (x!=-99);
    printf("该学生得总分为:%3d\n",s);    //输出总分
}
```

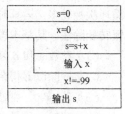

图 6-31 求和算法

程序的运行结果如下:

【例6.23】求两个整数m和n的最大公约数和最小公倍数。

分析:

(1)最大公约数的定义是能够同时整除m和n的最大整数。因此算法是从m和n中任意一个开始依次向下,找到第一个能够同时整除m和n的数,如图6-32(a)所示。

(2)最小公倍数的定义是能够同时被m和n整除的最小整数。因此算法是从m和n中任意一个开始依次向上,找到第一个能够同时被m和n整除的整数,如图6-32(b)所示。

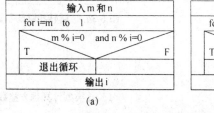
(a)

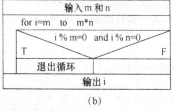
(b)

图 6-32 "最大公约数和最小公倍数" 算法

编写程序如下:

```
#include <stdio.h>
void main()
{   long m, n, i;            //long 类型计算很大整数的公约数
    printf("请输入m,n:");
    scanf("%ld%ld",&m,&n);   //输入m,n
//  求最大公约数
    for (i=m; i>=1; i--)
        if (m % i == 0 && n % i == 0)
            break;
```

```
        printf("%ld,%ld 的最大公约数为 %ld",m,n,i);    //输出最大公约数
// 求最小公倍数
        for (i=m; i<=m*n; i++)
            if (i % m == 0 && i % n == 0)
                break;
        printf("\n%ld,%ld 的最小公倍数为 %ld\n",m,n,i);    //输出最小公倍数
}
```

程序的运行结果如下。

如图 6-32（a）、图 6-32（b）所示的算法是根据定义设计的，其不足之处是当 m 和 n 较大时，循环次数较多，运算时间较长。在公元前 4 世纪，古希腊数学家欧几里德给出了求最大公约数的辗转相除法，其基本思想如下。

（1）整数 a 和 b 分别赋给 m 和 n；
（2）m 除以 n 得余数 r；
（3）若 r≠0，则使得 m=n，n=r，转入（2）；当 r=0，转入（4）。
（4）此时 n 是最大公约数。
（5）a 和 b 的最小公倍数是 a*b/最大公约数。

其运算过程如图 6-33 所示，设计的算法如图 6-34 所示，采用此算法，循环的次数较少，能迅速求出最大公约数。

m	n	r
30	16	14
16	14	2
14	2	0

最大公约数为 2
最小公倍数位 30*16/2=240

| 输入 a 和 b |
| m=a；n=b |
| r=m % n |
| r<>0 |
| m=n |
| n=r |
| r=m % n |
| 输出 n 为最大公约数 |
| 输出 a*b/n 为最小公倍数 |

图 6-33 "辗转相除法"过程　　　　图 6-34 "辗转相除法"算法

编写程序如下：

```
#include <stdio.h>
void main()
{   long a ,b ,m ,n ,r ,s ,t;              //long 类型计算很大整数的公约数
    printf("请输入a,b:");
    scanf("%ld%ld",&a,&b);                 //输入m,n
// 求最大公约数
    m=a; n=b;
    r = m%n;
    while (r!=0)
    {   m = n;
        n = r;
        r = m % n;
    }
    s = n;                                  //最大公约数
    t = a * b / s;                          //最小公倍数
    printf("%ld,%ld的最大公约数为 %ld",a,b,s);    //输出最大公约数
```

```
    printf("\n%ld,%ld 的最小公倍数为 %ld\n",a,b,t);    //输出最小公倍数
}
```

【例 6.24】百钱买百鸡问题。假定公鸡每只 2 元，母鸡每只 3 元，小鸡每只 0.5 元。现有 100 元，要求买 100 只鸡，编程求出公鸡只数 x、母鸡只数 y 和小鸡只数 z。

分析：

穷举法又称枚举法，它的基本思路就是一一列举所有可能性，逐个进行排查。穷举法的核心是找出问题的所有可能，并针对每种可能逐个进行判断，最终找出问题的答案。

方法一：

采用穷举法，x、y 和 z 的值在 0 到 100 之间，循环的次数为 $101 \times 101 \times 101$。因为公鸡每只 2 元，母鸡每只 3 元，因此 $0 \leq x \leq 50$，而 $0 \leq y \leq 33$，$0 \leq z \leq 100$，此时循环的次数为 $51 \times 34 \times 101$，算法如图 6-35（a）所示。

编写程序如下：

```
#include <stdio.h>
void main()
{   int x, y, z;
    printf(" 公鸡  母鸡  小鸡\n");    //输出标题行
    for (x = 0; x<=50; x++)
        for (y = 0; y<=33; y++)
            for (z = 0; z<=100; z++)
                if (x + y + z == 100 && 2 * x + 3 * y + 0.5 * z == 100)
                    printf("%6d%6d%6d\n",x, y, z);
}
```

程序运行的结果如下。

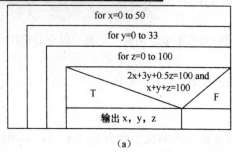
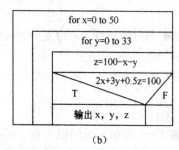

图 6-35 "百钱买百鸡"算法

方法二：

因为 $x+y+z=100$，所以 $z=100-x-y$。如图 6-35（b）所示可以将方法一改为二重循环的算法，此时循环的次数为 51×34。编写程序如下：

```
#include <stdio.h>
void main()
{   int x, y, z;
    printf(" 公鸡  母鸡  小鸡\n");    //输出标题行
    for (x = 0; x<=50; x++)
        for (y = 0; y<=33; y++)
        {   z=100-x-y;
```

```
        if (2 * x + 3 * y + 0.5 * z == 100)
            printf("%6d%6d%6d\n",x, y, z);
    }
}
```

方法三：

问题可以转化为方程组 $\begin{cases} x+y+z=100 \\ 2x+3y+0.5z=100 \end{cases}$，经推导可以转化为 $\begin{cases} y=20-3x/5 \\ z=80-2x/5 \end{cases}$。对每个 x 求对应 y 和 z。因为 y 或 z 可能带小数，此时，小数部分将被截去，此时 x+y+z<100；y 和 z 也可能是负数。所以如果 x+y+z = 100 且 y>=0, z>=0，则是正确答案，此时设计一重循环的算法如图 6-36 所示。

编写程序如下：

```
#include <stdio.h>
void main()
{   int x, y, z;
    printf("  公鸡  母鸡  小鸡\n");        //输出标题行
    for (x = 0; x<=50; x++)
    {   y = 20 - 3 * x / 5;               //y 取整数
        z = 80 - 2 * x / 5;               //z 取整数
        if (x + y + z == 100 && y>=0 && z>=0)
            printf("%6d%6d%6d\n",x, y, z);
    }
}
```

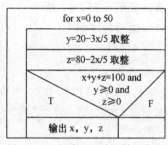

图 6-36 "百钱买百鸡"算法优化

学习提示：

比较上述 3 种算法的循环次数，并使用计数变量 n，在循环中插入语句 n++统计循环次数，分析 3 种算法的效率。

【例 6.25★】编写程序求解猴子吃桃问题。猴子第一天摘下若干桃子，当即吃了一半，又多吃一个；第二天又吃了一半，又多吃一个；以后每天都吃前一天剩下的一半加一个，到第 6 天只剩下一个桃子。问猴子第一天一共摘下多少个桃子？

分析：

递推法是通过数学推导，将复杂的运算化解为若干重复的简单运算，以充分发挥计算机长于重复计算的特点。

设第 i 天桃子数为 f_i，那么它是前一天桃子数 f_{i-1} 的 1/2 减 1。

即 $f_i = \dfrac{f_{i-1}}{2} - 1$，则 $f_{i-1} = 2(f_i + 1)$。

设变量 f = 1 为第 6 天的桃子数，则可反推前一天的桃子数为 f = 2(f + 1)，利用此公式连续递推 5 次，即可得到问题的解。设计的算法如图 6-37 所示。

```
#include <stdio.h>
void main()
{   int f,i;
    f=1;                        //第 6 天桃子数
    for(i=5;i>=1;i--)
        f=2*(f+1);              //递推得到第 i 天桃子数
    printf("第 1 天的桃子数为%d\n", f);
}
```

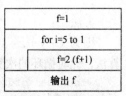

图 6-37 猴子吃桃问题

程序的运行结果如下。

【例6.26★】编写程序，对输入字符进行加密。加密规则为 A→E，a→e，B→F，b→f，… V→Z，v→z，W→A，w→a，X→B，x→b，…，Z→D，z→d，其他字符不变。例如，输入 "China Tianjin 2010"，加密后为 "Glmre Xmernmr 2010"。

分析：

A~Z、a~z 中所有字母均增加 4，而 W~Z、w~z 的字母增加 4 后，还需减去 26。设计的算法如图 6-38 所示。

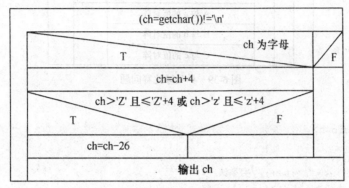

图 6-38 加密问题

编写程序如下：

```
#include <stdio.h>
void main()
{   char ch;
    while((ch=getchar())!='\n')
    {   if ((ch>='A'&&ch<='Z')||(ch>='a'&&ch<='z'))
        {       ch=ch+4;
                if ((ch>'Z'&&ch<='Z'+4)||(ch>'z'&&ch<='z'+4))
                    ch=ch-26;
        }
        putchar(ch);
    }
    printf("\n");
}
```

程序的运行结果如下。

【例6.27★】两个乒乓球队进行比赛，各出 3 人。甲队为 A、B、C 3 人，乙队为 X、Y、Z 3 人，已抽签决定了比赛名单。有人向队员打听比赛名单，A 说他不和 X 对阵，C 说他不和 X、Z 对阵，请编程序找出 3 对赛手的名单。

分析：

（1）设定变量 a、b 和 c 分别表示甲队的三个人，而字符常量'X'、'Y'和'Z'分别表示乙队的三人。a、b 和 c 均可能取值为'X'、'Y'和'Z'，表示双方的对阵名单，如 a 取值为'X'，则表示 a 与 X 对阵。采用穷举法分别检查所有可能组合。

（2）因为甲方一人不能与乙方两人对阵，因此 a、b 和 c 的取值不能相同。表达式 a!='X'表示 A 不能与 X 对阵，表达式 c!='X'&&c!='Z'表示 C 说他不和 X、Z 对阵。

设计的算法如图 6-39 所示。

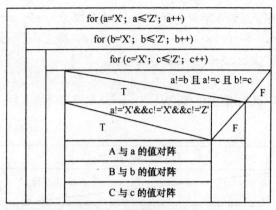

图 6-39 乒乓球比赛问题

编写程序如下：

```c
#include<stdio.h>
void main()
{   char a,b,c;
    for(a='X';a<='Z';a++)//穷举法
        for(b='X';b<='Z';b++)
            for(c='X';c<='Z';c++)
                if(a!=b&&a!=c&&b!=c)        //3人对手各不相同，排除相同的情况
                    if(a!='X'&&c!='X'&&c!='Z')//A说他不和X比赛，C说他不和X、Z比赛
                    {   printf("A--%c\n",a);
                        printf("B--%c\n",b);
                        printf("C--%c\n",c);
                    }
}
```

程序的运行结果如下。

【例 6.28★】已知 4 位同学中的一位数学考了 100 分。当小李询问这 4 位是谁考了 100 分时，4 个人回答如下，A 说：不是我；B 说：是 D；C 说：是 B；D 说：不是我。已知其中的三个人说的是真话，一个人说的是假话。请根据这些信息，找出考 100 分的是谁。

分析：

（1）设定变量 a、b、c 和 d 分别表示 4 位同学，每个变量的取值可以为 0 或 1，0 表示该同学没考 100 分，而 1 表示该同学考了 100 分。可以采用穷举法检测出哪位同学考了 100 分。

（2）因为只有一位同学考了 100 分，所以只有一个变量为 1，其他 3 个变量应为 0，4 个变量的和应为 1。

（3）关系表达式 a!=1 表示 A 说：不是我；d==1 表示 B 说：是 D；b==1 表示 C 说：是 B；d!=1 表示 D 说：不是我。而其中只有 3 个人说的是真话，因此 4 个表达式的和应为 3。

设计的算法如图 6-40 所示。

编写程序如下：

```c
#include<stdio.h>
void main()
{   int a,b,c,d;
    for(a=0;a<=1;a++)//穷举法
        for(b=0;b<=1;b++)
            for(c=0;c<=1;c++)
```

```
        for(d=0;d<=1;d++)
           if(a+b+c+d==1)//只有一个人为100分
              if((a!=1)+(d==1)+(b==1)+(d!=1)==3) //只有三个人说的是真话
              {  if (a!=0) printf("A为100分\n");
                 if (b!=0) printf("B为100分\n");
                 if (c!=0) printf("C为100分\n");
                 if (d!=0) printf("D为100分\n");
              }
}
```

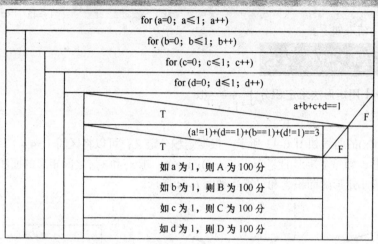

图 6-40 "4 同学 100 分"问题

程序的运行结果如下。

【例 6.29★】用牛顿迭代法，求 a 的平方根。

基本原理：

迭代是通过重复执行一系列计算来获得问题的近似答案，而每一次重复计算将产生一个更精确的结果。

牛顿迭代法实际是解方程 $f(x)=0$，其基本原理如图 6-41 所示。在 (x_0, y_0) 点的切线与 x 轴交点为 $(x_1, 0)$。此时 x_1 比 x_0 更接近根。使得 $x_0 = x_1$，继续上述过程，使得 x_1 不断接近根，直到 $|x_1 - x_0| < \varepsilon$ 时 x_1 是根。

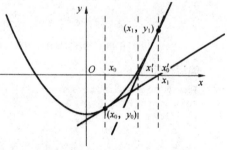

图 6-41 "牛顿迭代法"原理

（1）根据导数定义，可得 $f(x) = f(x_0) + f'(x_0)(x - x_0)$，推导得：$x_1 = x_0 - \dfrac{f(x_0)}{f'(x_0)}$。

（2）求 a 的平方根，就是解方程 $x = \sqrt{a}$，也就是解方程 $f(x) = x^2 - a = 0$，求导 $f'(x) = 2x$。

推导得 $x_1 = x_0 - \dfrac{f(x_0)}{f'(x_0)} = x_0 - \dfrac{x_0^2 - a}{2x_0} = \dfrac{1}{2}\left(x_0 + \dfrac{a}{x_0}\right)$。

（3）设定 x_0 为非 0 的初值，计算得到 x_1，再使 $x_0 = x_1$，如此反复迭代，直到 $|x_1 - x_0| \leq \varepsilon$。算法如图 6-42 所示。

编写程序如下：

```
#include <stdio.h>
#include <math.h>
void main()
```

```
{   float a,x0,x1;
    printf("请输入a:");
    scanf("%f",&a);
    x0 = a / 2;
    x1 = (x0 + a / x0) / 2;
    while (fabs(x1 - x0) >= 0.00001)
    {   x0 = x1;                        //迭代过程
        x1 = (x0 + a / x0) / 2;
    }
    printf("%f 平方根为 %f \n",a,x1);   //输出根
}
```

图6-42 "牛顿迭代法"算法

程序的运行结果如下。

```
请输入a:12
12.000000 平方根为 3.464102
Press any key to continue
```

【例6.30★】用矩形法求定积分 $\int_{-4}^{4}\frac{1}{1+x^2}dx$ 。

分析：

假设函数f(x)的曲线如图6-43所示。根据定积分定义，可以将区间（-4,4）划分为n段（n足够大）小矩形，则每个矩形的宽 w=(4-(-4))/n=8/n，求x_i和x_{i+1}之间矩形的面积为w*f(x_i)，定积分就是各段小矩形的面积之和，算法如图6-44所示。

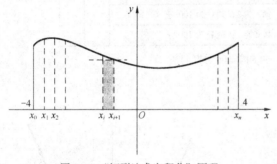
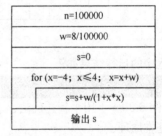

图6-43 "矩形法求定积分"原理　　图6-44 "矩形法求定积分"算法

编写程序如下：

```
#include <stdio.h>
void main()
{   float n, w, x, s;
    n = 100000;
    w = 8 / n;              //矩形的宽度
    s = 0;
    for (x=-4;x<=4; x=x+w)
        s = s + w / (1 + x * x);
    printf("积分为 %f\n",s);
}
```

程序的运行结果如下。

```
积分为 2.651264
Press any key to continue
```

学习提示：

（1）思考：与矩形法相似，梯形法用n个小梯形的面积之和计算定积分，它比矩形法的精度更高。请根据矩形法求定积分的算法分析过程，设计出利用梯形法求定积分的算法。

（2）循环结构是结构化程序设计的重点，本章涉及的算法较多，读者应力求独立设计算法，并能编写和调试程序。

6.8　goto 语句★

goto 语句为无条件转向语句，它的一般形式为

```
goto 语句标号;
```

语句标号用标识符表示，它的命名规则与变量的命名规则相同，即由字母、数字和下画线组成，且第一个字符必须为字母或下画线。例如：

```
goto label_123
```

语句标号不能用整数做标号，例如：

```
goto 123         //不合法
```

goto 语句可以与 if 语句一起构成循环；也可以从循环体内跳到循环体外。而在 C 语言中，一般可以使用 break 跳出循环，用 continue 语句结束本次循环。

结构化程序设计主张限制使用 goto 语句，因为滥用 goto 语句将使得程序流程无规律、可读性差。goto 语句的用法不符合结构化原则，一般不宜采用，仅在不得已的情况下使用。

【例 6.31】用 if 语句和 goto 语句编写程序计算 n!。

编写程序如下：

```
#include <stdio.h>
void main()
{   int n,i;
    double s;
    printf("请输入n: ");
    scanf("%d",&n);
    i=1;s=1;
loop:
    if (i<=n)
    {    s=s*i;
         i++;
         goto loop;
    }
    printf("%d 的阶乘为 %.0lf\n",n,s);//%.0lf 使得小数点后无小数部分
}
```

习　题

一、选择题

（1）以下说法错误的是（　　）。

　　A）可以用 do while 语句实现的循环一定可以用 while 语句实现

　　B）可以用 for 语句实现的循环一定可以用 while 语句实现

　　C）可以用 while 语句实现的循环一定可以用 for 语句实现

　　D）do while 和 while 语句的区别仅在于"while"出现的位置不同

（2）以下程序中语句 printf（"x"）;执行的次数是（　　）。

```
int x=0, y=10;
while(x<y)
{    x++;y--;
     printf("x");
}
```

A）0　　　　　　B）5　　　　　　C）6　　　　　　D）11

（3）以下程序的运行结果是（　　）。

```
void main()
{   int i=1;
    do
    {   if (i%3==1)
            if (i%5==2)
            {printf("%d",i);break;}
        i++;
    }while(i!=0);
}
```

A）7　　　　　　B）35　　　　　C）5　　　　　　D）26

（4）以下 for 语句的循环次数为（　　）。

```
for(x=0; x<6; x++)
```

A）1　　　　　　B）4　　　　　　C）6　　　　　　D）10

（5）以下程序中，语句 printf（"x"）;执行的次数是（　　）。

```
void main()
{   int i,s=0;
    for(i=1;i<=10;i++)
    {
        if (i%4==0)   break;
        printf("x");
    }
}
```

A）1　　　　　　B）3　　　　　　C）4　　　　　　D）10

（6）以下程序中，语句 printf（"x"）;执行的次数是（　　）。

```
void main()
{   int i,s=0;
    for(i=1;i<=10;i++)
    {
        if (i%4==0)   continue;
        printf("x");
    }
    printf("%d\n",s);
}
```

A）12　　　　　B）6　　　　　　C）8　　　　　　D）10

（7）以下程序中，语句 printf（"x"）;执行的次数是（　　）。

```
void main()
{   int x,y,z;
    for(x=1;x<=10;x++)
        for(y=1;y<=10;y++)
            for(z=10;z>=5;z--)
                printf("x");
}
```

A）10　　　　　B）100　　　　　C）600　　　　　D）1000

（8）以下程序在运行时输入 234，则程序的运行结果是（　　）。

```
void main()
{   int c;
    while((c=getchar())!='\n')
    {   switch(c-'2')
        {   case 0:
            case 1:putchar(c+2);
            case 2:putchar(c+2);break;
            case 3:putchar(c+1);
```

```
            case 4:putchar(c+1);break;
        }
    }
}
```

A）44556   B）45678   C）7768   D）778866

二、填空题

（1）以下程序的运行结果是_____。

```
#include <stdio.h>
void main()
{   int n=0;
    while(n<=5)
    {   printf("%d",n);
        n=n+2;
    }
}
```

（2）以下程序运行时，从键盘输入 bcdef<回车>，则运行结果是_____。

```
#include <stdio.h>
void main()
{   char c;
    while ((c=getchar())!='\n')
    {   c--;
        putchar(c);
    }
}
```

（3）以下程序计算 6+7+8+9+10 的和，请将程序补充完整。

```
#include <stdio.h>
void main()
{   int i=10,s=0;
    do
    {   s=s+i;
        _____;
    }_____;
    printf("%d\n",s);
}
```

（4）以下程序计算 1~100 中所有奇数的和，请将程序补充完整。

```
#include <stdio.h>
void main()
{   int i,sum=0;
    for(i=1;i<=100;i++)
    {   if (i%2==0)  _____;
        _____;
    }
    printf("%d\n",sum);
}
```

（5）以下程序的运行结果是_____。

```
#include <stdio.h>
void main()
{   int i,sum=0;
    for(i=2;i<10;i++)
    {   if (i%5==0)  break;
        sum+=i;
    }
    printf("%d\n",sum);
}
```

（6）以下程序的运行结果是_____。

```c
#include <stdio.h>
void main()
{   int i,j,sum=0;
    for(i=3;i>=1;i--)
    {   for(j=1;j<=i;j++)
            sum+=i*j;
    }
    printf("%d",sum);
}
```

（7）以下程序计算1～20之间奇数和偶数的和，请填空。

```c
#include <stdio.h>
void main()
{   int a=0,b=0,c=0,i;
    for(i=0;i<=20;i+=2)
    {   a+=i;
        _____;
        c+=b;
    }
    printf("偶数之和是%d",a);
    printf("奇数之和是%d\n",c-b);
}
```

（8）以下程序输出100以内能被4整除且个位数为8的所有整数，请填空。

```c
#include <stdio.h>
void main()
{   int i,j;
    for(i=0;_____;i++)
    {   j=i*10+8;
        if (j%4!=0) _____;
        printf("%d",j);
    }
}
```

（9）以下程序在运行时输入1ab2CDe<回车>，则输出结果是_____。

```c
#include <stdio.h>
void main()
{   char a=0,ch;
    while((ch=getchar())!='\n')
    {   if (ch>='a'&&ch<='z')
            ch=ch-'a'+'A';
        a++;putchar(ch);
    }
}
```

三、编程题

1. 设计算法编写程序，计算 $\sum_{x=1}^{20}(2x^2+3x+1)$。

2. 设计算法编写程序，打印1～10 000中的所有闰年。

3. 设计算法编写程序，计算分数序列 $\frac{2}{1},\frac{3}{2},\frac{5}{3},\frac{8}{5},\frac{13}{8},\frac{21}{13},\cdots$ 前20项之和。

4. 设计算法编写存款利息计算器。输入1年定期存款的总额t、利率r以及年数n，计算n年后可以获得的本息。

5. 设计算法编写程序，计算 $s = 1 + \frac{1}{2} + \frac{1}{4} + \frac{1}{7} + \frac{1}{11} + \frac{1}{16} + \frac{1}{22} + \cdots$，直到最后项小于 10^{-6}。

6. 我国人口为 13 亿，假设人口每年增加 0.8%。设计算法编写程序，计算多少年后我国的人口超过 26 亿。

7. 设计算法编写程序，计算自然对数的底 e 的近似值，公式为 $e = 1 + \frac{1}{1!} + \frac{1}{2!} + \frac{1}{3!} + \cdots + \frac{1}{n!} + \cdots$，要求其误差小于 0.000 01。

8. 设计算法编写程序，计算 $\sum_{n=1}^{10} n! = 1! + 2! + \cdots + 10!$。

9. 设计算法编写程序，输入 x 和 n，计算 $x + x^2 + x^3 + \cdots + x^n$（$n$ 为整数）。

10. 设计算法编写程序，求 $e^x = 1 + \frac{x}{1!} + \frac{x^2}{2!} + \frac{x^3}{3!} + \frac{x^4}{4!} + \cdots + \frac{x^n}{n!}$，$n \leq 100$。

11. 设计算法编写程序，求所有的守形数。守形数是指该数本身等于自身平方的低位数，例如 25 是守形数，因为 $25^2 = 625$，而 625 的低两位是 25。

12. 设计算法编写程序，输入 a 和 n，求 s = a + aa + aaa + aaaa + ⋯ + aa⋯a(n 个 a)。例如 a = 2，n = 5，则 s = 2 + 22 + 222 + 2 222 + 22 222。（提示：设 t 为其中一项，则后一项 t=t*10+a）

13. 设计算法编写程序，计算 1 000 内的所有完数。完数是指一个数恰好等于除它本身外的因子之和，例如：6 = 1 + 2 + 3。（提示：先设计求 m 所有因子的算法；再求因子之和，并判断 m 是否为完数；最后求所有完数。）

14. 设计算法编写程序，输出 "*"，构成以下图形。

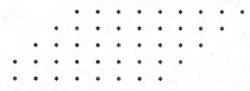

15. 设计算法编写程序，循环输入 20 个 0 到 100 之间的成绩，分别统计它们中 90 分以上、80～89 分、70～79 分、60～69 分、小于 60 分的分数的个数。

16. 设计算法编写程序，循环输入学生成绩，直到输入-99 结束循环，计算平均成绩。

17. 设计算法编写程序，输入整数 m 和 n，计算 m 和 n 的公约数之和。

18. 设计算法编写程序求解搬砖问题：36 块砖 36 人搬，男一次搬 4 块，女一次搬 3 块，2 个小儿一次抬 1 块，要求 1 次搬完。问需男、女和小儿各多少人。

19. 设计算法编写程序，输出 1 000 以内所有的勾股数。勾股数是满足 $x^2 + y^2 = z^2$ 的自然数。例如，最小的勾股数是 3、4、5。（为了避免 3、4、5 和 4、3、5 这样的勾股数的重复，必须保持 x<y<z。）

★20. 设计算法编写程序，求解著名的爱因斯坦阶梯问题。设有一阶梯，每步跨 2 阶，最后余 1 阶；每步跨 3 阶，最后余 2 阶；每步跨 5 阶，最后余 4 阶；每步跨 6 阶，最后余 5 阶；每步跨 7 阶，最后正好跨完。问该阶梯总共有几阶。

★21. 有人买了一筐鸡蛋，只记得数目不止 100 个，还记得三个三个地数余 1，五个五个地数余 2，七个七个地数余 3。设计算法编写程序求解筐里的鸡蛋数目。

★22. 赛车问题。4 名专家对 4 款赛车评论的结果如下，A 说：2 号赛车最佳；B 说：4 号赛车最佳；C 说：3 号不是最佳赛车；D 说：B 说错了。事实上只有一款赛车最佳，且只有一名专家说对了。请根据这些信息,设计算法编写程序,找出最佳赛车的车号以及是哪位专家说对了。

★23. 设计算法编写程序,求解新郎新娘问题。教堂里来了 A、B、C、D 四位新郎和 W、X、Y、Z 四位新娘。已知以下 4 个人的回答都是假话,求他们互相与谁结婚。

A 说他与 W 或者 Y 结婚;B 说他不与 Y 和 Z 结婚;C 说他不与 X 结婚;D 说他不与 W 结婚。

★24. 设计算法编写程序,用牛顿迭代法求 $\sin x - x/2 = 0$ 在 $x = \pi$ 附近的一个实根,精度小于 10^{-4}。

★25. 设计算法编写程序,梯形法求 $f(x) = x^2 + 13x + 1$ 在区间(a,b)上的定积分。

26. 设计算法编写程序,打印九九乘法表。

```
1*1=1
2*1=2    2*2=4
3*1=3    3*2=6    3*3=9
4*1=4    4*2=8    4*3=12   4*4=16
5*1=5    5*2=10   5*3=15   5*4=20   5*5=25
6*1=6    6*2=12   6*3=18   6*4=24   6*5=30   6*6=36
7*1=7    7*2=14   7*3=21   7*4=28   7*5=35   7*6=42   7*7=49
8*1=8    8*2=16   8*3=24   8*4=32   8*5=40   8*6=48   8*7=56   8*8=64
9*1=9    9*2=18   9*3=27   9*4=36   9*5=45   9*6=54   9*7=63   9*8=72   9*9=81
```

单元测试

学号_____ 姓名_____ 得分_____

一、选择题

（1）以下说法正确的是（   ）。
    A）只能在 switch 结构和循环结构中使用 break 语句
    B）continue 语句的作用是结束整个循环的执行
    C）在循环体内使用 break 和 continue 语句的作用相同
    D）一个 break 语句可以从多层循环嵌套中退出

（2）以下程序中语句 printf（"x"）;执行的次数是（   ）。

```
int m=10;
do
{   m=m-2;
    printf("x");
}while(m>=1);
```

    A）2   B）4   C）5   D）6

（3）以下 for 语句的循环次数为（   ）。

```
for(x=10; x>=1; x--)
```

    A）0   B）1   C）9   D）10

（4）以下程序中语句 printf（"x"）;执行的次数是（   ）。

```
void main()
{   int i,j;
    for(i=2;i>=1;i--)
    {   for(j=1;j<=2;j++)
            printf("x");
    }
}
```

    A）1   B）2   C）4   D）8

二、填空题

（1）以下程序在运行时输入 1234，则输出结果是_____。

```
#include <stdio.h>
void main()
{   int a,b;
    scanf("%d",&b);
    while(b!=0)
    {   a=b%10;
        b=b/10;
        printf("%d",a);
    }
}
```

（2）以下程序的运行结果是_____。

```
#include <stdio.h>
void main()
{   int i;
    for(i=1;i<=5;i++)
    {   if (i%2==0)
            printf("*");
        else
```

```
            printf("#");
    }
}
```

（3）以下程序段的运行结果是_____。

```
#include <stdio.h>
void main()
{   int i,k;
    for(i=0;i<4;i++,i++)
        for(k=1;k<3;k++);
        printf("*");
}
```

三、编程题

1. 设计算法编写程序，计算 $\pi = 2 \times \dfrac{2^2}{1 \times 3} \times \dfrac{4^2}{3 \times 5} \times \dfrac{6^2}{5 \times 7} \times \cdots\cdots \times \dfrac{(2n)^2}{(2n-1) \times (2n+1)}$，$n \leqslant 1\,000$。

2. 设计算法编写程序，计算 $\dfrac{1}{1^2} + \dfrac{1}{2^2} + \dfrac{1}{3^2} + \dfrac{1}{4^2} + \cdots + \dfrac{1}{n^2}$，直到最后项小于 10^{-6}。

3. 水仙花数是指一个三位整数，该数三个数位的立方和等于该数本身。例如：$153=1^3+5^3+3^3$。设计算法编写程序，求所有的水仙花数。

第 7 章 数组

本章资源

到目前为止，本书的内容只涉及处理少量数据的问题；而在实际编程中，经常需要处理大批量数据，如 30 000 个学生成绩的排序、求和、求平均等。数组是构造数据类型，它可以用于解决大批量数据求解问题。本章介绍数组、数组的算法设计和数组的程序设计。

7.1 一维数组

7.1.1 一维数组

1. 一维数组引入

在第 5 章中 3 个变量排序的问题，需要编写 3 个选择结构语句。考察可得 n 个变量的排序，需要 $\dfrac{n(n-1)}{2}$ 个选择结构。如果 $n=100$，那么需要定义 100 个变量，编写 4 950 个选择结构，显然不可能实现。

如图 7-1 所示，一维数组是由一系列在内存中连续存放的变量组成的数据结构，它们的名字都是 a。每一个变量称为数组元素，都有一个索引号（下标）如 0、1、2、…、9。每一个数组元素实际就是一个变量，可以赋值、输入、输出或参加各种运算。

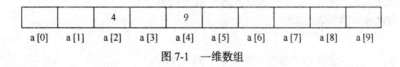

图 7-1　一维数组

【例 7.1】编写并运行以下程序，分析一维数组的定义、引用和特点。

```c
#include <stdio.h>
void main()
{   int a[10], i;      //定义数组a，包括10个元素
    a[0]=3;            //下标从0开始
    a[4]=123.89;       //a[4]获得123
    i=2;
    a[i]=123;
    a[i+1]=2*a[i];     //相当于a[3]=2*a[2]
    i=5;
    printf("请输入1个数: ");
    scanf("%d",&a[i]); //输入a[i]
    printf("%d %d %d %d\n",a[0],a[2],a[3],a[i]);  //输出a[i],a[2]
}
```

程序的运行结果如下。

请输入1个数：555
3 123 246 555
Press any key to continue

说明：

（1）在单步调试时，可以通过本地窗口查看数组情况。定义后数组元素的初始值为乱码，如图 7-2（a）所示；数组赋值、输入等操作结束后，如图 7-2（b）所示。

（2）数组下标从 0 开始，如图 7-2（a）所示。

（3）可以通过数组名和下标引用数组元素，如 a[0]、a[2]、a[3]。

（4）下标可以是常量、变量或表达式，如 a[2]、a[2+2]、a[i]、a[i+1]。

（5）数组元素中只能存放定义的数据类型的数据，如果类型不一致则强制转换为数组定义数据类型。

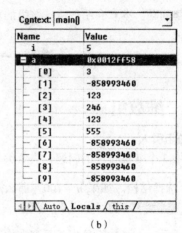

（a）　　　　　　　　　　　（b）

图 7-2　数组元素取值

2. 一维数组的定义

数组需要先定义后使用，定义一维数组的一般方法如下：

数据类型 <数组名>[常量表达式]

例如：

```
int a[10];        //共 10 个整型元素从 a[0]到 a[9]
float b[100];     //共 100 个实型元素从 b[0]到 b[99]
char c[80];       //共 80 个字符型元素从 c[0]到 c[79]
```

说明：

（1）数组的命名规则与变量的命名规则相同，均遵守标识符的命名规则。

（2）数组名后中括号"[]"内为常量表达式，表示一维数组的长度，即元素个数，数组元素下标从 0 开始。如 int a[10]，则元素包括 a[0]、a[1]、a[2]、…、a[8]、a[9]。

（3）常量表达式可以包括常量、符号常量，但是不能包括变量。以下数组定义语句均正确：

const N=100; int a[N];	#define N 100 int a[N];	int a[3+7];

① 以下定义方法错误：

```
int n=100;
int a[n];      //语法错误，长度必须为常量
```

② const 方法只能用在 C++的程序中，源程序的扩展名为.cpp，不能为.c。

3. 数组元素引用

C语言规定只能逐个引用数组元素，其一般格式为

数组名[下标]

例如：a[1], a[i], a[i+2], a[5]=a[i]+a[i+1]。

说明：

（1）下标必须是整型常量、变量或表达式。

（2）下标一般不能越界，如果越界将引用非本数组的元素，可能造成意外错误。

（3）数组元素只能存放定义类型的数据。

4. 一维数组初始化

一维数组定义时其值为无意义数据，可以在定义时进行初始化。例如：

`int a[10]={1,2,3,4,5,6,7,8,9,10};`

花括号中的数值依次存放在数组元素中，如图 7-3 所示。

1	2	3	4	5	6	7	8	9	10
a[0]	a[1]	a[2]	a[3]	a[4]	a[5]	a[6]	a[7]	a[8]	a[9]

图 7-3　数组初始化内容

（1）可以只给一部分元素赋初值，则其余元素赋值为 0。例如：

`int a[10]={1,2,3,4,5};`

数组内的赋值情况如图 7-4 所示。

1	2	3	4	5	0	0	0	0	0
a[0]	a[1]	a[2]	a[3]	a[4]	a[5]	a[6]	a[7]	a[8]	a[9]

图 7-4　数组部分元素初始化

可以用以下方法将数组所有元素赋值为 0：

`int a[10]={0,0,0,0,0,0,0,0,0,0};`

或者

`int a[10]={0};`

（2）在定义时对数组全部元素赋初值时，可以不指定数组长度，数组长度与初始化的元素个数相等。例如，以下定义的数组的长度为 10。

`int a[]={1,2,3,4,5,6,7,8,9,10};　　//数组长度为10`

7.1.2　一维数组程序设计

数组处理实际上就是对数组元素处理的过程，按顺序对每个数组元素进行处理的过程称为数组的遍历，其算法如图 7-5 所示。假设数组有 M 个元素，则其下标从 0 到 M-1。

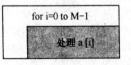
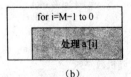

图 7-5　"遍历数组"算法

说明：

（1）图 7-5（a）所示循环从 a[0] 到 a[M-1] 顺序遍历并处理数组中的每个元素。

（2）图 7-5（b）所示循环从 a[M-1] 到 a[0] 倒序遍历并处理数组中的每个元素。

（3）可以对元素 a[i] 进行赋值、输入、输出、计算或判断等处理。

（4）遍历过程应该灵活使用，遍历不一定从 0 到 M-1，也可以从中间的某元素开始或到某元素结束；每次循环的变化不一定是 1 或-1，也可以是 2、3 或-2、-3 等。

【例7.2】输入10个数,并反序输出。

假定数组长度为 M,则数组元素下标为 0、1、2、…、M-1,算法如图 7-6(a)所示,先顺序遍历并输入数组元素,再反序遍历输出数组元素。图 7-6(b)所示算法顺序遍历数组时给每个元素赋值为随机数。

编写程序如下:

```c
#include <stdio.h>
void main()
{   int a[10];
    int i;
    printf("请输入10个数: ");
    for (i=0;i<=9;i++)
        scanf("%d",&a[i]);       //输入元素值
    printf("数组反序输出为: ");
    for (i=9;i>=0;i--)
        printf("%3d",a[i]);      //输出元素
    printf("\n");
}
```

程序的运行结果如下:

请输入10个数: 1 2 3 4 5 6 7 8 9 10
数组反序输出为: 10 9 8 7 6 5 4 3 2 1
Press any key to continue

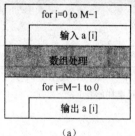 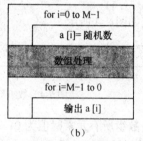

(a)　　　　　　　　　　　(b)

图 7-6　数组输入和输出

在数组编程过程中经常需要反复调试,如果每次重新输入一组数据,将浪费时间,影响效率。使用如图 7-6(b)所示算法赋给一组随机数,可以简化程序调试过程。

编写程序如下:

```c
#include <stdio.h>
#include <stdlib.h>          //包含随机函数的声明
#include <time.h>            //包含 time()的声明
void main()
{   int a[10];
    int i;
    srand(time(0));          //srand()的参数种子不同,每次运行rand()函数生成不同随机数序列
    for (i=0;i<=9;i++)
        a[i]=rand()%100;     //生成0~99之间的整数
    printf("数组顺序输出为: ");
    for (i=0;i<=9;i++)
        printf("%5d",a[i]);  //顺序输出
    printf("\n数组反序输出为: ");
    for (i=9;i>=0;i--)
        printf("%5d",a[i]);  //反序输出
```

```
        printf("\n");
}
```

程序运行结果如下：

说明：

（1）stdlib.h 文件包含了随机函数 rand()的声明，因此必须先包含在程序头部。

（2）要使每次执行程序时生成的随机数都不同，必须使用 srand()函数，并给其不同的实参。time(0)函数（函数声明包含在 time.h 文件中）获得从 1970 年 1 月 1 日 0 时 0 分 0 秒至系统当前时间所经过的秒数。srand(time(0))使得每次 rand 函数生成不同随机数。

（3）rand()函数生成 0～32 767 的整数，如要生成位于区间[M,N]的随机整数，可以使用公式 rand()%(N-M+1)+M。例如，要生成 0～99 的整数，则表达式为 rand()%100。

学习提示：

（1）应该使用循环在遍历过程中对数组元素进行输入、赋值或输出等，而不能用一条语句处理整个数组。

（2）在调试数组程序时，单步执行程序，并在图 7-7 所示本地窗口中观察数组元素的取值。从而帮助调试程序，提高调试程序的效率。

（3）本章后续例题和习题所列算法，赋值、输入和输出数组都将使用【例 7.2】的算法。

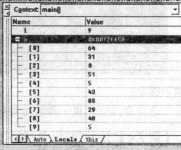

图 7-7　一维数组调试本地窗口

【例 7.3】输出 Fibonacci 数列：1、1、2、3、5、8、13、21、…的前 40 项。

分析：

（1）Fibonacci 数列可以转换为公式 $f(n)=\begin{cases}1 & n=0,1 \\ f(n-2)+f(n-1) & n>=2\end{cases}$，将数列的每个数依次存放在数组中。数组的前两个元素为 1，后一个元素为前两个元素之和，即 a[i]=a[i-2]+a[i-1]。

为了输出美观，在输出时如果下标 i+1 能被 5 整除则换行，否则不换行，使得每行输出 5 个元素。设计的算法如图 7-8（a）所示。

（2）根据前述公式，也可以根据下标号判断元素的值，当 i==0 或 i==1 时，元素为 1，其他的元素则为前两个元素之和。设计的算法如图 7-8（b）所示。

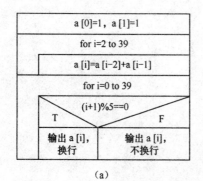

(a)

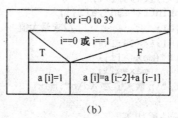

(b)

图 7-8　"Fibonacci 数列"算法

编写程序如下：

```
#include <stdio.h>
void main()
```

```
{   long a[40];
    int i;
    a[0]=1;a[1]=1;
    for (i=2;i<=39;i++)           //计算 Fibonacci 数列
         a[i]=a[i-2]+a[i-1];
    printf("Fibonacci 数列为: \n");
    for (i=0;i<=39;i++)           //输出 Fibonacci 数列
         if((i+1)%5==0)           //5 个数一行
              printf("%10ld\n",a[i]);
         else
              printf("%10ld",a[i]);
}
```

程序的运行结果如下。

```
Fibonacci数列为:
         1         1         2         3         5
         8        13        21        34        55
        89       144       233       377       610
       987      1597      2584      4181      6765
     10946     17711     28657     46368     75025
    121393    196418    317811    514229    832040
   1346269   2178309   3524578   5702887   9227465
  14930352  24157817  39088169  63245986 102334155
Press any key to continue
```

学习提示：

请读者注意掌握一维数组按照每行 M 个元素输出的方法。

【例 7.4】求一维数组中 100 个元素的最大值。

分析：

算法的基本思想是使用变量 max，先将第 0 个元素赋给 max，即 max=a[0]；然后遍历整个数组，max 与每一个元素比较，如果 max<a[i]，则使得 max=a[i]，这样可以保证 max 中存放的是最大的数。算法如图 7-9 所示。

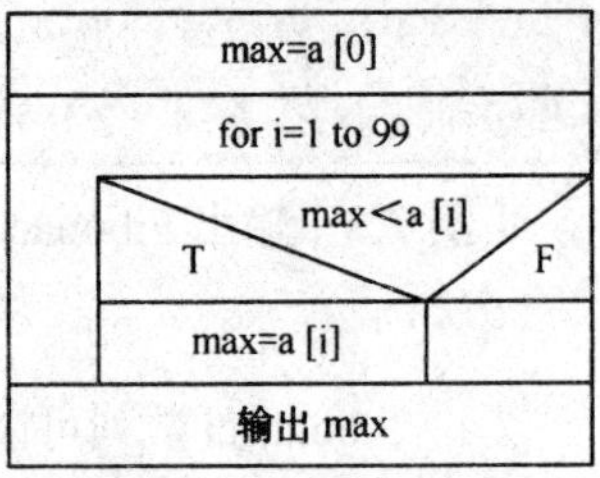

图 7-9 “最大值”算法

编写程序如下：

```
#include <stdio.h>
#include <stdlib.h>
#include <time.h>
void main()
{   int a[100],max;
    int i;
    srand(time(0));
    for (i=0;i<=99;i++)    //数组赋值
         a[i]=rand()%100;
    printf("数组为: ");    //输出数组
    for (i=0;i<=99;i++)
         printf("%3d",a[i]);
    max=a[0];              //求最大值
    for (i=1;i<=99;i++)
         if (max<a[i])
              max=a[i];
    printf("\n 最大值为 %d\n",max);
}
```

程序的运行结果如下。

```
数组为:  87 77 16 52  9 27 80 12 65 95 21 17 50 21 91  2  1  8 19 80 31 83 72 61
34  9 26 48 43 92 50 11  7 23 70 37 24 18 82 21  3  2 20  3 60  1 35 81 90 99 4
2 32 63  1 79 53 70 90 94  2 75 48 56 93 26 37 43 31  8 66 96 37 67 67 74 95 65
88 81 81 18 66 11 38 41 77 86 86 67 14 46 43 74 28 63 56 50 99 14  6
最大值为 99
Press any key to continue
```

【例7.5】一维数组中查找满足条件（元素能被4整除）的所有元素，统计个数、和及其平均值。

分析：

（1）在遍历一维数组所有元素的过程中，判断每个元素是否满足条件，如满足条件则处理a[i]，算法如图7-10所示。

（2）在遍历过程中，数组元素满足条件时使得n++，并输出a[i]，并求其和s=s+a[i]，算法如图7-11所示。

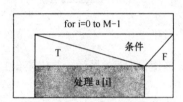

图7-10 "查找"算法

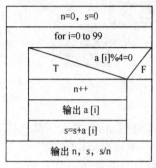

图7-11 查找统计算法

编写程序如下：

```
#include <stdio.h>
#include <stdlib.h>
#include <time.h>
void main()
{   int a[100];
    int i,n,s;
    srand(time(0));
    for (i=0;i<=99;i++)                //数组赋值
        a[i]=rand()%100;
    printf("数组为: ");
    for (i=0;i<=99;i++)                //输出数组
        printf("%3d",a[i]);
    printf("\n 能被4整除的元素为:");
    n=0;s=0;
    for (i=0;i<=99;i++)
        if (a[i]%4==0)                 //条件
        {    n++;                      //计数
             s=s+a[i];                 //求和
             printf("%3d",a[i]);       //输出符合条件元素
        }
    printf("\n 符合条件的元素个数为 %d",n);
    printf("\n 和为 %d",s);
    printf("\n 平均值为 %d\n",s/n);
}
```

程序的运行结果如下。

【例7.6】用"起泡法"把一维数组的n个元素按从小到大的顺序排列并输出。

分析：

（1）起泡法排序的基本思想是依次比较数组中两个相邻的元素，如果 a[j]>a[j+1]，则将两个元素交换，使得前边的元素小于等于后边的元素。这样的比较要经过n-1趟，如图7-12所示。

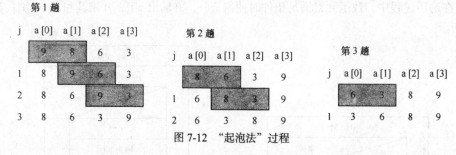

图7-12 "起泡法"过程

（2）第1趟使得a[n-1]最大，共比较n-1次；第2趟使得a[n-2]最大，共比较n-2次；第i趟使得a[n-i]最大，共比较n-i次。

（3）第i趟比较的算法如图7-13（a）所示，比较遍历从a[0]到a[n-1-i]。外部套上一层循环控制n-1趟比较，算法如图7-13（b）所示。分析可得n个元素的一维数组起泡法排序交换次数为n*(n-1)/2。

（4）在排序过程中，有可能进行到第i趟时就已经完成排序，此时后续的排序比较过程中不再有交换。因此，只要某一趟没有交换发生，则可以结束排序，从而减少比较次数，优化的算法如图7-13（c）所示。此时，最坏情况下n个元素的排序交换次数为n*(n-1)/2。

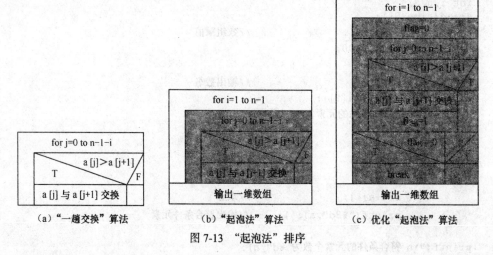

图7-13 "起泡法"排序

按照如图7-13（b）所示算法编写程序如下：

```
#include <stdio.h>
#include <stdlib.h>
#include <time.h>
const N=10;                              //数组长度为常量N=10
void main()
{   int a[N];
    int i,j,t;
    srand(time(0));
    for (i=0;i<=N-1;i++)                 //数组赋值
        a[i]=rand()%100;
```

```
        printf(" 排序前数组：");           //输出数组
        for (i=0;i<=N-1;i++)
              printf("%3d",a[i]);
//--------------------------排序开始------------------------
        for (i=1;i<=N-1;i++)                //排序的趟数
              for(j=0;j<=N-1-i;j++)
                  if (a[j]>a[j+1])          //比较
                  {t=a[j];a[j]=a[j+1];a[j+1]=t;}   //交换
//--------------------------排序结束------------------------
        printf("\n 排序后数组：");
        for (i=0;i<=N-1;i++)
              printf("%3d",a[i]);
        printf("\n");
}
```

程序的运行结果如下。

学习提示：

请读者按照如图 7-13（c）所示算法，改进排序过程，减少程序的交换次数。

【**例 7.7**】用选择法把一维数组的 n 个元素按从小到大的顺序排列并输出。

分析：

选择法排序的基本思想是在一维数组中找出最小元素，并将最小元素与最前边的元素交换，其过程如图 7-14 所示。第 0 趟从 a[0]到 a[n-1]找最小元素下标 min，a[0]与 a[min]交换；第 1 趟从 a[1]到 a[n-1]找最小元素下标 min，a[1]与 a[min]交换；第 i 趟从 a[i]到 a[n-1]找最小元素下标 min，a[i]与 a[min]交换。比较共进行 n-1 趟。

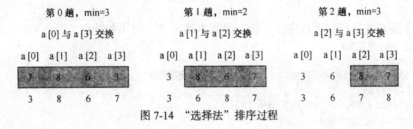

图 7-14 "选择法"排序过程

其中第 i 趟找出一个最小元素下标的算法如图 7-15 所示，遍历从 a[i]到 a[n-1]。选择法排序的算法如图 7-16 所示。

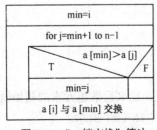

图 7-15 "一趟交换"算法

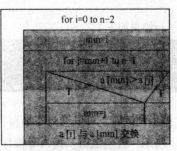

图 7-16 "选择法"算法

按照如图 7-16 所示算法将【例 7.6】的程序中排序部分代码修改如下：

```
//----------------------排序开始----------------------
for (i=0;i<=N-2;i++)              //排序的趟数
{   min=i;
    for(j=min+1;j<=N-1;j++)
    if (a[min]>a[j])              //比较
        min=j;
    t=a[i];a[i]=a[min];a[min]=t;  //交换
}
//----------------------排序结束----------------------
```

7.2 二维数组

7.2.1 二维数组

1. 多维数组与二维数组

如果数组元素有多个下标，则称为多维数组。图 7-17（a）所示是一个二维数组，其对应元素如图 7-17（b）所示，包括行号和列号两个下标，数组元素如 a[2][3]、a[i][j]等。如果增加下标的维数，可以有三维数组、四维数组等。

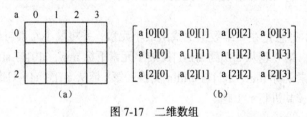

图 7-17 二维数组

【例 7.8】编写并运行以下程序，分析一维数组的定义、引用和特点。

```
#include <stdio.h>
void main()
{   int a[3][4],i,j;
    a[1][2]=3;
    a[1][3]=123.89;   //a[1][3]获得123
    a[2][1]=2*a[1][2]+3;
    i=2; j=3;
    a[i][j]=a[i-1][j-1]+2;
    scanf("%d", &a[2][2]);
    printf("%d %d %d %d\n",a[1][2],a[2][1],a[2][2],a[2][3]);
}
```

程序的运行结果如下。

```
44
3 9 44 5
Press any key to continue
```

说明：

（1）在单步调试时，可以通过本地窗口查看数组情况。定义后数组元素的初始值为乱码，如图 7-18（a）所示；数组赋值、输入等操作结束后，如图 7-18（b）所示。

（2）行列的下标从 0 开始。

（3）可以通过下标引用元素。下标可以是常量、变量或表达式，如 a[1][1]、a[i][j]、a[i+1][j]。

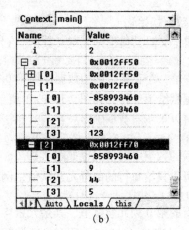

图 7-18 二维数组

2. 二维数组的定义

定义二维数组的一般方法如下：

数据类型 <数组名>[常量表达式 1] [常量表达式 2]

其方法和注意事项与一维数组相似，例如：

```
int   a[3][4];      //行下标从 0 到 2，列下标从 0 到 3，每个元素都为 int 类型变量
float b[5][10];     //行下标从 0 到 4，列下标从 0 到 9，每个元素均为 float 类型变量
char  c[5][80];     //行下标从 0 到 4，列下标从 0 到 79，每个元素均为 char 类型变量
```

说明：

（1）二维数组的命名规则与变量的命名规则相同，均遵守标识符的命名规则。

（2）数组名后中括号"[]"内为常量表达式，表示二维数组的行数和列数，常量表达式可以包括常量、符号常量，但是不能包括变量。

（3）二维数组在内存中按照先行后列的顺序连续存放，依次是第 0 行、第 1 行、…第 n-1 行。例如，数组 a[3][4]的存放顺序为 a[0][0]、a[0][1]、a[0][2]、a[0][3]，a[1][0]、a[1][1]、a[1][2]、a[1][3]，a[2][0]、a[2][1]、a[2][2]、a[2][3]。

在 C 语言中还可以定义三维数组、四维数组等多维数组。例如：

```
int a[2][3][4],b[2][3][4][5];
```

多维数组也按照从左到右下标号的顺序依次连续存放。例如，数组 a[2][3][4]的存放顺序为 a[0][0][0]、a[0][0][1]、a[0][0][2]、a[0][0][3]，a[0][1][0]、a[0][1][1]、a[0][1][2]、a[0][1][3]，a[0][2][0]、a[0][2][1]、a[0][2][2]、a[0][2][3]，a[1][0][0]、a[1][0][1]、a[1][0][2]、a[1][0][3]，a[1][1][0]、a[1][1][1]、a[1][1][2]、a[1][1][3]，a[1][2][0]、a[1][2][1]、a[1][2][2]、a[1][2][3]。

3. 数组元素引用

二维数组元素引用的方法及其注意事项与一维数组相似，举例如下：

```
int   a[3][4],i=2,j=3;
a[1][2]=3;
a[2][2]=a[1][2]*5;
a[i][j]=a[i-1][j-1]+2;
```

说明：

（1）引用元素的行和列下标均必须是整型常量、变量或表达式。

（2）下标的行号和列号均不能越界，如果越界将引用非本数组的元素，可能造成意外错误。

（3）数组元素只能存放定义类型的数据。

4. 二维数组初始化

二维数组定义时其值也是无意义数据。在定义二维数组的时候，可以对其进行初始化。例如：
`int a[3][4]={{1,2,3,4},{5,6,7,8},{9,10,11,12}};`

（1）其中第一个花括号内的数据赋给第 0 行，第二个花括号内的数据赋给第 1 行，第三个花括号内的数据赋给第 2 行，如图 7-19（a）所示。

（2）也可以将所有数据顺序放在一对花括号中，将数据依次存放在数组中。例如：
`int a[3][4]={1,2,3,4,5,6,7,8,9,10,11,12};`
初始化后的数组中的情况也如图 7-19（a）所示。

（3）也可以只给每行的部分元素赋值，例如：
`int a[3][4]={{1},{5},{9}};`
其中只给 3 行的第 0 列元素赋值，其余元素均赋予 0，如图 7-19（b）所示。

语句"int a[3][4]={{1},{0,0,5},{0,9}};"初始化后的数组如图 7-19（c）所示。

语句"int a[3][4]={{1},{}{9}};"初始化后的数组如图 7-19（d）所示。

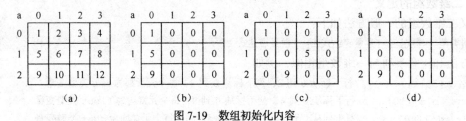

(a)　　　　(b)　　　　(c)　　　　(d)

图 7-19　数组初始化内容

语句"int a[3][4]={{0}};"初始化后的数组所有元素都为 0。

（4）如果二维数组的所有元素都初始化数值或者分行初始化数值时，二维数组的第一维长度可以为空，但其第二维长度不能省略。其行数由系统计算。

例如：
`int a[ ][4]={{1,2,3,4},{5,6,7,8},{9,10,11,12}};   //3行4列`
`int b[ ][4]={{1,2,3,4},{},{9,10,11,12}};          //3行4列`

7.2.2　二维数组程序设计

在二维数组处理过程中，需要按照行列的方式遍历数组，其算法如图 7-20（a）和图 7-20（b）所示，假设数组为 M 行 N 列。

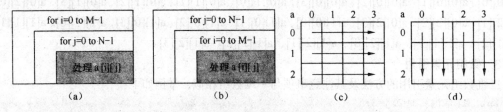

(a)　　　　(b)　　　　(c)　　　　(d)

图 7-20　二维数组遍历

说明：

（1）如图 7-20（a）所示算法按行的顺序遍历二维数组，其过程如图 7-20（c）所示，顺序为当 i=0 时，a[0][0]、a[0][1]、a[0][2]、a[0][3]；当 i=1 时，a[1][0]、a[1][1]、a[1][2]、a[1][3]；当 i=2 时，a[2][0]、a[2][1]、a[2][2]、a[2][3]。

（2）图 7-20（b）所示算法按列的顺序遍历二维数组，其过程如图 7-20（d）所示。

（3）可以对元素 a[i][j]进行赋值、输入、输出、计算或判断等处理。

（4）遍历过程可以灵活使用，可以从左向右，使得 j 从小到大循环，即 0～N-1，也可以从右向左，使得 j 从大到小循环，即 N-1～0；可以从上而下，使得 i 从小到大循环，即 0～M-1，也可以从下而上，使得 i 从大到小循环，即 M-1～0。

【例 7.9】向二维数组输入数据，并按行列方式输出。

在图 7-21（a）所示算法中，按先行后列的顺序遍历二维数组并输入数组元素；在图 7-21（b）所示算法中，按先行后列的顺序遍历二维数组并赋给随机数。在数组输出时，每输出一行元素后换行，再循环输出后边的行，从而实现按行列方式输出二维数组。

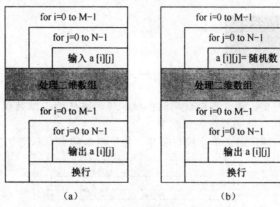

图 7-21　二维数组输入和输出

按照图 7-21（a）所示算法编写程序如下：

```c
#include <stdio.h>
void main()
{   int a[3][4];
    int i,j;
    printf(" 请输入12 个数：");
    for (i=0;i<=2;i++)                    //数组赋值
        for (j=0;j<=3;j++)
            scanf("%d",&a[i][j]);   //输入元素
    printf(" 二维数组为：\n");
    for (i=0;i<=2;i++)                    //输出数组
    {   for (j=0;j<=3;j++)
            printf("%3d",a[i][j]);   //输出元素
        printf("\n");
    }
}
```

程序的运行结果如下。

按照图 7-21（b）所示算法，给二维数组赋随机数的程序如下：

```c
#include <stdio.h>
#include <stdlib.h>
#include <time.h>
void main()
{   int a[3][4];
    int i,j;
    srand(time(0));
```

```
    for (i=0;i<=2;i++)              //数组赋随机数
        for (j=0;j<=3;j++)
            a[i][j]=rand()%100;     //元素赋随机数
    printf(" 随机数二维数组为: \n");
    for (i=0;i<=2;i++)              //输出数组
    {   for (j=0;j<=3;j++)
            printf("%3d",a[i][j]);  //输出元素
        printf("\n");
    }
```

程序运行结果如下。

学习提示：

（1）在后续编程练习中，读者可以使用随机数赋值的方法为二维数组赋初值，以便减少程序调试中输入数据的次数，提高程序调试效率。

（2）在二维数组程序调试时，单步执行程序，并使用本地窗口如图7-22所示，观察二维数组元素的取值情况。

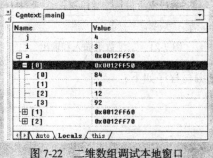

图7-22 二维数组调试本地窗口

【例7.10】求数组中"行号>列号"的元素、元素个数、和与平均值。

分析：

（1）在遍历二维数组所有元素的过程中，可以求出所有元素之和，算法如图7-23（a）所示。

（2）在遍历过程中，查找满足条件的元素的算法如图7-23（b）所示。

（3）查找满足"行号>列号"条件的元素，计算个数、和，并输出平均值的算法如图7-23（c）所示。

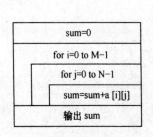
（a）求所有元素和

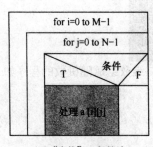
（b）"查找"一般算法

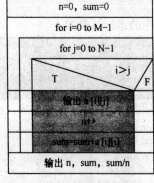
（c）"行号>列号"算法

图7-23 "查找"算法

编写程序如下:

```c
#include <stdio.h>
#include <stdlib.h>
#include <time.h>
const M=3,N=4;                              //行数M和列数N
void main()
{   int a[M][N];
    int i,j,n,sum;
    srand(time(0));
    for (i=0;i<= M-1;i++)                   //数组赋随机数
        for (j=0;j<= N-1;j++)
            a[i][j]=rand()%100;             //元素赋随机数
    printf(" 随机数二维数组为: \n");
    for (i=0;i<= M-1;i++)    //输出数组
    {   for (j=0;j<= N-1;j++)
            printf("%3d",a[i][j]);          //输出元素
        printf("\n");
    }
    //------------------------查找满足条件的元素------------------------
    printf(" 行号>列号的元素为: \n");
    n=0;sum=0;
    for (i=0;i<= M-1;i++)                   //输出数组中满足条件的元素
    {   for (j=0;j<= N-1;j++)
            if (i>j)
            {   printf("%3d",a[i][j]);
                n++;
                sum=sum+a[i][j];
            }
        printf("\n");
    }
    printf(" 满足条件元素个数为 %d , 和为 %d , 平均值为 %d\n",n,sum,sum/n);
}
```

程序的运行结果如下。

【例7.11】杨辉三角形是图7-24(a)所示的数列,求杨辉三角形的前10行。

分析:

(1)杨辉三角形存放在二维数组的左下角,其所有元素都满足条件"列号≤行号"。因此只需遍历左下角元素,其算法如图7-24(b)所示。

(2)第0列所有元素值为1,对角线上即"行号=列号"的元素也为1。

(3)杨辉三角形中除了第0列和对角线上以外的元素,a[i][j]=a[i-1][j-1]+a[i-1][j]。

(4)根据以上分析,可知杨辉三角形可以转换为公式:$a(i,j)\begin{cases} 1 & j=0 \\ 1 & i=j \\ a(i-1,j-1)+a(i-1,j) & j<i \end{cases}$。

求解杨辉三角形的算法如图7-24(c)所示。

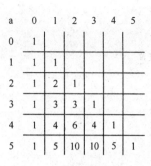
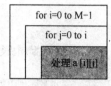
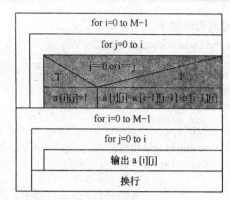

图 7-24 "杨辉三角形"问题

编写程序如下：

```
#include <stdio.h>
const M=10;                    //行数和列数均为 10
void main()
{   int a[M][M];
    int i,j;
    for (i=0;i<=M-1;i++)       //计算杨辉三角形
        for (j=0;j<=i;j++)
            if(j==0||i==j)
                a[i][j]=1;
            else
                a[i][j]=a[i-1][j-1]+a[i-1][j];
    printf(" 杨辉三角形为: \n");
    for (i=0;i<=M-1;i++)       //输出杨辉三角形
    {   for (j=0;j<=i;j++)
            printf("%4d",a[i][j]);
        printf("\n");
    }
}
```

程序的运行结果如下。

学习提示：

（1）二维数组的问题，经常可以通过观察行号和列号的关系设计算法。

（2）思考：变换行列号下标的顺序就可以输出二维数组的左上角、左下角、右上角、右下角的元素。

【例 7.12】 生成 M×M 矩阵，将矩阵转置后输出。

分析：

（1）如图 7-25（a）所示的矩阵转置后如图 7-25（b）所示。经观察矩阵转置就是将沿着对角线对称的元素交换，即 a[i][j]与 a[j][i]交换，例如 a[2][1]与 a[1][2]交换。

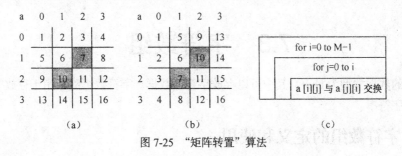

图 7-25 "矩阵转置"算法

（2）设计算法如图 7-25（c）所示遍历数组的左下角，并将 a[i][j] 与 a[j][i] 交换。注意：如果遍历数组的所有元素，最后反而会回到原来的矩阵。

编写程序如下：

```c
#include <stdio.h>
#include <stdlib.h>
#include <time.h>
const M=5;                              //行数与列数均为 M
void main()
{   int a[M][M];                        //M × M矩阵
    int i,j,t;
    srand(time(0));
    for (i=0;i<=M-1;i++)                //数组赋随机数
        for (j=0;j<=M-1;j++)
            a[i][j]=rand()%100;         //元素赋给随机数
    printf("转置前的数组为：\n");
    for (i=0;i<=M-1;i++)                //输出数组
    {   for (j=0;j<=M-1;j++)
            printf("%3d",a[i][j]);      //输出元素
        printf("\n");
    }
//-----------------------矩阵转置开始-----------------------
    for (i=0;i<=M-1;i++)
        for (j=0;j<=i;j++)
            {t=a[i][j];a[i][j]=a[j][i];a[j][i]=t;}   //交换
//-----------------------矩阵转置结束-----------------------
    printf("转置后的数组为：\n");
    for (i=0;i<=M-1;i++)                //输出数组
    {   for (j=0;j<=M-1;j++)
            printf("%3d",a[i][j]);      //输出元素
        printf("\n");
    }
}
```

程序的运行结果如下。

7.3 字符数组

字符数组的数据类型为 char，其中可以存放字符型数据。字符数组除了用于存放字符外，还可以用于存放字符串。

7.3.1 字符数组的定义和使用

字符数组的定义和其他数据类型的数组相似，只是其数据类型为 char。在使用数组元素时将其看作字符类型的变量。处理字符数组的算法与其他数据类型数组的算法相似，如图 7-26 所示。

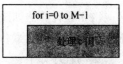

图 7-26 字符数组处理

【例 7.13】字符数组的使用。

```
#include <stdio.h>
void main()
{   char c[10];
    int i;
    printf(" 请输入 10 个字符：");
    for(i=0;i<=9;i++)
        scanf("%c",&c[i]);
    printf(" 字符数组为：");
    for(i=0;i<=9;i++)
        printf("%c",c[i]);
    printf("\n");
}
```

程序运行的结果如下。

说明：

（1）在程序中，字符数组的元素使用"%c"格式进行输入和输出。

（2）数组在内存中的存放情况如图 7-27 所示。

'I'	'␣'	'a'	'm'	'␣'	'h'	'a'	'p'	'p'	'y'
c[0]	c[1]	c[2]	c[3]	c[4]	c[5]	c[6]	c[7]	c[8]	c[9]

图 7-27 字符数组

（3）字符数组的元素可以像其他类型数组的元素一样处理，如赋值、计算、输入和输出等。

```
c[3]= 'a';           //赋给字符'a'
c[3]= c[3]-32;       //元素 c[3]如为小写字母，则由小写字母变为大写字母
```

（4）字符数组在定义时，也可以进行初始化，初始化的元素之外的元素将被赋值为 0，即字符'\0'。例如，初始化语句"char c[10]={ 'A', '␣', 'b', 'o', 'y'};"后字符数组如图 7-28 所示。

'A'	'␣'	'b'	'o'	'y'	'\0'	'\0'	'\0'	'\0'	'\0'
c[0]	c[1]	c[2]	c[3]	c[4]	c[5]	c[6]	c[7]	c[8]	c[9]

图 7-28 字符数组初始化

（5）字符数组在定义时初始化，如果长度与初始化字符数相同，在定义时可以省略长度，系统自动根据初始化字符个数确定数组长度。例如：

```
char c[]={ 'A', '␣', 'b', 'o', 'y'};
```

则数组的长度为 5，如图 7-29 所示。

（6）字符数组也可以定义为二维数组。字符型二维数组处理的算法与其他数据类型数组的算法相似，如图 7-30 所示。

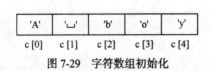

图 7-29 字符数组初始化

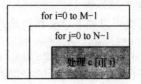

图 7-30 字符数组处理算法

【例 7.14】使用二维字符数组输出菱形图案。

```c
#include <stdio.h>
void main()
{   char c[9][9]={
        {' ',' ',' ',' ','*',' ',' ',' ',' '},
        {' ',' ',' ','*',' ','*',' ',' ',' '},
        {' ',' ','*',' ','*',' ','*',' ',' '},
        {' ','*',' ','*',' ','*',' ','*',' '},
        {'*',' ','*',' ','*',' ','*',' ','*'},
        {' ','*',' ','*',' ','*',' ','*',' '},
        {' ',' ','*',' ','*',' ','*',' ',' '},
        {' ',' ',' ','*',' ','*',' ',' ',' '},
        {' ',' ',' ',' ','*',' ',' ',' ',' '}};
    int i,j;
    for(i=0;i<=8;i++)   //输出菱形图案
    {   for (j=0;j<=8;j++)
            printf("%c",c[i][j]);
        printf("\n");
    }
}
```

程序的运行结果如下。

7.3.2 字符串数组

在 C 语言中，字符串依次存放在字符数组中，在有效字符的后边以字符'\0'作为结束标志。例如，字符串"I am a boy"在内存中的情况如图 7-31 所示。字符串的实际长度为 10，结束标志'\0'也占用 1 个字符空间，所以在内存中占用 11 个字符的空间。

'I'	' '	'a'	'm'	' '	'a'	' '	'b'	'o'	'y'	'\0'
c[0]	c[1]	c[2]	c[3]	c[4]	c[5]	c[6]	c[7]	c[8]	c[9]	c[10]

图 7-31 字符数组

系统在处理字符串时，遇到结束标志'\0'时表示字符串结束。结束标志符'\0'就是 ASCII 码为 0 的字符。如语句：

```c
printf("I am a boy \0 and a student.");
```

遇到第一个字符'\0'，即认为字符串结束，因此仅输出"I am a boy"。

在C语言中，可以定义字符数组用于存放字符串。例如：

```
char c[]={"I am a boy"};
```

因为字符串"I am a boy"的最后将会自动补上结束标志' \0'，如图 7-31 所示，所以数组的长度为 11，比有效字符数多 1。

字符数组也可以如下定义并初始化：

```
char c[]="I am a boy";
char c[]={'I','␣','a','m','␣','h','a','p','p','y','\0'};
```

以下语句在有效字符之后的字符都为' \0'，如图 7-32 所示。

```
char c[10]= "Boy";
```

'B'	'o'	'y'	'\0'	'\0'	'\0'	'\0'	'\0'	'\0'	'\0'
c [0]	c [1]	c [2]	c [3]	c [4]	c [5]	c [6]	c [7]	c [8]	c [9]

图 7-32　字符数组

1. 使用“%s”输出字符串

字符串的整体输入和输出，可以使用格式字符“%s”。在使用 printf 函数输出字符串时使用字符数组名，不管字符数组的长度为多大，均以第一个'\0'作为字符串结束。

【例 7.15】字符串输出。

```
#include <stdio.h>
void main()
{   char c[20]={"I am a boy\n"};
    char c1[100]="I am a boy\n\0 and a student.";
    printf("%s",c);
    printf("%s",c1); //以'\0'作为结束标志
}
```

程序的运行结果如下。

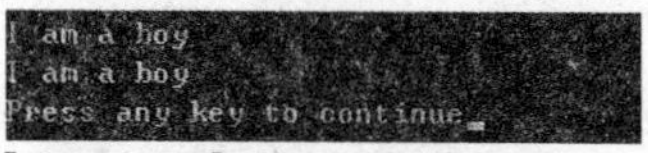
I am a boy
I am a boy
Press any key to continue

【例 7.16】菱形图案输出。

```
#include <stdio.h>
void main()
{   char c[][11]={
            {"    *\n"},
            {"   ***\n"},
            {"  *****\n"},
            {" *******\n"},
            {"*********\n"},
            {" *******\n"},
            {"  *****\n"},
            {"   ***\n"},
            {"    *\n"}};
    int i;
    for (i=0;i<=8;i++)
        printf("%s",c[i]); //二维字符数组的一行c[i]就是一个一维字符数组
}
```

程序的运行结果如下。

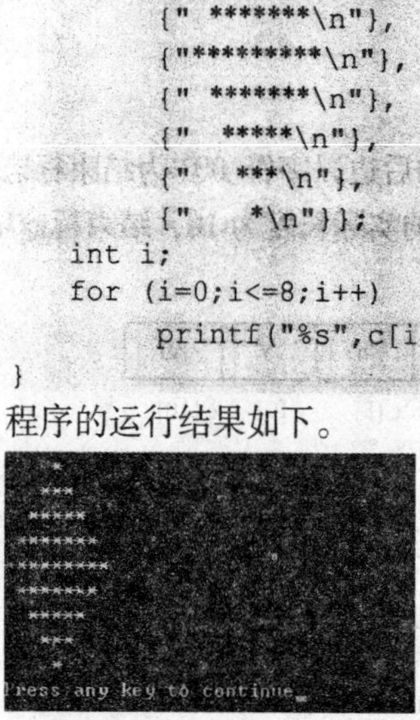
Press any key to continue

2. 使用 scanf 函数输入字符串

在使用 scanf 函数输入字符串时，使用格式字符 "%s"，输入项也为字符数组名，系统将自动在输入字符串后增加结束标志'\0'。

（1）字符数组长度必须比输入的字符串中有效字符数多。例如，字符数组 char c[5]，仅能输入 4 个有效字符。

【例 7.17】字符串输入。

```
#include <stdio.h>
void main()
{   char c[5];
    scanf("%s",c);
    printf("字符串为: %s\n",c);
}
```

程序运行时，输入 "Tian"，其结果如下。

（2）格式字符 "%s"，以空格作为结束符。

【例 7.18】字符串输入。

```
#include <stdio.h>
void main()
{   char c[100];
    scanf("%s",c);
    printf("字符串为: %s\n",c);
}
```

程序运行时，输入 "How are you!"，在数组中仅得到字符串"How"，运行结果如下。

【例 7.19】多个字符数组的输入。

```
#include <stdio.h>
void main()
{   char s1[20],s2[20],s3[20];
    scanf("%s%s%s",s1,s2,s3);
    printf(" s1:%s\n s2:%s\n s3:%s\n",s1,s2,s3);
}
```

程序运行时，输入 "How are you!"，在字符数组 s1、s2 和 s3 中的字符情况如图 7-33 所示，程序的运行结果如下。

s1	'H'	'o'	'w'	'\0'	'\0'	'\0'	'\0'	'\0'	…
s2	'a'	'r'	'e'	'\0'	'\0'	'\0'	'\0'	'\0'	…
s3	'y'	'o'	'u'	'!'	'\0'	'\0'	'\0'	'\0'	…

图 7-33 字符数组

3. 使用 gets()函数和 puts()函数输入和输出

gets()函数可以输入字符串，该函数在输入时，不以空格为分隔符。puts()函数用于输出字符串。输入项和输出项均为字符数组名或常量字符串。

puts()函数在输出字符串后，将把光标转入下一行的开始。

【例 7.20】使用 gets()函数和 puts()函数输入和输出字符串。

```
#include <stdio.h>
void main()
{   char s1[100];
    gets(s1);    //输入字符串
```

```
        puts(s1);    //输出字符串
}
```
程序运行时,输入"How are you!",在字符数组中得到字符串"How are you!",运行结果如下。

7.3.3 字符串处理函数

在 C 语言中,提供了一些用来处理字符串的函数,见附录 II ANSI C 常用库函数,这些字符串函数的声明包括在 string.h 头文件中,使用前必须先包含该头文件。

1. strlen(字符串)函数

strlen 函数用于计算字符串的有效字符的长度。

【例 7.21】使用 strlen(字符串)函数求输入的字符串中有效字符的个数。

```
#include <stdio.h>
#include <string.h>
void main()
{   char s1[100];
    int n;
    gets(s1);        //输入字符串
    puts(s1);        //输出字符串
    n=strlen(s1);//求字符串长度
    printf("字符串长度为: %d\n",n);
}
```

程序运行结果如下。

2. strupr(字符串)函数和 strlwr(字符串)函数

strupr(字符串)函数能将字符串中的所有小写字母变为大写字母,strlwr(字符串)函数能将字符串中的所有大写字母变为小写字母,两个函数的返回值均为字符串的首地址。

【例 7.22】使用 strupr(字符串)函数和 strlwr(字符串)函数对字符串进行大小写转换。

```
#include <stdio.h>
#include <string.h>
void main()
{   char s1[100];
    gets(s1);                           //输入字符串
    puts("原字符串: ");puts(s1);         //输出字符串
    strupr(s1);                         //小写变大写
    puts("变大写后: "); puts(s1);
    strlwr(s1);                         //大写变小写
    puts("变小写后: "); puts(s1);
}
```

程序运行结果如下。

3. strcpy(字符数组 1,字符串 2)函数

在 C 语言中,不可以将字符串直接赋给字符数组。例如:

```
char s1[100],s2[]="How are you!";
s1=s2;    //此语句有语法错误
```

因为字符数组名 s1 表示字符数组第 0 个元素的地址，它为常量，不能被赋值。因此语句"s1=s2;"将报语法错误。

strcpy 函数是字符串复制函数，其作用是将字符串 2 的所有字符复制到字符数组 1 中，函数的返回值为字符数组 1 的地址。

说明：

（1）字符数组 1 的长度必须超过字符串 2 的长度，才能够放下该字符串。

（2）字符串 2 可以是常量字符串，也可以是字符数组中存放的字符串。

【例 7.23】字符串复制。

```c
#include <stdio.h>
#include <string.h>
void main()
{   char s1[100],s2[]="How are you!";
    strcpy(s1,s2);              //复制字符串
    puts(s1);                   //输出 s1
    strcpy(s1,"Tianjin ren!");  //复制字符串
    puts(s1);                   //输出 s1
}
```

程序运行结果如下。

```
How are you!
Tianjin ren!
Press any key to continue
```

4. strcat（字符数组 1,字符串 2）函数

strcat 函数将字符串 2 连接在字符数组 1 中存放的字符串 1 的后面，结果存放在字符数组 1 中，函数的返回值为字符数组 1 的地址。

说明：

（1）字符数组 1 的长度必须超过字符串 1 和字符串 2 的长度之和。

（2）字符串 2 可以是常量字符串，也可以是字符数组中存放的字符串。

（3）连接时字符串 1 最后的结束标志'\0'被删除，其后连接字符串 2。

【例 7.24】字符串连接函数举例。

```c
#include <stdio.h>
#include <string.h>
void main()
{   char s1[100]="Tianjin,",s2[]="How are you!";
    strcat(s1,s2);       //连接字符串
    puts(s1);            //输出 s1
}
```

程序中字符串连接前后的情况如图 7-34 所示，其运行结果如下。

```
Tianjin,How are you!
Press any key to continue
```

s1	'T'	'i'	'a'	'n'	'j'	'i'	'n'	','	'\0'	'\0'	'\0'	'\0'	...						
s2	'H'	'o'	'w'	' '	'a'	'r'	'e'	' '	'y'	'o'	'u'	'!'	'\0'						
连接后 s1	'T'	'i'	'a'	'n'	'j'	'i'	'n'	','	'H'	'o'	'w'	' '	'a'	'r'	'e'	' '	'y'	'o'	'u'	'!'	'\0'	...

图 7-34 字符数组

5. strcmp（字符串 1，字符串 2）函数

strcmp 函数用于比较两个字符串的大小。在 C 语言中，字符串比较的规则是，两个字符串自

左向右逐个字符依次比较（按照 ASCII 码值的大小），直到出现不同字符或结束标志符'\0'。如果所有字符都相等则相等；如果两个字符串不同，则出现第一个不同字符的 ASCII 码值大的字符串大。例如：

"ABCDEF"等于"ABCDEF"
"ABCDEFG"大于"ABCDEF"
"ABCDEFG"小于"aBCDEF"

strcmp 函数按照字符串 1 和字符串 2 大小取值：

（1）如字符串 1 大于字符串 2，那么函数值为正整数；
（2）如字符串 1 等于字符串 2，那么函数值为 0；
（3）如字符串 1 小于字符串 2，那么函数值为负整数。

【例 7.25】字符串比较大小举例。

```
#include <stdio.h>
#include <string.h>
void main()
{   char s1[100],s2[100];
    puts("请输入两个字符串: ");
    gets(s1);
    gets(s2);
    if (strcmp(s1,s2)>0)
            puts("s1>s2");
    else if (strcmp(s1,s2)==0)
            puts("s1=s2");
    else
            puts("s1<s2");
}
```

程序运行时输入两个字符串，结果如下。

7.3.4 字符串处理算法和程序设计

字符串存放在字符数组中，以'\0'作为结束标志。在进行字符串处理时，需要遍历字符串的每个字符元素，遇到第 1 个'\0'时结束，而不考虑字符数组的长度，其算法如图 7-35 所示。

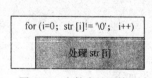

图 7-35 字符串处理算法

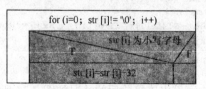

图 7-36 "小写变大写"算法

【例 7.26】编写程序，将输入的字符串中所有小写字母变为大写字母。

分析：

要将小写字母变为大写字母，需要遍历字符串每一个字符，判断其为小写字母后再将其变为大写字母，其算法如图 7-36 所示。

编写程序如下：

```
#include <stdio.h>
void main()
{   char str[100];
```

```
    int i;
    printf("请输入字符串: ");
    gets(str);
    for(i=0;str[i]!='\0';i++)
        if(str[i]>='a' && str[i]<='z')
            str[i]=str[i]-32;    //小写变大写
    printf("变换后字符串: ");
    puts(str);
```

程序运行结果如下。

【例 7.27】编写程序，将输入的字符串 2 复制到字符数组 1 中。

分析：

需要遍历字符串 2，将其中的每一个字符依次复制到字符数组 1 的对应位置，最后的结束标志'\0'也应复制到字符数组 1 中，算法如图 7-37 所示。

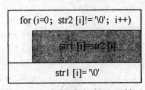

图 7-37 字符串复制处理算法

编写程序如下：

```
#include <stdio.h>
void main()
{   char str1[100],str2[100];
    int i;
    printf("请输入字符串: ");
    gets(str2);
    for(i=0;str2[i]!='\0';i++)          //复制字符串
        str1[i]=str2[i];
    str1[i]='\0';
    printf("复制后的 str1: ");
    puts(str1);
}
```

程序运行结果如下。

【例 7.28】编写程序，判断输入的字符串是否为回文字符串。回文字符串就是正反序都相同的字符串，例如"ab2cdedc2ba"是一个回文字符串。

分析：

（1）根据回文字符串的定义，要判断是否为回文字符串，只需按照如图 7-38 所示顺序，进行对应位置字符的比较，到达字符串中间结束。在比较过程中，只要发现对应的字符不相等，则可以断定字符串不是回文。

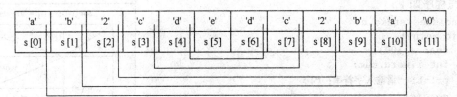

图 7-38 回文字符串比较过程

（2）在进行比较之前应先遍历字符串，直到结束标志'\0'。结束标志'\0'的下标 n 为字符串有效字符的长度，而 n-1 就是字符串最后一个有效字符的下标。

（3）先设定标志变量 flag=1，再从两端向中间依次比较对应字符，如有 s[i]!=s[n]，则设定 flag=0，并跳出循环。

（4）在循环结束时，如果 flag=1，那么字符串为回文字符串，否则不是。

算法如图 7-39 所示，编写程序如下：

```c
#include <stdio.h>
void main()
{   char s[100];
    int i,n,flag;
    printf("请输入字符串：");
    gets(s);
    for(n=0;s[n]!='\0';n++)    //循环获得字符串长度
        ;
    n--;
    flag=1;
    for(i=0;i<=n;i++,n--)
        if (s[i]!=s[n])
        {   flag=0;
            break;
        }
    if (flag==1)
        printf("字符串是回文！\n");
    else
        printf("字符串不是回文！\n");
}
```

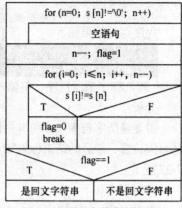

图 7-39　回文字符串比较过程

程序运行结果如下。

【例 7.29】编写程序，统计输入的字符串中英文单词的数目。

分析：

（1）字符串如图 7-40 所示，单词数目以'␣'的数目决定。

'I'	'␣'	'a'	'm'	'␣'	'h'	'a'	'p'	'p'	'y'	'␣'	…	'\0'	…
s[0]	s[1]	s[2]	s[3]	s[4]	s[5]	s[6]	s[7]	s[8]	s[9]	s[10]			

图 7-40　字符串处理算法

（2）如果某个字符非'␣'，而它之前的字符是'␣'，则新的单词开始，单词数目 num++。

（3）如果某个字符非'␣'，而它之前的字符也非'␣'，则仍为原来的单词，单词数目 num 不变。设变量 word，如果前一个字符为'␣'，则使得 word=0，否则 word=1。

（4）设计的算法如图 7-41 所示。

编写程序如下：

```c
#include <stdio.h>
void main()
{   char s[100];
    int i,word,num;
    printf("请输入字符串：");
    gets(s);
    num=0;word=0;
    for(i=0;s[i]!='\0';i++)
        if (s[i]==' ')
            word=0;
```

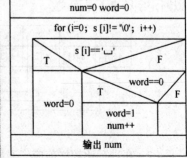

图 7-41　统计英文单词数目算法

```
            else
                if (word==0)
                {   word=1;
                    num++;
                }
        printf("单词数目为 %d\n",num);
}
```

程序的运行结果如下。

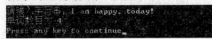

【例7.30】编写程序，输入N个字符串，查找最大的字符串。

分析：

（1）二维字符数组的每一行 str[i]均可以看作一个一维字符数组。

（2）求最大字符串的算法如图7-42所示，其中比较字符串大小应该使用strcmp()函数。

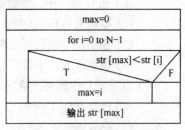

图7-42 "最大字符串"算法

编写程序如下：

```
#include <stdio.h>
#include <string.h>
void main()
{   char str[6][100];
    int i,max;
    printf("请输入 6 个字符串：\n");
    for (i=0;i<=5;i++)    //输入字符串
        gets(str[i]);
    max=0;
    for (i=0;i<=5;i++)
        if (strcmp(str[max],str[i])<0)
            max=i;
    printf("最大字符串为：");puts(str[max]);
}
```

程序的运行结果如下。

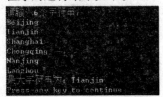

习　题

一、选择题

（1）以下定义一维数组的语句中，错误的是（　　）。

　　A）const N=100;int a[N];　　　　　　B）int a[3+7];

　　C）#define N 100　　　　　　　　　　D）int n=100;

　　　　int a[N];　　　　　　　　　　　　　　int a[n];

（2）已有一维数组的定义"int a[10]={1,2,3,4,5};"，元素a[5]的值是（　　）。

　　A）0　　　　　　　B）1　　　　　　　C）4　　　　　　　D）5

（3）以下选项中，能够产生 10~60 之间随机整数的表达式是（　　）。

A）rand()%60　　B）rand()%100　　C）10+rand()%51　　D）rand%61

（4）以下二维数组定义中错误的是（　　）。

A）float a[][4]={0,1,5,8,9};　　B）int a[3][4];

C）int n=10;float a[n][3];　　D）#define N 5
　　　　　　　　　　　　　　　　　int a[2][N];

（5）以下叙述中错误的是（　　）。

A）在 C 语言中二维数组或多维数组按行存放

B）赋值表达式 b[1][2]=a[2][3]正确

C）在引用二维数组元素时，行号可以越界

D）数组元素的下标可以为常量、变量或表达式

（6）以下语句中能够正确定义字符数组并存入字符串的是（　　）。

A）char str[]={'\064'};　　B）char str="kx43";

C）char str='';　　D）char str[]="\0";

（7）已有定义 char a[]="xyz",b[]={'x','y','z'};，以下叙述中正确的是（　　）。

A）数组 a 和 b 长度相同　　B）数组 a 长度小于数组 b 长度

C）数组 a 长度大于数组 b 长度　　D）以上说法都不对

（8）在运行语句"gets(s)"时输入"Tian jin"，数组 s 得到的是（　　）。

A）"T"　　B）"Tian"　　C）" Tian jin"　　D）" Tian j"

（9）在 C 语言中，字符串的结束标识为（　　）。

A）'\0'　　B）'0'　　C）'\n'　　D）'n'

（10）strlen("abc\0defg")函数的值为（　　）。

A）0　　B）3　　C）4　　D）9

（11）已经有定义"char s1[], s2[]="abcde";"，能够将字符串 s2 复制到 s1 中的语句是（　　）。

A）s1=s2　　B）s2=s1　　C）strcpy(s1,s2)　　D）strcpy(s2,s1)

（12）已经定义"char s1[]="abcde", s2[]="abcdE";"，函数 strcmp(s1,s2)的值是（　　）。

A）正数　　B）负数　　C）0　　D）真

二、填空题

（1）以下程序的运行结果是＿＿＿＿＿＿。

```
#include <stdio.h>
void main()
{   int a[10]={1,2,3,4,5,6,7,8,9,10};
    int i,sum=0;
    for(i=0;i<=9;i++)
        sum+=a[i]%2;
    printf("%d\n",sum);
}
```

（2）以下程序的运行结果是＿＿＿＿＿＿。

```
#include <stdio.h>
void main()
{   int a[]={1,2,3,4,5,6,7},i=5,j;
    for(j=3; j>1; j--)
    switch(j)
    {    case 1:
         case 2:printf("%d",a[i]);break;
         case 3:printf("%d",a[i]);
    }
}
```

（3）以下程序从数组 a 中第二个元素开始，分别将后项减前项的差存入数组 b 中，并输出数组 b，请填空。

```c
#include <stdio.h>
void main()
{   int a[10]={1,2,3,4,5,6,7,8,9,10},b[10],i;
    for (i=1;i<=9;i++)
         _____;
    for(i=0;i<=8;i++)
         printf("%3d",b[i]);
}
```

（4）以下程序，给一维数组所有元素赋给随机整数，统计其中能同时被 3 和 7 整除的元素个数，请将程序补充完整。

```c
void main()
{   int a[100],i,n=0;
    for(i=0;i<=99;i++)
         a[i]=rand()%100;
    for(i=0;i<=99;i++)
         if (_____)
    printf("符合条件的元素个数为 %d", n);
}
```

（5）以下程序的运行结果是_____。

```c
#include <stdio.h>
void main()
{   int a[5][5]={{1,2,3,4},{5,6,1,8},{5,9,10,2},{1,2,5,6}};
    int i,sum=0;
    for(i=0;i<=4;i++)
         sum+=a[i][2];
    printf("%d\n",sum);
}
```

（6）以下程序的运行结果是_____。

```c
#include <stdio.h>
void main()
{   int a[3][3]={1,2,3,4,5,6,7,8,9},i;
    for(i=0;i<3;i++)
         printf("%d",a[i][2-i]);
}
```

（7）以下程序求矩阵之和 c=a+b，请将程序补充完整。

```c
#include <stdio.h>
#include <string.h>
void main()
{   int a[2][5]={1,2,3,4,5,6,7,8,9,10};
    int b[2][5]={1,2,3,4,5,6,7,8,9,10};
    int c[2][5],i,j;
    for(i=0;i<2;i++)
         for(j=0;j<5;j++)
              _____;
    for(i=0;i<2;i++)
    {   for(j=0;j<5;j++)
              printf("%3d",c[i][j]);
         printf("\n");
    }
}
```

（8）以下程序将二维数组 a 行列互换后存入另一个二维数组 b 中，请将程序补充完整。

```c
#include <stdio.h>
void main()
{   int a[2][3]={{1,2,3},{4,5,6}},b[3][2],i,j;
    for(i=0;i<2;i++)
         for(j=0;j<3;j++)
```

（9）以下程序的运行结果是_____。
```c
#include <stdio.h>
#include <string.h>
void main()
{   char s1[100]="12345",s2[10]="678",s3[]="90";
    strcat(strcpy(s1,s2),s3);
    puts(s1);
}
```

（10）以下程序的运行结果是_____。
```c
#include <string.h>
#include <stdio.h>
void main()
{   char str[]="abcd\be\0fgh";
    printf("%d",strlen(str));
}
```

（11）以下程序将字符串 s 中的数字字符复制到 t 中，请将程序补充完整。
```c
#include <stdio.h>
void main()
{   char s[100]="abc334455hj",t[100];
    int i,j;
    for(i=0,j=0;s[i]!='\0';i++)
        if (_____)
        {   _____;j++;}
    t[j]='\0';
    puts(t);
}
```

（12）以下程序的运行结果是_____。
```c
#include <stdio.h>
void main()
{   char s[]="abcd1234ABCD";
    int i,n=0;
    for(i=0;s[i]!='\0';i++)
        if (s[i]>='a'&&s[i]<='z') n++;
    printf("%d",n);
}
```

（13）以下程序在运行时，输入 CDEF<回车>BADEF<回车>QTHRG<回车>，则运行结果是_____。
```c
#include <stdio.h>
#include <string.h>
void main()
{   int i;
    char s[10],t[10];
    gets(t);
    for(i=0;i<2;i++)
    {   gets(s);
        if (strcmp(t,s)<0)
            strcpy(t,s);
    }
    puts(t);
}
```

三、编程题

1. 设计算法编写程序，定义、输入（或赋随机数）和输出有 100 个学生成绩的一维数组，求数组所有元素的和与平均值。

2. 设计算法编写程序，定义、输入（或赋随机数）和输出有 100 个整数元素的一维数组，统计其中值为偶数的元素个数、和与平均值。

3. 设计算法编写程序，定义有 100 个元素的一维数组，赋给 0~9 之间的随机数，分别统计其中数字 0~9 各有多少个。

4. 设计算法编写程序，定义有 100 个元素的一维数组，将一维数组反序存放在数组中并输出。

5. 设计算法编写程序，将数列 $f(n)=\begin{cases} 1 & n=1 \\ 2n-1 & n=2 \\ f(n-1)+2n & n\geqslant 3 \end{cases}$ 前 20 项存放到数组中，并输出。

6. 设计算法编写程序，将 1~500 之间能被 7 或 11 整除，但不能同时被 7 和 11 整除的所有整数存放在数组 a 中，并输出。

7. 设计算法编写程序，定义、输入（或赋随机数）和输出有 100 个元素的一维数组 a，并将一维数组 a 的所有元素复制到一维数组 b 中。

8. 设计算法编写程序，定义、输入（或赋随机数）和输出有 100 个元素的一维数组 a，并将一维数组 a 中所有能被 3 整除的元素存放到一维数组 b 中，并输出一维数组 b。

9. 设计算法编写程序，定义、输入（或赋随机数）和输出有 20 个元素的一维数组 a，定义有 100 个元素的一维数组 b，并给 b 前 30 个元素赋值和输出，将一维数组 a 的所有元素连接到一维数组 b 之后并输出。

★10. 设计算法编写程序，定义有 100 个元素的一维数组，输入变量 x，将数组中所有与 x 值相等的元素删除。

★11. 设计算法编写程序，定义有 11 个元素的一维数组，输入前 10 个元素，将前 10 个元素按照从小到大的顺序排列。输入变量 x，将 x 插入数组中，使得数组仍然有序。

12. 设计算法编写程序，定义、输入（或赋随机数）10 行 10 列二维数组，按行列方式输出，求其中大于 90 的元素的个数。

13. 设计算法编写程序，定义、输入（或赋随机数）10 行 10 列二维数组，按行列方式输出，求其两条对角线的元素之和。

14. 设计算法编写程序，定义、输入（或赋随机数）10 行 10 列二维数组，按行列方式输出，分别求其每行和每列的和。

15. 定义以下两个矩阵（数据为 1~20 的随机数）

$$A = \begin{bmatrix} 1 & 2 & 3 & 4 \\ 5 & 6 & 7 & 8 \\ 9 & 10 & 11 & 12 \\ 13 & 14 & 15 & 16 \end{bmatrix} \quad B = \begin{bmatrix} 2 & 3 & 13 & 4 \\ 15 & 16 & 17 & 18 \\ 9 & 10 & 11 & 10 \\ 13 & 15 & 12 & 11 \end{bmatrix}$$

编写程序实现以下功能：

（1）将 A 和 B 矩阵相加后，放在矩阵 A 中。

（2）将 A 和 B 矩阵相乘后，放入矩阵 C 中。

16. 设计算法编写程序，定义并输入字符串 str1，统计其字符数（不得使用 strlen 函数）。

17. 编写程序，定义并输入字符串 str2 和 str1，将 str2 连接到 str1 后边（不得使用 strcat 函数）。

18. 编写程序，生成两个字符串 str1 和 str2，比较两个字符串的大小（不得使用 strcmp 函数）。

19. 编写程序，生成字符数组 str2，将其中所有小写字母复制到字符数组 str1 中。例如，str2 为"aa11bb22cc33de44AA55BB"，生成的 str1 为"aabbccde"。

20. 编写程序，定义并输入字符串，将字符串反序后再输出。例如，原字符串为"abcdefg"，则反序后为"gfedcba"。

单元测试

学号_____ 姓名_____ 得分_____

一、选择题

（1）已经有一维数组的定义"int a[10],i=4;"，以下数组元素的引用中错误的是（　　）。

A）a[3]　　　　　B）a[3+4]　　　　　C）a[10]　　　　　D）a[i]

（2）以下二维数组初始化语句中，正确且与 int a[][3]={1,2,3,4,5}; 等价的是（　　）。

A）int a[2][]={1,2,3,4,5};　　　　　B）int a[][3]={1,2,3,4,5,0};

C）int a[][3]={{1,2},{3,4},{5}};　　　D）int a[2][]={{1,2,3},{4,5}};

（3）已经定义"char s[]="Abc12Def";"，运行 strupr(s) 语句后，字符串 s 为（　　）。

A）"abcdef"　　B）"ABCDEF"　　C）"ABC12DEF"　　D）"abc12def"

二、填空题

（1）以下程序的功能是计算下标为偶数的元素的和，请将程序补充完整。

```
#include <stdio.h>
void main()
{   int a[10]={1,2,3,4,5,6,7,8,9,10};
    int i,sum=0;
    for(i=0;i<=9;_____)
        _____;
    printf("%d\n",sum);
}
```

（2）以下程序的运行结果是_____。

```
#include <stdio.h>
void main()
{   int a[][3]={1,2,3,4,5,6,7,8,9},i,j;
    for(i=0;i<3;i++)
        for (j=0;j<=i;j++)
            printf("%d",a[i][j]);
}
```

三、编程题

1. 设计算法编写程序，定义、输入（或赋随机数）和输出有 100 个整数元素的一维数组，分别统计其中≥90，80~89，70~79，60~69，<60 的数目。

2. 设计算法编写程序，定义、输入（或赋随机数）10 行 10 列二维数组，按行列方式输出，求其中最大元素和最小元素值。

3. 编写程序，定义并输入字符串，分别统计其中大写字母、小写字母和数字字符的个数。

本章资源

第 8 章 函数

C 语言提供了丰富的内部函数，如数学函数、字符串函数、标准输入输出函数等，如在前边使用过的 sqrt(x)函数、fabs(x)函数、strlen()函数和 strcpy()函数等。读者如果需要使用内部函数，请查阅本书附录 II，或者查阅有关手册。

在实际编程时，一个算法可能非常复杂，程序可能有几万行，编写时容易出错且调试困难。模块化程序设计后，将大问题逐步细化，分解成很多具有独立功能的模块，这些模块相互调用，实现代码重用，能够简化程序设计过程。

在如图 8-1 所示的函数调用示意图中，main()函数调用 f(x)和 g(x)，f(x)调用 g(x)。main()函数执行"调用 f(x)"语句时，转入 f(x)中，f(x)执行完毕，返回 main()函数中"调用 f(x)"语句处，继续执行后边的语句。函数 f(x)执行"调用 g(x)"语句时，转入 g(x)中，g(x)执行完毕，返回 f(x)中"调用 g(x)"语句处，继续执行后边的语句。

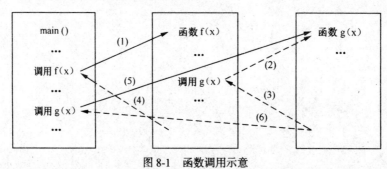

图 8-1 函数调用示意

本章介绍函数定义、调用、函数参数、函数嵌套调用、函数递归调用，以及变量的存储类别、生存期等内容。

8.1 函数的定义和调用

8.1.1 函数定义

用户可以根据需要自己定义函数，并且像使用内部函数一样，使用自己定义的函数。定义函数的一般形式如下：

```
函数类型 <函数名> （[<形参表>]）
{    声明部分
     执行语句部分
}
```

【例 8.1】定义函数 max，求两个参数 a 和 b 中较大的值。

```
#include <stdio.h>
int max(int a, int b)          //函数头部定义
{    int t;
     if (a > b)
          t = a;
     else
          t = b;
     return (t);               //函数的返回值
}
void printstar()               //打印*行
{    printf("**************\n");
}
void main()
{    int x,y,z;
     printf("请输入x,y:");
     scanf("%d%d",&x,&y);
     z=max(x,y);               //函数调用
     printstar();              //函数调用，打印*
     printf(" max= %d\n",z);
     printstar();              //函数调用，打印*
}
```

程序的运行结果如下。

说明：

（1）函数的命名与变量命名相似，也遵守标识符的命名规则。如在【例8.1】中的函数名为"max"。

（2）<形参表>是函数的参数变量列表，多个形参之间用"，"隔开，形参也称为虚参。其一般形式为：

```
<数据类型名>  <参数名>
```

在【例8.1】中有两个形参"int a, int b"。

（3）函数中不能再嵌套定义其他函数。

（4）语句"return(返回值)"作为函数的返回值。函数类型作为函数返回值的数据类型，不论return语句返回值为何种数据类型，都将自动转换为函数类型。

（5）空函数就是函数内部没有任何语句，函数什么工作都不做。如函数：

```
void null()   //空函数，此函数什么工作都不做
{
}
```

（6）在C语言中，一个项目中只能有一个main()函数，不论main()函数的位置在哪里，程序都从main()函数开始执行，在main()函数结束。

8.1.2　函数调用

函数定义后就可以被调用。如果函数定义中有形参，在调用时，应该传递实际参数（实参）。自定义函数的调用与系统内部函数的调用方法类似。

1. 函数调用的一般形式

其格式为

```
<函数名>([<实参表>])
```

说明：

（1）实参表，可以是常量、变量或表达式，各参数之间用","隔开，实参也可以是数组。

（2）实参与形参的类型、个数和位置应该一一对应，否则会出错。

（3）实参表中变量名与形参表中的变量名可以相同，也可以不相同。在【例 8.1】中，语句 z=max(x,y);以变量(x, y)为实参调用函数 max。

2．函数调用的方式

函数主要有以下几种调用方式。

（1）单独作为一个语句，例如【例 8.1】中的语句：

```
printstar();   //函数调用，打印*
```

（2）函数直接写在表达式中，例如：

```
z=max(x,y);
```

（3）函数也可以作为函数的参数，例如，以下函数调用能求出 a, b, c 中的最大值。

```
z=max(max(a,b),c);
```

学习提示：

（1）使用 F10 键单步执行的方法，观察整个程序的执行过程。在单步执行到函数调用语句时，按 F11 键可以进入被调用函数内部，观察函数内部语句执行情况。

（2）光标移到需要单步执行处按下 F9 键设置断点。按下 F5 键时程序将直接运行到断点处暂停，按下 F10 键单步执行或者按下 F5 键可以继续执行程序。

【例 8.2】编写 fact()函数，求 m!，n!和组合数 $C_m^n = \dfrac{m!}{n!(m-n)!}$。

编写程序如下：

```
#include <stdio.h>
double fact(int n)                    //函数头部定义
{   double s;
    int i;
    s=1;
    for(i=1;i<=n;i++)
        s=s*i;
    return (s);
}
void main()
{   int m,n;
    double s;
    printf("请输入m,n:");
    scanf("%d%d",&m,&n);
    s=fact(m)/(fact(n)*fact(m-n));    //函数调用
    printf(" m!为%10.0lf\n",fact(m));
    printf(" n!为%10.0lf\n",fact(n));
    printf(" c(m,n)为%10.0lf\n",s);
}
```

程序的运行结果如下。

```
请输入m,n:10 8
m!为    3628800
n!为      40320
c(m,n)为        45
Press any key to continue_
```

【例 8.3】编写 narcissus(n)函数，其功能是如果参数 n 为水仙花数，则函数值为 1，否则为 0。在 main()函数中调用 narcissus 函数，求出所有的水仙花数。

编写程序如下:
```c
#include <stdio.h>
int narcissus(int n)              //计算参数n是否为水仙花数
{   int a,b,c;
    a=n/100;
    b=n/10%10;
    c=n%10;
    if (a*a*a+b*b*b+c*c*c==n)
        return 1;                 //是水仙花数
    else
        return 0;                 //不是水仙花数
}
void main()
{   int i;
    for(i=100;i<=999;i++)
            if (narcissus(i)==1)  //调用函数narcissus(i),判断i是否为水仙花数
                printf("%5d",i);
    printf("\n");
}
```

程序的运行结果如下。

```
153   370   371   407
Press any key to continue
```

8.1.3 函数返回值

函数通过 return 语句带回返回值。如果函数需要带回返回值，则函数中必须包含 return 语句。
说明：
（1）函数类型作为函数返回值的数据类型，不论 return 语句返回值为何数据类型，都将自动转换为函数类型。
（2）函数类型可以省略，此时函数的默认数据类型为 int 类型。
（3）return 语句还可以退出或结束函数，不再执行函数的后续语句。
（4）一个函数中可以包括多个 return 语句，执行了哪一个则由哪一个带回返回值。
（5）如果函数类型为 void，则表示函数没有返回值。此时函数的 return 语句不带任何返回值，函数中也可以没有 return 语句。

【例 8.4】函数类型和返回值。
```c
#include <stdio.h>
int area(int r)                    //函数头部定义
{   float s;
    s=3.14159*r*r;
    return (s);                    //函数的返回值带小数,自动转换为int
}
void print()
{    printf("***************\n");
    return;                        //return语句退出函数,后续语句不执行
    printf("###############\n");   //此语句不执行
}
void main()
{   int r,s;
    printf("请输入r:");
    scanf("%d",&r);
    s=area(r);                     // area函数调用
```

```
        print();                    // print 函数调用
        printf(" area= %d\n",s);
        print();                    // print 函数调用
}
```

程序的运行结果如下。

```
请输入 p:10
**************
area= 314
**************
Press any key to continue
```

8.1.4 参数的传递

1. 参数的传递

C 语言的函数参数传递方式是单向值传递。函数参数的值传递方式是将实参的值传递给形参，形参变量另外申请一段内存空间。此时实参和形参占用不同的内存，因此改变形参变量的值，不影响实参变量。

【例 8.5】参数的值传递举例。

```
#include <stdio.h>
void swap(int x,int y)      //函数头部定义
{   int t;
    t=x;                    //交换 x 和 y
    x=y;
    y=t;
    printf("x=%d,y=%d\n",x,y);
}
void main()
{   int a,b;
    printf(" 请输入 a,b:");
    scanf("%d%d",&a,&b);
    swap(a,b);
    printf("a=%d,b=%d\n",a,b);
}
```

程序的运行结果如下。

```
请输入 a,b:3 4
x=4,y=3
a=3,b=4
Press any key to continue
```

说明：

（1）在 swap 函数中，虽然形参 x 和 y 交换了，但是返回 main()后，实参 a 和 b 没有改变。参数的传递过程如图 8-2 所示，将实参 a 和 b 的值传给对应的形参 x 和 y，此时形参和实参分别占用不同内存，因此形参变量的改变，不会影响到实参。

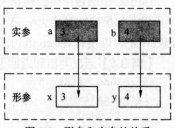

图 8-2 形参和实参的关系

（2）实参可以是变量、常量或表达式。

```
swap(3,4);              //实参为常量
swap(a+1,b+1);          //实参是表达式
```

2. 实参的取值顺序（★）

如果实参列表中包括了多个实参，在不同的 C 语言编译系统中对求实参的先后次序不一定相同。在 Visual C++中实参是按照先右后左的顺序取值。

【例 8.6】参数取值的先后次序。

```
#include <stdio.h>
void test(int a,int b,int c)
```

```
        printf("%d,%d,%d\n",a,b,c);
}
void main()
{   int i;
    i=3;
    test(i,++i,i);              //相当于 test(4, 4, 3);
    i=3;
    test(i,i++,i);              //相当于 test(3, 3, 3);
}
```

程序的运行结果如下。

说明：

（1）语句"test(i,++i,i);"，先取得第 3 个实参为 3；再计算第 2 个实参，因为 ++ 在前第 2 个实参为 4；此时的 i 为 4，最后取得第 1 个实参为 4。

（2）因为++在后，故先取得 3 个实参的值均为 3，而后使得 i++。

这种在参数中使用++、--的写法经常让编程者和读者费解，在编写程序时应尽量避免使用这种写法，从而增强程序的可读性。

例如，可以将上述程序的 main()函数修改如下，程序的运行结果相同，但程序的可读性增强了。

```
void main()
{   int i,s,t,x;
    i=3;
    x=i;t=++i;s=i;
    test(s,t,x);        //调用
    i=3;
    x=i;t=i;s=i;i++;
    test(s,t,x);        //
}
```

8.1.5 对被调用函数的声明

一个函数在被调用之前必须已经定义，一般还应该在调用之前对函数进行声明。声明就是向编译系统声明将调用的函数的相关信息，如果在调用函数之前未进行声明，则编译系统认为此函数不存在，从而导致编译出错。

【例 8.7】函数声明举例，计算形参变量的和。

```
#include <stdio.h>
void main()
{   float sum(float a,float b);     //函数的声明语句
    float x,y,z;
    printf(" 请输入 x,y:");
    scanf("%f%f",&x,&y);
    z=sum(x,y);
    printf(" 和为%f\n",z);
}
float sum(float a,float b)          //求和的函数
{   return (a+b);
}
```

程序的运行结果如下。

说明：

（1）函数 float sum(float a, float b)的功能是求参数 a 与 b 的和。它的定义写在主调用函数的开始。如果省略声明语句"float sum(float a, float b);   //函数的声明语句"，那么在编译程序时将报以下错误：

```
E:\C\eg0803.cpp(9) : error C2065: 'sum' : undeclared identifier
E:\C\eg0803.cpp(13) : error C2373: 'sum' : redefinition; different type modifiers
```

编译系统在编译到语句"z=sum(x,y);"时认为没有定义函数 sum。

（2）如果函数定义在主调用函数之前，则编译系统已经获得了函数的相关信息，此时可以不进行函数声明。例如，我们前边编写的【例 8.1】【例 8.2】都没有进行函数声明。

（3）函数声明语句的一般形式为

函数类型　函数名（参数类型1　参数名1，　参数类型2　参数名2，…）

其中参数名可以省略。

例如，以下为正确的函数声明语句：

```
float sum(float a,float b);   //包括完整的函数类型，函数名，参数类型，参数名
float sum(float,float);       //省略了函数的参数名
```

（4）在主调用函数中的函数声明语句必须写在调用函数语句前边，如【例 8.7】。

（5）函数声明语句也可以写在主调用函数的外边，在【例 8.7】中写在如下位置：

```
#include <stdio.h>
float sum(float a,float b);   //函数声明语句
void main()
…
```

则在后续任何地方调用函数，都不再需要进行此函数的声明。

（6）在文件 stdio.h、math.h 等"头文件"中，包含了对库函数的声明和一些宏定义的信息。例如，stdio.h 文件中包括对 printf、scanf 等函数的声明，而 math.h 文件中包括对 sqrt、fabs 等函数的声明。使用语句"#include <stdio.h>"和"#include <math.h>"将库函数的声明包含到本程序中，这样就可以使用这些库函数了。

8.2　数组作为参数

数组作为函数的参数传递主要有两种形式：（1）数组元素作为函数参数；（2）数组作为函数参数。

8.2.1　数组元素作为函数参数

因为实参可以是常量、变量或表达式，所以数组元素也可以作为实参。此时，数组元素仅看成一个简单变量，参数传递是单向值传递方式。

【例 8.8】使用数组元素做函数实参，将能被 2 整除的数组元素取反，不能被 2 整除的不变。

```
#include <stdio.h>
void output(int a)              //输出一个变量
{   printf("%4d",a);
}
int setvalue(int a)             //处理一个变量，返回值
{    if (a%2==1)
            return(a);
     else
            return (-a);
```

```
}
void main()
{   int a[10]={1,2,3,4,5,6,7,8,9,10},i;
    printf(" 原数组为");
    for(i=0;i<=9;i++)
            output(a[i]);              //输出原数组元素
    for(i=0;i<=9;i++)
            a[i]=setvalue(a[i]);       //更换数组的值
    printf("\n 新数组为");
    for(i=0;i<=9;i++)
            output(a[i]);              //输出新数组元素
    printf("\n");
}
```

程序的运行结果如下。

学习提示：

数组元素作为实参就是简单的单向值传递，在编程中并未明显降低main()函数的程序复杂度。此时，即使在函数中改变了形参的值，作为实参的数组元素也不改变。

8.2.2 数组作为函数参数

数组作为函数的形参和实参是地址传递，形参获得实参数组的第0个元素的地址，形参数组并不重新申请内存，而是与实参数组共用同一段内存地址。对形参数组的处理，就是对实参数组的处理，改变了形参数组的任何元素的值，实参数组也将改变。

形参数组的一般形式为

函数类型　函数名(形参数组类型　形参数组名[长度])

【例8.9】编写函数setvalue()为整个数组赋随机数，函数output()输出整个数组，函数sum()计算数组所有元素的和。

编写程序如下：

```
#include <stdio.h>
#include <stdlib.h>
#include <time.h>
void setvalue(int x[10])              //数组赋值，形参数组定义
{   int i;
    srand(time(0));
    for (i=0;i<=9;i++)                //数组赋值
            x[i]=rand()%100;
}
void output(int x[10])                //数组输出，形参数组定义
{   int i;
    for(i=0;i<=9;i++)
            printf("%5d",x[i]);
}
int sum(int x[10])                    //数组求和，形参数组定义
{   int i,s=0;
    for(i=0;i<=9;i++)
            s=s+x[i];
    return s;
}
```

```
void main()
{   int a[10];
    setvalue(a);                              //为数组赋给随机数，数组名a为实参
    printf(" 数组为: ");
    output(a);                                //输出数组，数组名a为实参
    printf("\n 数组的和为: %d\n",sum(a));      //调用函数求数组的和，数组名a为实参
}
```

程序的运行结果如下。

```
数组为:   95   42   82   70   66   89   89   95   44   42
数组的和为: 714
Press any key to continue
```

说明：

（1）作为实参的数组名表示数组的第 0 个元素的地址，即首地址。实参数组和形参数组的数据类型必须一致。

（2）数组参数是地址传递，因此它们共用同一段内存，如图 8-3 所示。求形参数组 x 的和，就是求实参数组 a 的和。改变形参数组 x 的元素，也就改变了实参数组 a 的对应元素。

图 8-3 数组形参和实参的关系

（3）形参数组定义为"int a[10];"，其中数组长度可以省略。因此函数可以定义为

```
void setvalue(int x[])
void output(int x[])
int sum(int x[])
```

本例设计的 void setvalue(int x[10])、void output(int x[10]) 和 int sum(int x[10]) 三个函数，其内部程序均限制数组长度为 10，函数的通用性不强。如果实际参数数组的长度不是 10，那么需要修改 3 个函数的内部程序，才能适应实参数组的长度变化。可以考虑另外设一个参数"int n"表示数组的长度，在调用时，将实参数组的长度传递进来。编写程序如下：

```
#include <stdio.h>
#include <stdlib.h>
#include <time.h>
void setvalue(int x[],int n)              //n为数组的长度
{   int i;
    srand(time(0));
    for (i=0;i<=n-1;i++)
        x[i]=rand()%100;
}
void output(int x[],int n)                //n为数组的长度
{   int i;
    for(i=0;i<=n-1;i++)
        printf("%5d",x[i]);
}
int sum(int x[],int n)                    //n为数组的长度
{   int i,s=0;
    for(i=0;i<=n-1;i++)
        s=s+x[i];
    return s;
}
void main int sum(int x[],int n)          //n为数组的长度
{   int i,s=0;
```

```
    for(i=0;i<=n-1;i++)
        s=s+x[i];
    return s;
}
()
{   int a[12];
    setvalue(a,12);                          //数组长度为12
    printf(" 数组为: ");
    output(a,12);                            //数组长度为12
    printf("\n 数组的和为: %d\n",sum(a,12));  //数组长度为12
}
```

此时，不论实参数组长度为多少，只要修改形参 n 对应的实参即可，而不用修改函数内部语句，函数的通用性增强了。

程序的运行结果如下。

【例 8.10】编写函数将一维数组反序存放。

分析：

反序就是将数组左右对调，原数组和反序后数组如图 8-4（a）所示。反序的过程如图 8-4（b）所示，a[0]与 a[n-1]交换，a[1]与 a[n-1-1]交换，a[i]与 a[n-1-i]交换，到数组的中间元素时结束。算法如图 8-4（c）所示。

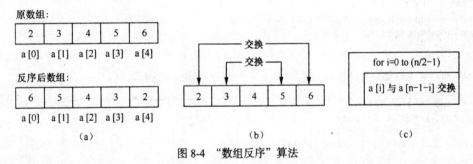

图 8-4 "数组反序"算法

编写程序如下：

```
#include <stdio.h>
#include <stdlib.h>
#include <time.h>
void setvalue(int x[],int n)        //n 为数组的长度
{   int i;
    srand(time(0));
    for (i=0;i<=n-1;i++)
        x[i]=rand()%100;
}
void output(int x[],int n)          //n 为数组的长度
{   int i;
    for(i=0;i<=n-1;i++)
        printf("%5d",x[i]);
}
void inv(int x[],int n)             //n 为数组的长度
{   int i,t;
    for(i=0;i<=(n/2-1);i++)
    {   t=x[i];x[i]=x[n-1-i];x[n-1-i]=t;}
}
void main()
```

```
{   int a[12];
    setvalue(a,12);                    //数组长度为12
    printf(" 反序前数组为: ");
    output(a,12);                      //数组长度为12
    inv(a,12);                         //调用反序函数inv()
    printf("\n 反序后数组为: ");
    output(a,12);                      //数组长度为12
    printf("\n");
}
```

程序的运行结果如下。

```
反序前数组为:  49  68   7  80  99  43  67  68  57   7  31  20
反序后数组为:  20  31   7  57  68  67  43  99  80   7  68  49
Press any key to continue_
```

8.2.3 多维数组作为函数参数

多维数组做函数参数与一维数组做函数参数相似，多维数组的形参定义时可以省略最左边维的长度，例如：int a[][10]，int b[][4][5]等。多维数组做实参时也以数组名作为实参。

数组名代表多维数组的首地址，使得形参数组和实参数组共用同一段内存。对形参数组的任何改变，也同样影响实参。

【例 8.11】编写函数 setvalue()为二维数组赋给随机数，函数 output()以行列方式输出二维数组，函数 max()求二维数组的最大值，函数 inv()将二维数组转置。

编写程序如下：

```
#include <stdio.h>
#include <stdlib.h>
#include <time.h>
const N=5;
void setvalue(int a[][N],int n)        //赋值，n 为行数
{   int i,j;
    srand(time(0));
    for (i=0;i<=n-1;i++)
        for(j=0;j<=N-1;j++)
            a[i][j]=rand()%100;
}
void output(int a[][N],int n)          //输出数组，n 为行数
{   int i,j;
    for (i=0;i<=n-1;i++)
    {   for(j=0;j<=N-1;j++)
            printf("%5d",a[i][j]);
        printf("\n");
    }
}
int max(int a[][N],int n)              //求最大值，n 为行数
{   int i,j,s;
    s=a[0][0];
    for (i=0;i<=n-1;i++)
        for(j=0;j<=N-1;j++)
            if (s<a[i][j])   s=a[i][j];
    return(s);
}
void inv(int a[][N],int n)             //数组转置，n 为行数
{   int i,j,t;
    for (i=0;i<=n-1;i++)
        for(j=0;j<=i;j++)
        {   t=a[i][j];a[i][j]=a[j][i];a[j][i]=t;}
}
```

```
void main()
{   int a[5][N];
    setvalue(a,5);                          //数组为5行
    printf("转置前数组为：\n");
    output(a,5);                            //数组为5行
    printf("最大值为：%d",max(a,5));
    inv(a,5);                               //调用转置函数inv()
    printf("\n转置后数组为：\n");
    output(a,5);                            //数组为5行
}
```

程序的运行结果如下：

```
转置前数组为：
67  70  15  52  50
92  41  93  31  43
22  79  57  82  53
58  57  -4   3  26
53   5  19  54   2
最大值为：92
转置后数组为：
67  92  22  58  53
70  41  79  57   5
15  93  57   4  19
52  31  82   3  54
50  43  53  26   2
Press any key to continue
```

8.2.4　字符串作为函数参数

字符串作为函数参数时，形参数组定义为字符型数组，如 char s[100]。字符串以'\0'作为结束标志，字符串参数不需要数组长度，也可以定义为 char s[]。实参则以字符串数组名为参数。

【例8.12】编写函数将两个字符串连接起来。

编写程序如下：

```
#include <stdio.h>
#include <stdlib.h>
#include <time.h>
void str_cat(char str1[],char str2[])
{   int i,j;
    for(i=0;str1[i]!='\0';i++)              //求得str1的'\0'元素下标
        ;
    for(j=0;str2[j]!='\0';j++,i++)          //连接
        str1[i]=str2[j];
    str1[i]='\0';                           //补充结束标志'\0'
}
void main()
{   char s1[100],s2[100];
    printf("请输入s1和s2:");
    gets(s1);
    gets(s2);
    printf("s1:");puts(s1);
    printf("s2:");puts(s2);
    str_cat(s1,s2);                         //连接字符串
    printf("s1:");puts(s1);
}
```

程序的运行结果如下：

```
请输入s1和s2:Hello World.
2010!
1:Hello World.
2:2010!
1:Hello World.2010!
Press any key to continue
```

8.3 函数的嵌套调用

函数不可以嵌套定义，即一个函数定义中不能包含另一个函数的定义，但是函数可以嵌套调用，即函数 a 调用函数 b，函数 b 还可以调用函数 c。

【例 8.13】编写程序，计算和数 $\sum_{n=1}^{m}\left(\sum_{i=1}^{n}i\right)$ = 1+(1+2)+(1+2+3)+(1+2+3+4)+…+(1+2+3+…+m)。

如图 8-5（a）所示算法嵌套循环实现和数，较为复杂。图 8-5（b）所示算法计算 $t=\sum_{i=1}^{n}i$，可设计为函数 total(n)。图 8-5（c）所示算法中调用 total 函数计算和数，可以设计为函数 sum。如图 8-5（d）所示，在 main()函数中采用顺序结构，直接调用 sum 函数即可求出和数，main()函数结构简单、可读性强。

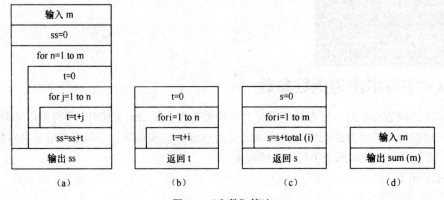

图 8-5 "和数"算法

编写程序如下：

```c
#include <stdio.h>
long total(int n)                      //函数头部定义
{   long t;
    int i;
    t=0;
    for(i=1;i<=n;i++)                  //求和
        t=t+i;
    return (t);
}
long sum(int m)
{   int i;
    long s=0;
    for(i=1;i<=m;i++)
        s=s+total(i);                  //嵌套调用函数 total
    return(s);
}
void main()
{   int m;
    printf(" 请输入 m:");
    scanf("%d",&m);
    printf(" 和数为 %ld\n",sum(m));    //调用函数 sum
}
```

程序的运行结果如下。

学习提示：
  在嵌套的函数调用中，每个函数实现的算法和语句都很简单，使得程序的可读性强，能简化算法设计过程，提高程序编写和调试效率。

8.4 函数的递归调用

函数递归调用指的是函数直接或间接地调用函数本身。如图 8-6（a）所示函数 f() 中的语句 f() 调用函数 f() 本身，是直接递归。如图 8-6（b）所示函数 a() 中的语句 b() 调用函数 b()，而函数 b() 中的语句 a() 调用函数 a()，因此函数 a() 间接调用了本身，是间接递归。

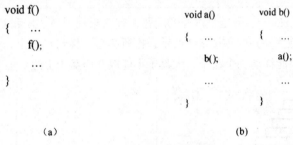

图 8-6　直接递归和间接递归

递归是解决问题的一类重要算法，有一些问题只能用递归方法解决，如著名的汉诺塔（Hanoi）问题。

【例 8.14】 用递归算法求 $n!$。

分析：

观察可知：$n!=n*(n-1)!$，$(n-1)!=(n-1)*(n-2)!$，…，$3!=3*2!$，$2!=2*1!$，$1!=1$。

递归过程可以总结为以下两个阶段。

1. 回推阶段：$n! \rightarrow (n-1)! \rightarrow (n-2)! \rightarrow (n-3)! \rightarrow \cdots \rightarrow 3! \rightarrow 2! \rightarrow 1!$。要求 $n!$，从左向右依次回推，直到求 $1!=1$。

2. 递推阶段：$n! \leftarrow (n-1)! \leftarrow (n-2)! \leftarrow (n-3)! \leftarrow \cdots \leftarrow 3! \leftarrow 2! \leftarrow 1!$。求得 $1!$，再从右向左，依次递推，直到求出 $n!$。

总结出 n! 的递归公式为 $fact(n)=\begin{cases} 1 & n=0,1 \\ n*fact(n-1) & n>1 \end{cases}$

其中 n=0 或 1 是递归的结束条件，当 n>1 时，继续递归调用。如果递归没有结束条件，那么将一直递归下去，直到系统资源耗尽。

编写程序如下：

```
#include <stdio.h>
double fact(int n)          //递归函数 fact()
{   double s;
    if (n==0||n==1)
        s=1;
    else
        s=n*fact(n-1);      //递归调用 fact()
```

```
        return(s);
}
void main()
{   int n;
    printf("请输入n:");
    scanf("%d",&n);
    printf(" %d!=%10.0lf\n",n,fact(n));    //调用fact()函数
}
```

程序的运行结果如下。

```
请输入n:10
10!=   3628800
Press any key to continue
```

学习提示：

  递归算法设计中，要注意观察问题并找出规律，设计递归公式。根据递归公式设定递归函数的参数并编写函数。在调试程序时，可以使用 F11 键（单步执行），查看递归调用回推和递推的过程。

【例 8.15】汉诺塔（Hanoi）问题是这样的问题，有 3 根柱子 A、B 和 C，开始 A 柱上有 64 个盘子，从上到下，依次大一点，如图 8-7 所示，把所有盘子移到 C 柱上，要求：盘子必须放在 A、B 或 C 柱上，一次只能移动一个盘子，大盘子不能放在小盘子上边。

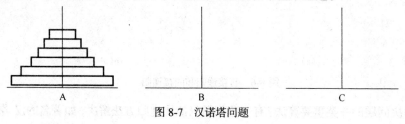

图 8-7 汉诺塔问题

分析：

将 n 个盘子从 A 移动到 C 的问题，递归过程归纳如下。

（1）如果 n=1，则直接从 A 到 C。

（2）如果 n>1，那么先将上边的 n-1 个盘子借助 C 移动到 B 上；然后再将最下边的盘子移动到 C 上；然后再借助 A，将 n-1 个盘子从 B 移动到 C 上。

编写程序如下：

```
#include <stdio.h>
void Hanoi(int n, char a, char b, char c);      //函数声明，将n个盘子借助b从a→c
void PlateMove(char a,char c);                   //函数声明，打印盘子从a→c
int total=0;                                     //移动次数计数
void main()
{   int n;
    printf("请输入盘子数n:");
    scanf("%d",&n);                              //输入n
    Hanoi(n, 'A', 'B', 'C');                     //调用函数，将n个盘子借助b从a→c
}
//递归函数，将n个盘子借助b,从a移动到c
void Hanoi(int n, char a, char b, char c)
{   if (n == 1)                                  //一个盘子时，直接从a→c
        PlateMove(a, c);
    else
    {   Hanoi(n - 1, a, c, b);                   //将n-1个盘子借助c从a→b
```

```
            PlateMove(a, c);                    //将最后一个盘子从a→c
            Hanoi(n - 1, b, a, c);              //将n-1个盘子借助A从b→c
    }
}
//输出盘子从a移动到c
void PlateMove(char a,char c)
{   total++;   //总次数加1
    printf("%3d:%c->%c\n",total,a,c);           // 输出移动过程a→c
}
```

程序的运行结果如下。

8.5 变量的作用域

变量能够被访问的位置称为变量的作用域。根据变量定义的位置的不同，变量的作用域也不同，可以将变量分为局部变量和全局变量。

1. 局部变量

在一个函数内部定义的变量称为内部变量，它只能在本函数内部使用，而不能在函数以外使用，也就是它的作用范围只在函数内部。函数的内部变量也称为局部变量。局部变量主要包括自定义的局部变量、形式参数、复合语句中定义的变量。

【例8.16】局部变量举例。

```
#include <stdio.h>
void f1(int a)
{   int b=3,c=4;                    //a,b,c为局部变量，仅在f1()中可以引用
    printf("a=%d,b=%d,c=%d\n",a,b,c);
}
void f2(int x)
{   int y=3,z=4;                    //x,y,z为局部变量，仅在f2()中可以引用
    printf("x=%d,y=%d,z=%d\n",x,y,z);
}
void f3(int a)                      //函数的形参int a可以与f1()形参相同
{   int b=8,c=9;                    //b,c与f1()中变量名相同但并不相互干扰
    printf("a=%d,b=%d,c=%d\n",a,b,c);
}
void main()
{   int m=2,n=3;                    //m,n为局部变量，只在main()内部有效
    f1(3);
    f2(4);
    f3(5);
    printf("m=%d,n=%d\n",m,n);
    {   int a=4,b=5;
        printf("a=%d,b=%d\n",a,b);  //a,b为局部变量，仅能用于本复合语句
    }
    //printf("a=%d,b=%d\n",a,b);    //报错，不能引用a,b
}
```

程序的运行结果如下。

说明：

（1）函数内部定义的形参、变量为局部变量，只能在本函数内部使用，不能被其他函数调用。

（2）内部变量、形参等可以与其他函数内部的变量、形参同名，相互不干扰。如 f3()中的形参 a 和变量 b、c 与 f1()函数中的形参和变量名相同。

（3）复合语句中的变量仅在复合语句内部有效，离开复合语句后该变量将释放内存，复合语句外部不能使用该变量。

2. 全局变量

在一个源程序文件中，在函数外部定义的变量为外部变量，也称为全局变量。全局变量可以被本文件中函数使用，它的作用范围是从定义的位置开始直到本源文件结束。

【例 8.17】全局变量举例。

```
#include <stdio.h>
int m=1,n=2;                              //全局变量m、n，作用域直到最后
void f1()
{    printf("m=%d,n=%d\n",m,n);           //全局变量m=1,n=2
     printf("p=%d,q=%d\n",p,q);           //出错，不能引用后边定义的p,q
}
int p=9,q=10;                             //全局变量p、q，作用域直到最后
void f2()
{    int m=3,n=4;
     printf("m=%d,n=%d\n",m,n);           //引用局部变量m=3,n=4
     printf("p=%d,q=%d\n",p,q);           //全局变量p=9,q=10
}
void main()
{    int m=5,n=6;
     printf("m=%d,n=%d\n",m,n);           //引用局部变量m=5,n=6
     {   int m=7,n=8;
         printf("m=%d,n=%d\n",m,n);       //引用局部变量m=7,n=8
     }
     printf("m=%d,n=%d\n",m,n);           //引用局部变量m=5,n=6
     printf("p=%d,q=%d\n",p,q);           //全局变量p=9,q=10
}
```

程序的运行结果如下。

说明：

（1）全局变量的作用域从定义的位置开始直到源程序文件结束。

（2）在局部变量与全局变量名相同时，优先使用局部变量。

全局变量可以被源文件中定义的所有函数引用和赋值，所以全局变量的最终值是给全局变量最后一次赋的值。各个函数之间除了使用参数传递数据外，还可以使用全局变量来传递数据。

【例 8.18】编写函数，计算数组的和、最大值和最小值。

编写程序如下：

```c
#include <stdio.h>
int max,min;                    //全局变量
int sum(int a[], int n)
{   int i,s=0;
    max=a[0];min=a[0];
    for(i=0;i<=n-1;i++)
    {   if (max<a[i])
            max=a[i];           //使用全局变量
        if (min>a[i])
            min=a[i];           //使用全局变量
        s=s+a[i];
    }
    return s;
}
void main()
{   int a[10],i,s;
    printf(" 请输入10个数：");
    for (i=0;i<=9;i++)          //数组赋值
        scanf("%d",&a[i]);
    printf(" 数组为：");
    for (i=0;i<=9;i++)          //输出数组
        printf("%3d",a[i]);
    s=sum(a,10);
    printf("\n 数组的和为：%d, 最大值为%d, 最小值为%d\n",s,max,min);
}
```

程序的运行结果如下。

说明：

（1）全局变量在程序执行的整个过程中都占用内存，而不是仅在需要时才开辟单元。

（2）在编写程序时，应该尽量避免使用全局变量。因为如果函数过于依赖全局变量，函数的通用性就会降低。所有函数都可以改变全局变量的值，使得难以判断每个瞬间变量的值。另外，全局变量过多，也会降低程序的可读性。

8.6　变量的存储类别和生存期

变量在程序执行过程中占用存储单元的时间称为变量的生存期，可以分为动态变量和静态变量。

内存中可供用户使用的存储空间分为3部分，如图8-8所示。

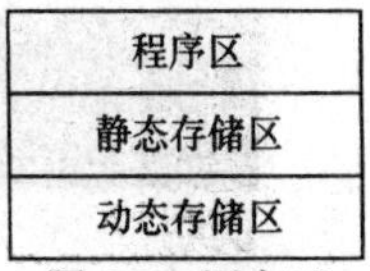

动态变量存储在动态存储区，当函数被调用时，系统为函数中定义的变量分配动态存储单元，当函数调用结束时，这些存储单元被释放。动态变量包括：（1）函数形式参数；（2）函数内部定义的变量。

| 程序区 |
| 静态存储区 |
| 动态存储区 |

图8-8　用户区

静态变量存储在静态存储区，在程序开始运行时就分配存储空间，程序执行完毕才释放。静态变量包括全局变量和在定义时使用关键字 static 的局部变量。静态存储变量默认的初值为0。

在定义变量时，可以使用以下关键字定义其存储方式：（1）auto；（2）static；（3）register；（4）extern。

1. auto 类型变量

在 C 语言中可以用关键字 auto 指定局部变量为动态存储方式。当省略关键字 auto 时，局部

变量默认是动态存储方式。

【例8.19】关键字 auto 定义动态变量。

```
#include <stdio.h>
void f(int a)
{   auto int b=2;   //动态存储方式，与 int b=2;效果相同
    b=b+a;
    printf("a=%d,b=%d\n",a,b);
}
void main()
{   int a=1,i;    //动态存储方式
    for (i=1;i<=3;i++)
        f(a);
}
```

程序的运行结果如下。

说明：

（1）在调用 f()函数时动态变量 b 分配内存空间，当函数结束时变量 b 释放空间。再次调用 f()函数时，则重新分配空间，重新赋初值2。

（2）使用 auto 和不使用 auto，局部变量均为动态存储方式。

2. static 声明静态局部变量

如果在定义局部变量时使用关键字 static，则该变量为静态变量。静态变量在程序执行期间一直占用存储单元，它只初始化一次。在每次调用其所在过程时，变量并不重新初始化，而是继续使用上次调用结束时保留的值。

【例8.20】静态变量的使用。

```
#include <stdio.h>
void f(int a)
{   static int b=2;           //静态存储方式，变量不释放
    b=b+a;
    printf("a=%d,b=%d\n",a,b);
}
void main()
{   int a=1,i;                //动态存储方式
    for (i=1;i<=3;i++)
        f(a);
}
```

程序的运行结果如下。

说明：

程序在执行过程中，b 为 static 静态存储方式，函数执行结束后变量 b 并不释放，下一次调用时 b 仍然为上次调用结束时的值。

3. register 变量

动态存储方式和静态存储方式的变量均存放在内存中，程序运行需要用到变量时，由控制器发出指令从内存中存取和写入数据。在 C 语言中，可以将频繁使用的变量定义为 register 变量，则该变量将存放在 CPU 的寄存器中，直接读取和写入寄存器。因为寄存器的速度远高于内存，从而可以显著提高程序的运行效率。

【例 8.21】register 变量的使用。

```c
#include <stdio.h>
long f(int a)
{   register long i,s=0;           //register 类型变量
    for (i=1;i<=1000;i++)
        s=s+i;
    return s;
}
void main()
{   int i,s=0;                      //动态存储方式
    for (i=1;i<=12000;i++)
        s=s+f(i);
    printf("sum=%ld\n",s);
}
```

程序的运行结果如下。

```
sum=1711032704
Press any key to continue
```

说明：
（1）一个 CPU 中的寄存器数目有限，因此定义寄存器变量不能太多。
（2）只有局部变量和形参可以作为寄存器变量，而全局变量不能定义为寄存器变量。
（3）静态局部变量不能定义为寄存器变量。例如，以下定义则是错误的：

```c
register static long i,s=0;    //出错
```

4. extern 变量

在一个工程项目中可以包括多个源程序文件。extern 用于声明变量是定义在其他文件中的外部变量。关于关键字 extern 的使用，详见 8.7 小节。

8.7 程序的模块化设计

以前编写的程序的结构都比较简单，因此所有程序代码都集中在一个源代码文件（如 xxx.cpp）中。在编写大项目时程序较长，可能有很多人参与，此时将程序代码都编写在一个源代码文件中很不方便。在实现一个项目时，可以将代码分别写在多个源代码文件中，只在一个文件中包括 main()函数。

【例 8.22】模块化的程序设计举例。
编写程序的过程如下。
（1）建立"Win32 Console Application"类型的项目，项目名称为 eg0822。
（2）增加新的"C++Source File"类型的源文件"01.cpp"，编写程序如下，编译该源文件：

```c
#include <stdlib.h>
#include <time.h>
void setvalue(int x[],int n)          //为数组赋给随机数
{   int i;
    srand(time(0));
    for (i=0;i<=n-1;i++)
        x[i]=rand()%100;
}
```

（3）增加新的"C++ Source File"类型的源文件"02.cpp"，编写程序如下，编译该源文件：

```c
#include <stdio.h>
void output(int x[],int n)            //输出数组
{   int i;
    for(i=0;i<=n-1;i++)
```

```
            printf("%5d",x[i]);
}
```

（4）增加新的"C++ Source File"类型的源文件"03.cpp"，编写程序如下，编译该源文件：

```
extern int max,min;                    //声明引用外部变量
int sum(int x[],int n)                 //计算数组的和
{    int i,s=0;
     max=x[0];min=x[0];
     for(i=0;i<=n-1;i++)
     {   if (max<x[i])
             max=x[i];                 //使用外部全局变量
         else if (min>x[i])
             min=x[i];                 //使用外部全局变量
         s=s+x[i];
     }
     return s;
}
```

（5）增加新的"C++ Source File"类型的源文件"04.cpp"，编写程序如下，编译该源文件：

```
#include <stdio.h>
extern void setvalue(int x[],int n);   //声明引用外部函数
extern void output(int x[],int n);
extern int sum(int x[],int n);
int max,min;                            //外部全局变量
void main()
{    int a[12],s;
     setvalue(a,12);                    //为数组赋给随机数
     printf(" 数组为: ");
     output(a,12);                      //输出数组
     s=sum(a,12);
     printf("\n 数组的和为:%d, 最大值为%d, 最小值为%d\n",s,max,min);
}
```

（6）执行"Build→Build Eg0822.exe"或按下F7键，连接生成可执行程序。程序的运行结果如下。

```
数组为:   92   40   83   79   49   27   49   45   58   43   27   69
数组的和为: 661, 最大值为92, 最小值为27
Press any key to continue_
```

说明：

（1）各个源文件中的函数和外部变量，可以被其他文件调用。在调用函数的文件中，必须使用关键字extern声明引用的外部函数和变量。

例如，在文件"04.cpp"中需要声明外部函数：

```
extern void setvalue(int x[],int n);   //声明引用外部函数
extern void output(int x[],int n);
extern int sum(int x[],int n);
```

在文件"03.cpp"中声明引用外部变量：

```
extern max,min;                         //声明引用外部变量
```

（2）也可以把外部函数的声明写在调用它的函数体的内部。例如：

```
void main()
{    int a[12],s;
     extern void setvalue(int x[],int n);   //声明引用外部函数
     setvalue(a,12);                        //为数组赋给随机数
     ...
}
```

（3）全局外部函数的声明和定义在同一个模块中时，外部函数的声明也可以省略关键字 extern。

当一个外部函数和外部变量仅限于本源程序模块中使用时，可以使用关键字 static 将其定义为静态外部函数和变量，此函数和变量仅能在本文件中调用。

【例 8.23】静态外部函数和静态外部变量举例。

编写程序过程如下。

（1）建立"Win32 Console Application"类型的项目，项目名称为 eg0823。

（2）增加新的"C++ Source File"类型的源文件"01.cpp"，并编译该源文件，编写程序如下：

```
static int t;                    //静态变量只能被本文件调用
static int sum(int n)            //静态函数只能被本文件调用
{   int i,s;
    s=0;
    for (i=0;i<=n;i++)
        s=s+i;
    return s;
}
int test(int m)
{ return sum(m);
}
```

（3）增加新的"C++ Source File"类型的源文件"02.cpp"，并编译该源文件，编写程序如下：

```
#include <stdio.h>
extern int t;                //外部变量为 static int t,不能外部引用，出错
extern int sum(int n);       //sum 函数为 static int sum(int n),不能外部引用，出错
extern int  test(int m);
void main()
{  int n,s;
    printf(" 输入 n: ");
    scanf("%d",&n);
    // t=test(n);             //t 变量不能外部引用，出错
    // t=sum(n);              //sum 函数不能外部引用，出错
    s=test(n);
    printf("sum=%d\n",s);
}
```

程序的运行结果如下。

说明：

使用关键字 static 定义的外部函数和变量只能被本文件使用。即使用关键字 extern 声明外部函数和变量，也不能调用其他文件中以关键字 static 定义的外部函数和变量。

习 题

一、选择题

（1）在 C 语言中，main()函数的位置（　　）。

　　A）必须在被调用的函数之前　　　　　　B）必须在程序的开始

　　C）必须在程序的最后　　　　　　　　　D）可以在被调用函数的前边或者后边

（2）以下叙述中正确的是（　　）。

　　A）程序的执行总是从 main()函数开始，到 main()函数结束

B）程序的执行总是从第一个函数开始，到 main() 函数结束

C）程序的执行总是从 main() 函数开始，到程序的最后一个函数结束

D）程序的执行总是从第一个函数开始，到程序的最后一个函数结束

（3）在 C 语言中，函数返回值的类型是（　　）。

A）由调用该函数时的主调函数类型决定

B）由 return 语句中表达式类型决定

C）由调用该函数时的系统决定

D）由定义该函数时所指定的数据类型决定

（4）以下叙述中错误的是（　　）。

A）用户定义的函数中可以没有 return 语句

B）用户定义的函数中可以有多个 return 语句，以便可以调用一次返回多个函数值

C）用户定义的函数中若没有 return 语句，可以定义函数为 void 类型

D）函数的 return 语句中可以没有表达式

（5）有以下函数定义，当运行语句 "int a=fun();" 时，a 的值为（　　）。

```
int fun()
{return(3.89);
}
```

A）3　　　　B）4　　　　C）3.8　　　　D）3.89

（6）调用函数时，如果实参和形参都是简单变量，那么它们之间的传递是（　　）。

A）实参将其值传递给形参，调用结束时形参将值传回实参

B）实参将其地址传递给形参，调用结束时形参将地址传回实参

C）实参将其值传递给形参，释放实参占用的存储单元

D）实参将其值传递给形参，调用结束时形参并不将值传回实参

（7）有以下函数定义，当运行语句 "fun(3.78,3.23);" 时输出的是（　　）。

```
void fun(int a, int b)
{printf("%d %d",a,b);
}
```

A）3　3　　　B）4　3　　　C）4　4　　　D）3.78　3.23

（8）以下关于函数声明的说法中，错误的是（　　）。

A）有了函数声明，就不需要定义函数

B）函数定义在主调用函数之前，可以不声明

C）函数的声明必须写在调用函数的语句前边

D）函数声明语句可以写在主调用函数的外边

（9）有以下函数定义，正确的声明语句是（　　）。

```
void fun(int a, float b)
{……
}
```

A）void fun();　　　　　　　　　　B）fun(int, float);

C）void fun(int a, float b);　　　　D）fun(int a, float b)

（10）以下关于数组作函数参数的说法中，错误的是（　　）。

A）数组做函数参数时，实参和形参之间是地址传递

B）数组做函数参数时，将整个数组的元素传递给形参数组

C）实参的数组名表示数组的第 0 个元素的地址

D）数组做函数参数，形参数组和实参数组共用同一段内存

（11）有以下函数定义和数组定义 "int a[100];"，正确的调用语句是（   ）。
```
void fun(int x[],int n)
{......
}
```
　　A）fun(a,100);　　　B）fun(a[100],100);　　C）fun(a100);　　　D）fun(a0,100)

（12）在 C 语言程序中，以下说法正确的是（   ）。
　　A）函数的定义和函数的调用均不可以嵌套
　　B）函数的定义不可以嵌套，但函数的调用可以嵌套
　　C）函数的定义可以嵌套，但函数的调用不可以嵌套
　　D）函数的定义和函数的调用均可以嵌套

（13）在 C 语言中，程序中的各函数之间（   ）。
　　A）既允许直接递归调用也允许间接递归调用
　　B）不允许直接递归调用也不允许间接递归调用
　　C）允许直接递归调用，不允许间接递归调用
　　D）不允许直接递归调用，允许间接递归调用

（14）以下叙述中错误的是（   ）。
　　A）变量的作用域取决于变量定义语句的位置
　　B）全局变量定义在函数外部
　　C）局部变量可以被其他函数使用
　　D）全局变量的作用域是从定义的位置开始直到本源文件结束

（15）以下叙述中错误的是（   ）。
　　A）使用语句 "static int a;" 定义的外部变量存储在内存的静态存储区
　　B）使用 int a 定义的外部变量存储在内存的动态存储区
　　C）使用 static int a 定义的内部变量存储在内存的静态存储区
　　D）使用 int a 定义的内部变量存储在内存的动态存储区

（16）若在一个 C 语言源程序中定义了一个允许其他源文件引用的整型外部变量 int a，那么在另外一个文件中可以使用的引用说明是（   ）。
　　A）extern static int a;　　　　　　　　B）int a;
　　C）static int a;　　　　　　　　　　　D）extern int a;

二、填空题

（1）以下程序的运行结果是_____。
```
#include <stdio.h>
int fun(int x, int y)
{   x++;y++;
    return(x+y);
}
void main()
{   int a=2,b=3,c;
    c=fun(a,b);
    printf("%d,%d,%d\n",a,b,c);
}
```

（2）函数 fun 判断参数 year 是否闰年，在 main()显示 1~1000 中所有闰年。请将程序补充完整。
```
#include <stdio.h>
int fun(_____)
{   if (year%4==0 &&year%100 !=0 ||year %400==0)
       _____;
```

```
        else
            return 0;
}
void main
{   int n;
    for (n=1; _____ ;n++)
        if (fun(n)==1)
            printf("%d 是闰年\n",n);
        else
            printf("%d 不是闰年\n",n);
}
```

(3) 以下程序的运行结果是_____。
```
#include <stdio.h>
int fun(int x)
{   return(x+3.14);}
void main()
{   float a=3.9;
    int d;
    d=fun(a);
    printf("%d\n",d);
}
```

(4) 以下程序的运行结果是_____。
```
#include <stdio.h>
void fun(int a[], int n)
{   int i;
    for(i=0;i<n;i++)
        a[i]=2*i+1;
}
void main()
{   int a[100];
    fun(a,100);
    printf("%d\n",a[5]);
}
```

(5) 以下程序的运行结果是_____。
```
#include <stdio.h>
void fun(int a[])
{   int i=0;
    do
    {   a[i]+=a[i+1];
        i++;
    }while(i<2);
}
void main()
{   int k,a[5]={1,2,3,4,5};
    fun(a);
    for(k=0;k<5;k++)
        printf("%d ",a[k]);
}
```

(6) 以下程序的运行结果是_____。
```
#include <stdio.h>
const N=4;
void fun(int a[][N], int b[])
{   int i;
    for(i=0;i<N;i++)
        b[i]=a[i][i];
}
void main()
{   int x[][N]={{1,2,3},{4},{5,6,7,8},{9,10}},y[N],i;
    fun(x,y);
```

```
        for(i=0;i<N;i++)
            printf("%3d",y[i]);
        printf("\n");
}
```

（7）以下程序的功能只保留字符串的小写字母，请将程序补充完整。
其运行结果是_____。

```
#include <stdio.h>
void fun(char s[])
{   int i,j;
    for(i=0,j=0;s[i]!='\0';i++)
        if (_____)
        {   s[j]=s[i];
            _____;
        }
    s[j]='\0';
}
void main()
{   char s[100]="abc123abc123abc";
    _____;
    puts(s);
}
```

（8）以下程序的功能：通过函数fun以字符'@'为结束输入字符并统计输入字符的个数。请填空。

```
#include <stdio.h>
_____;   /*函数声明语句 */
void main()
{   long m;
    m=fun();
    printf("%ld\n",m);
}
long fun()
{   long m;
    for(m=0;getchar()!='@';_____)
        ;
    _____;
}
```

（9）以下程序的运行结果是_____。

```
#include <stdio.h>
int fun1(int x)
{   return x*x;
}
int fun2(int x, int y)
{   double a,b;
    a=fun1(x);
    b=fun1(y);
    return(a+b);
}
void main()
{   double c;
    c=fun2(2.1,4.2);
    printf("%10.1lf\n",c);
}
```

（10）以下程序的运行结果是_____。

```
#include <stdio.h>
int fun(int x)
{   int y;
    if (x==0||x==1)
        return 3;
```

```
        else
             y=x+fun(x-2);
        return y;
}
void main()
{    printf("%d\n",fun(5));
}
```

（11）以下程序的运行结果是_____。
```
#include <stdio.h>
int a=3,b=4;
int fun(int x, int y)
{    int z=x+y;
     return z;
}
void main()
{    int a=5,b=6,c;
     c=fun(a,b);
     printf("a+b=%d\n",c);
}
```

（12）以下程序的运行结果是_____。
```
#include <stdio.h>
void fun()
{    static int a=0;
     a+=2;
     printf("%3d",a);
}
void main()
{    int i;
     for(i=1;i<=4;i++)
         fun();
     printf("\n");
}
```

三、编程题

1. 编写函数 triangle(a, b, c)，其功能是计算三角形面积。在 main()函数中输入三角形三条边长，调用 triangle 函数计算并输出三角形面积。

2. 编写函数 v(r)，其功能是计算圆球体积；编写函数 v2(r, h)，其功能是计算圆柱的体积。在 main()函数中输入半径和高，调用函数 v(r)和 v2(r, h)，计算并输出圆球体积和圆柱体积。

3. 编写函数 $f(x) = \begin{cases} 2x-1 & x<0 \\ 2x+10 & 0 \leq x < 10 \\ 2x+100 & 10 \leq x < 100 \\ x^2 & x \geq 100 \end{cases}$，在 main()函数输入变量 a、b、c 和 d，调用函数 $f(x)$ 计算 $\dfrac{f(a)+f(b)}{f(c)+f(d)}$。

4. 编写函数 fun(n)，判断 n 是否守形数，如果 n 是守形数，则函数值为 1，否则为 0。在 main()函数中调用函数 fun()，求所有的守形数。（守形数是指该数本身等于自身平方的低位数，例如，25 是守形数，因为 $25^2 = 625$，而 625 的低两位是 25。）

5. 编写函数 prime(n)，如果 n 为素数，则函数值为 1，否则为 0。在 main()函数中调用函数 prime(n)，求 100~999 中的所有素数。

6. 编写函数 perfect(n)，如果 n 为完数，则函数值为 1，否则为 0。完数是指一个数恰好等于其因子之和，例如，6 = 1 + 2 + 3。在 main()函数中调用函数 perfect(n)，求 1 000 以内的所有完数。

7. 编写函数 f(n,x)，其功能是计算 $f(n,x) = (-1)^{n-1} \dfrac{x^{2n-1}}{(2n-1)!}$。输入 x（x 为弧度），调用函数 f(n,x)，求公式 $\text{Mysin}(x) = \dfrac{x}{1} - \dfrac{x^3}{3!} + \dfrac{x^5}{5!} - \dfrac{x^7}{7!} + \cdots + (-1)^{n-1} \dfrac{x^{2n-1}}{(2n-1)!}$，直到第 n 项的绝对值小于 10^{-5}。

8. 以数组为参数，编写以下函数。
（1）定义函数 input，将数组的所有元素赋给随机数。
（2）定义函数 output，输出数组的所有元素。
（3）定义函数 sort，将数组从小到大排序。
（4）定义函数 average，求数组的平均值。
（5）定义函数 max，求数组的最大值。
（6）在 main()函数中定义数组 a[100]，调用上述函数实现对应功能。

9. 以 10 列的二维数组数组为参数，编写并调用以下函数。
（1）定义函数 input，将数组的所有元素赋给随机数。
（2）定义函数 output，按照行列方式输出二维数组的所有元素。
（3）定义函数 avg，求数组的平均值。
（4）定义函数 sum，求对角线的元素之和。
（5）在 main()中定义二维数组 a[10][10]，调用上述函数实现对应功能。

10. 定义函数 int upr_len(char str[])，其功能是统计出字符串中大写字母的个数。在 main()函数中输入字符串，调用 upr_len ()求出大写字母个数。

11. 定义函数 fun()，将形参字符串中的所有小写字母变为大写字母，而大写字母变为小写字母。在 main()函数中输入字符串，调用 fun()对输入的字符串进行相应变换。

12. 编写函数 str_cpy(char s1[], char s2[])，功能是将字符串 s2 复制到 s1 中。在 main()函数输入字符串，调用函数 str_cpy()复制到另一个字符数组中。

13. 编写函数 string_cmp(char s1[], char s2[])，用于比较两个字符串的大小。函数返回值为第一个对应位置不相同的元素的 ASCII 码值的差 s1[i]-s2[i]，如果两个字符串相等，则函数值为 0。在 main()函数中，输入两个字符串，调用此函数 string_cmp()进行比较。

14. 编写函数 replace(char s[], char c1, char c2)，将字符串 s 中所有字符 c1 替换为字符 c2。在 main()函数中输入字符串、字符 c1 和字符 c2，调用函数 replace()，完成字符串替换。

15. 定义函数 str_encrypt (char str[])，能够将 str 按照以下规则进行加密。加密规则为 A→E，a→e，B→F，b→f，…，V→Z，v→z，W→A，w→a，X→B，x→b，…，Z→D，z→d，其他字符不变。例如，输入 "China Tianjin 2010"，加密后为 "Glmre Xmernmr 2010"。在 main()函数中输入字符串调用 fun()对输入的字符串进行加密。

16. 用递归算法编写函数 p(n,x)，其功能是计算 n 阶勒让德公式的值。在 main()函数中输入 n 和 x，调用函数 p(n,x)，n 阶勒让德公式的值。递归公式为

$$P_n(x) = \begin{cases} 1 & n = 0 \\ x & n = 1 \\ ((2n-1) \times x - P_{n-1}(x) - (n-1) \times P_{n-2}(x))/n & n > 1 \end{cases}$$

17. 用递归算法编写函数 Fibonacci(n)，其功能是求出 Fibonacci 数列的第 n 项。在 main()中输入 n，调用函数 Fibonacci(n)，计算 Fibonacci 数列的第 n 项。

18. 定义函数 $f(x) = x^3 + 2x + 1$，在 main()中，调用该函数计算定积分 $\int_{-1}^{3} f(x) \mathrm{d}x$。

本章资源

第9章 编译预处理

编译是指把高级语言编写的源程序翻译成计算机可识别的二进制程序（目标程序）的过程，它由编译程序完成。

编译预处理是指在编译之前所做的处理工作，它由编译预处理程序完成。编译预处理是C语言特有的功能。在对一个源程序进行编译时，系统将自动调用预处理程序对源程序中的预处理部分做处理，处理完毕后自动编译源程序。编译预处理可以简化程序的书写，便于程序的移植，增加程序的灵活性。

在前面各章中，已多次使用过以"#"号开头的预处理命令，如宏定义命令（#define）、文件包含命令（#include）等。在源程序中，这些命令都放在函数之外，而且一般都放在源程序的起始部分。本章介绍C语言常用的几种预处理命令，包括宏定义、文件包含和条件编译。

学习提示：
（1）预处理命令不是C语句，不能直接对它们进行编译，只能由预处理程序来处理。
（2）预处理命令必须以符号"#"开头，并且凡是以"#"开头的都是预处理命令。

9.1 宏定义

C语言源程序中允许用一个标识符来表示一个字符串，称为宏。被定义为宏的标识符称为宏名。在编译预处理时，对程序中所有出现的宏名，都用宏定义中的字符串替换，这称为宏展开。宏定义由宏定义命令完成，宏展开由预处理程序自动完成。

在C语言中，宏分为不带参数的宏和带参数的宏两种。

9.1.1 不带参数的宏定义

不带参数的宏，其宏名后不带参数。定义的一般形式为

```
#define 标识符 字符串
```

其中"#"是预处理命令的开始标识，表示这是一条预处理命令；"define"为宏定义命令；"标识符"是所定义的宏名（习惯上用大写字母）；"字符串"为宏名将要被替换的字符串，可以是常量字符串、表达式字符串、格式字符串等。

前面章节用过的符号常量的定义就是一种不带参数的宏定义。例如：

```
#define PI 3.1415926
```

其作用是用标识符"PI"表示"3.1415926"。在编写源程序时，所有的"3.1415926"都由"PI"代替。在编译源程序时，先由预处理程序进行宏展开，即用"3.1415926"替换源程序中所有的"PI"，然后再编译。

对程序中反复使用的常量、表达式或字符串，常常进行宏定义，这样编写简单、不易出错，

而且当需要改变某个常量、表达式或字符串的值时，只需改"#define"命令行中的字符串一处即可，实现一改全改。

【例9.1】常量的宏定义。

```
#include <stdio.h>
#define PI 3.1415926
void main()
{   float r,l,s,v;
    printf("Input radius: ");
    scanf("%f",&r);
    l=2.0*PI*r;        //宏展开为  l=2.0*3.1415926*r;
    s=PI*r*r;          //宏展开为  s=3.1415926*r*r;
    v=4.0/3*PI*r*r*r;  //宏展开为  v=4.0/3*3.1415926*r*r*r;
    printf("l=%.4f\ns=%.4f\nv=%.4f\n",l,s,v);
}
```

程序的运行结果如下。

```
Input radius:  2.0
l=12.5664
s=12.5664
v=33.5103
Press any key to continue
```

说明：

（1）程序中多次用到常量 3.1415926，宏定义"#define PI 3.1415926"后，用"PI"代替所有的"3.1415926"，简化了程序的书写。

（2）语句"l = 2.0*PI*r;"在编译预处理时宏展开为"l = 2.0*3.1415926*r;"。

（3）语句"s = PI*r*r;"在编译预处理时宏展开为"s = 3.1415926*r*r;"。

（4）语句"v = 4.0/3*PI*r*r*r;"在编译预处理时宏展开为"v = 4.0/3*3.1415926*r*r*r;"。

【例9.2】表达式的宏定义。

```
#include <stdio.h>
#define M (y*y+3*y)
void main()
{   int s,y;
    printf("Input a number: ");
    scanf("%d",&y);
    s=3*M+4*M+5*M;    //宏展开为  s=3* (y*y+3*y)+4* (y*y+3*y)+5* (y*y+3*y);
    printf("s=%d\n",s);
}
```

程序的运行结果如下。

```
Input a number:  2
s=120
Press any key to continue
```

说明：

（1）程序中多次用到表达式（y*y + 3*y），宏定义"#define M (y*y + 3*y)"后，用 M 代替所有的"(y*y + 3*y)"，简化了程序的书写。

（2）语句"s = 3*M + 4*M + 5*M;"宏展开后为"s = 3* (y*y + 3*y) + 4* (y*y + 3*y) + 5* (y*y + 3*y);"。

（3）宏定义"#define M (y*y + 3*y)"中表达式"(y*y + 3*y)"两边的括号不能少，否则结果不同。如果定义为以下形式：

```
#define M y*y+3*y
```

语句"s = 3*M + 4*M + 5*M"宏展开后为"s = 3*y*y + 3*y + 4*y*y + 3*y + 5**y*y + 3*y;"，计算结果显然不同。这一点在做宏定义时应该十分注意。

【例9.3】函数名和格式字符串的宏定义。

```
#include <stdio.h>
#define P printf
#define F "%4d\t%.2f\n"
void main()
{    int a=3, c=5, e=11;
     float b=4.6, d=7.9, f=22.08;
     P(F,a,b);          //宏展开为 printf("%4d\t%.2f\n",a,b);
     P(F,c,d);          //宏展开为 printf("%4d\t%.2f\n",c,d);
     P(F,e,f);          //宏展开为 printf("%4d\t%.2f\n",e,f);
}
```

程序的运行结果如下。

说明：

（1）程序中多次用到函数名 printf 和格式字符串"%4d\t%.2f\n"，宏定义后，程序的书写变得简单。

（2）宏定义命令中的 printf 和格式字符串为普通的字符串，没有实际意义。只有在宏展开后，进行编译时才会被理解为 printf 函数和 printf 函数中的格式字符串。

对宏定义还要做以下几点说明：

（1）宏不是变量，不能存数据，也没有数据类型。

（2）宏定义与变量定义不同，它只做字符串替换，不分配内存空间。

（3）宏名习惯上用大写字母表示，以便与变量名相区别，但也允许用小写字母。

（4）宏定义是用宏名来表示一个字符串，在宏展开时又以该字符串替换宏名，这只是一种简单的源程序代码的替换。字符串中可以包含任何字符，预处理程序不做任何正确性检查。如果存在错误，只有在编译已经预处理后的源程序时才能发现。例如：

```
#define PI 3.1415926
```

把数字"1"写成了小写字母"l"，宏展开时照样替换不做检查，只有在编译时才会发现错误并报错。

（5）宏定义不是语句或说明，在行末不必加分号，如加上分号则连分号也一起替换。例如：

```
#define PI 3.1415926;
...
area=PI*r*r;
...
```

语句"area=PI*r*r;"宏展开后为"area=3.1415926; *r*r;"。显然，在编译时会出错。

（6）在源程序中用双引号引起来的字符串内，与宏名相同的字符不进行替换。

【例9.4】双引号中与宏名相同的字符不做替换。

```
#include <stdio.h>
#define PI 3.1415926
void main()
{    printf("PI\n");          //不进行宏展开
     printf("%f\n",PI);       //进行宏展开
}
```

程序的运行结果如下。

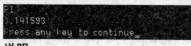

说明：

程序第 4 行的语句"printf("PI\n");"双引号中的"PI"，虽然与宏名 PI 相同，但它不是宏名，

因此不做替换。

（7）宏定义允许嵌套，在宏定义的字符串中可以使用已经定义的宏名。在宏展开时由预处理程序层层替换。例如，有以下宏定义：

```
#define PI 3.1415926
#define S PI*r*r          // PI 是已定义的宏名
```

语句"printf("%f", S);"，宏展开后为"printf("%f",3.1415926*r*r);"。

（8）宏定义必须写在函数之外，其作用域为宏定义命令开始到源程序结束。如要终止其作用域可使用#undef命令。

【例9.5】使用#undef结束宏的作用域。

```
#include <stdio.h>
#define PI 3.1415926
void main()
{   float r=2,area;
    area=PI*r*r;           //宏展开为 area=3.1415926*r*r;
    printf("area=%f",area);
}
#undef PI
f1()
{   float r=2,area;
    area=PI*r*r;           //PI 不能被宏展开，此处语法报错，PI 没有定义
    printf("area=%f",area);
}
```

说明：

"PI"在主函数 main()中有效，在函数 f1 中无效。在 f1 中报语法错误"error C2065: 'PI' : undeclared identifier"。

9.1.2 带参数的宏定义

C 语言允许宏带参数。宏定义中的参数称为形式参数，在程序中使用宏的语句中的参数称为实际参数。在预编译时，带参数的宏不但要进行宏展开，而且要用实参去替换形参。带参数的宏定义的一般形式为

```
#define 宏名(形参表) 字符串
```

在字符串中可以含有形参表中的各个形参。在源程序中使用带参数的宏的一般形式为

```
宏名(实参表);
```

例如：

```
#define S(a,b) a*b
...
area=S(3,2);
...
```

语句"area = S(3, 2);"宏展开的过程如图 9-1 所示，用实参 3 替换形参 a，用实参 2 替换形参 b，宏展开后的语句为"area=3*2;"。

【例9.6】带参数的宏定义。

```
#include <stdio.h>
#define MAX(a,b) (a>b)?a:b
void main()
{   int x,y,max;
    printf("Input two numbers:");
    scanf("%d,%d",&x,&y);
    max=MAX(x,y);   //宏展开为 max=(x>y)?x:y;
    printf("max=%d\n",max);
}
```

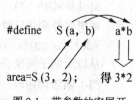

图 9-1 带参数的宏展开

程序的运行结果如下。

```
Input two numbers:3,5
max=5
Press any key to continue
```

说明：

（1）此程序用来求两个数中的较大者。

（2）宏定义中用带参数的宏"MAX"代表条件表达式"(a>b)?a:b"，形参 a 和 b 均出现在条件表达式中。语句"max=MAX(x, y);"在宏展开时，实参 x 和 y 分别替换形参 a 和 b，语句宏展开为"max=(x>y)?x:y;"。

对于带参数的宏定义有以下几点说明：

（1）宏名和形参表外的括号之间不能加空格，否则会将空格以后的字符都作为替代字符串的一部分。

例如，把宏定义"#define　MAX(a,b)　(a>b)?a:b"改写为：

```
#define MAX (a,b) (a>b)?a:b
```

将被认为是不带参数的宏定义，宏名"MAX"代表字符串"(a,b)　(a>b)?a:b"。语句"max=MAX(x,y);"宏展开后为"max=(a,b)　(a>b)?a:b(x,y);"，显然是错误的。

（2）宏定义中的形参是标识符，语句中的实参可以是表达式。

【例9.7】语句中的实参为表达式。

```
#include <stdio.h>
#define SQ(y) (y) * (y)
void main()
{   int a,sq;
    printf("Input a number: ");
    scanf("%d",&a);
    sq=SQ(a+1);    //宏展开为 sq=(a+1) * (a+1);
    printf("sq=%d\n",sq);
}
```

程序的运行结果如下。

```
Input a number: 2
sq=9
Press any key to continue
```

说明：

宏定义中的形参为 y，语句"sq = SQ(a + 1);"中的实参"a + 1"是一个表达式。在宏展开时，用"a + 1"替换"y"，结果为"sq = (a + 1) * (a + 1);"。

（3）在宏定义中，形参通常要用括号括起来以避免出错。宏定义"#define SQ(y) (y) * (y)"中 (y) * (y) 表达式的 y 都用括号括起来，因此结果是正确的。如果去掉括号，定义形式如下：

```
#define SQ(y) y*y
```

那么语句"sq=SQ(a + 1);"宏展开后为"sq=a + 1*a + 1;"，而不是"sq=(a + 1) * (a + 1);"。因此参数两边带括号和不带括号的结果可能完全不同。

有时即使在参数两边加括号还是不够的，如按以下形式定义：

```
#define SQ(y) (y) * (y)
```

sq=1.0/SQ(a + 1);   //宏展开后为 sq=1.0/(a+1) * (a+1);   不是 sq=1.0/((a+1) * (a+1));

要想先算乘法后算除法，应该在宏定义中的整个字符串外加括号，按如下形式定义：

```
#define SQ(y) ((y) * (y))
```

从以上例子可见，带参数的宏和带参数的函数很相似，但二者有着本质区别。

（1）函数调用时，先求出实参表达式的值，然后将值传给形参；而带参数的宏展开时只是完整的实参表达式字符替代形参，并不求实参表达式的值，不进行值传递。

（2）函数调用是在程序运行时进行的，调用时为形参分配内存空间；而宏展开则是在编译前进行的，宏展开时不为形参分配内存空间。

（3）函数中的形参和实参都要定义类型，二者的类型要求一致；而宏的形参无需定义类型，因为宏不存在类型问题，宏名无类型，宏的形参也无类型，它们都只是一串字符。

（4）调用函数只可得到一个返回值，而用宏可以设法得到几个结果。

【例9.8】通过宏展开得到若干结果。

```
#include <stdio.h>
#define SSSV(L,W,H,SA,SB,SC,VV)  SA=L*W;SB=L*H;SC=W*H;VV=W*L*H;
void main()
{   int l=3,w=4,h=5,sa,sb,sc,vv;
    SSSV(l,w,h,sa,sb,sc,vv);    //宏展开后为 sa=l*w;sb=l*h;sc=w*h;vv=w*l*h;
    printf("sa=%d\nsb=%d\nsc=%d\nvv=%d\n",sa,sb,sc,vv);
}
```

程序的运行结果如下。

```
sa=12
sb=15
sc=20
vv=60
Press any key to continue
```

说明：

（1）此程序求长方体的3个侧面积和体积。

（2）程序中用带参数的宏 SSSV 代表4个赋值语句，宏展开时用每个小写的实参分别替换4个赋值语句中对应的大写的形参，语句"SSSV(l, w, h, sa, sb, sc, vv);"展开为"sa = l*w;sb = l*h;sc = w*h;vv = w*l*h;"。这样，在程序运行时就可得到4个值。

9.2 文件包含

文件包含是指一个源文件中可以包含另一个源文件，即把另一个源文件插入该文件中。文件包含命令在前面章节中已经多次使用，如#include <stdio.h>，将系统提供的头文件 stdio.h 包含进源程序中。

文件包含命令的一般形式为

```
#include "文件名"
```

或

```
#include <文件名>
```

文件包含命令的功能是把文件名所指定的文件插到该命令行位置并取代该命令行，从而把指定的文件与当前的源程序文件连成一个源文件，如图9-2所示。

说明：

图9-2（a）所示为预处理前的情况，"file1.c"文件的开头有一条文件包含命令"#include"file2.c""，其他内容以"内容 A"表示。"file2.c"

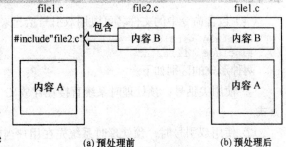

(a) 预处理前　　　　　　(b) 预处理后
图9-2　文件包含预处理

文件的全部内容以"内容 B"表示。编译预处理时，将"file2.c"文件的全部内容插入"file1.c"文件的命令行"#include"file2.c""处，替换该命令行，得到如图9-2（b）所示的结果。编译时，编译的是经过预处理后的新的源程序文件。

【例9.9】文件包含命令的使用。

(1) 文件 file1.c 内容如下：

```c
#include <stdio.h>
#include "file2.c"
void main()
{   int a,b,c;
    printf("Input two numbers: ");
    scanf("%d,%d",&a,&b);
    c=max(a,b);
    printf("max=%d\n",c);
}
```

(2) 文件 file2.c 内容如下：

```c
int max(int x,int y)
{   int z;
    if(x>y) z=x;
    else    z=y;
    return(z);
}
```

程序的运行结果如下。

```
Input two numbers: 3,5
max=5
Press any key to continue
```

说明：

文件 file2.c 不能单独运行，因为其中没有主函数 main。

在程序设计中，文件包含很有用。一个大程序可以分为多个模块，由多个程序员分别编写。有些公用的符号常量或宏定义等可单独组成一个文件，在其他文件的开头用文件包含命令包含该文件即可使用。这样，可避免在每个文件开头都去书写那些公用量，从而节省时间，并减少出错。

对文件包含命令还有以下几点说明。

(1) 常用在文件头部的被包含文件称为"标题文件"或"头文件"，常以".h"为后缀（h 为 head（头）的缩写），这样更能体现此文件的性质。当然也可用".c"或".cpp"为后缀，也可无后缀。

(2) 一个#include 命令只能指定一个被包含文件，若要包含 n 个文件，需要用 n 个#include 命令。

(3) 文件包含允许嵌套，即在一个被包含的文件中又可以包含另一个文件。如图 9-3 所示，文件 file1.c 包含文件 file2.h，而文件 file2.h 又包含文件 file3.h。

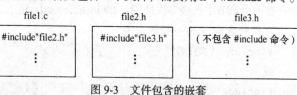

图 9-3　文件包含的嵌套

(4) 包含命令中的文件名可以用双引号括起来，也可以用尖括号括起来。例如：

```c
#include <stdio.h>
#include "file2.h"
```

两种形式的区别如下。

① 使用尖括号，预处理时系统直接在存放 C 库函数头文件的系统目录中寻找，这称为标准方式。

② 使用双引号时，预处理时系统先在用户当前目录（即源文件所在目录）中寻找要包含的文件，若找不到，再按标准方式查找（即按尖括号的方式查找）。

一般来说，若要包含系统头文件（如 stdio.h），通常用尖括号，以节省查找时间。若要包含用户自己编写的文件（如 file2.h），通常用双引号，因为这种文件一般都在用户当前目录中。若要包含的文件不在当前目录中，也不在系统目录中，只能用双引号，并且在双引号内应给出文件路径。如语句"#include "C:\man\file2.h""。

9.3 条件编译

一般情况下，源程序所有行都参加编译。但是有时候希望程序中一部分语句只在满足一定条件时才进行编译，不满足条件时不进行编译，或编译另一部分语句，这就是"条件编译"。利用条件编译，可以减少程序的输入，方便程序的调试，增强程序的可移植性。

条件编译命令有以下几种形式。

1. 形式一

```
#ifdef 标识符
    程序段1
#else
    程序段2
#endif
```

它的功能：如果所指定标识符在之前已被 #define 命令定义过，则在编译时编译程序段 1；否则编译程序段 2。如果没有程序段 2，本格式中的#else 也可以没有，即可以写为

```
#ifdef 标识符
    程序段
#endif
```

【例 9.10】给定半径 r，求圆的面积 s。要求设置条件编译：若π值已定义，则直接计算面积；若π值未定义，则定义π值后再计算面积。

```
#include <stdio.h>
void main()
{   float r,s;
    printf("Input radius: ");
    scanf("%f",&r);
    #ifdef PI                               //条件编译
        s=PI*r*r;                           //程序段1
    #else
        #define PI 3.1415926                //程序段2
        s=PI*r*r;
    #endif
    printf("s=%f\n",s);
}
```

程序在条件编译前未定义π（即 PI）值，所以编译程序段 2。程序的运行结果如下。

说明：

若程序开头加入宏定义"#define PI 3.1415926"，则编译程序段 1。程序的运行结果同上。

2. 形式二

```
#ifndef 标识符
    程序段1
#else
    程序段2
#endif
```

形式二与形式一的区别是将"ifdef"改为"ifndef"。它的功能与形式一的功能正好相反：如果标识符之前未被#define 命令定义过，则对程序段 1 进行编译，否则对程序段 2 进行编译。

【例 9.11】按形式二修改【例 9.10】的程序。

```
#include <stdio.h>
void main()
```

```
{   float r,s;
    printf("Input radius: ");
    scanf("%f",&r);
    #ifndef PI                          //条件编译
        #define PI 3.1415926            //程序段1
        s=PI*r*r;
    #else
        s=PI*r*r;                       //程序段2
    #endif
    printf("s=%f\n",s);
}
```

说明：

(1) 程序在条件编译前未定义π（即PI）值，所以编译程序段1。

(2) 若在程序的开头加入宏定义"#define PI 3.1415926"，则编译程序段2。

3. 形式三

```
#if 表达式
    程序段1
#else
    程序段2
#endif
```

它的功能：若表达式的值为真（非0），则编译程序段1，否则编译程序段2。这样可以使程序在不同的条件下，完成不同的功能。

表达式必须为整型常量表达式（不包括 sizeof 运算符、强制类型转换和枚举常量）。

【例9.12】设置条件编译。求圆的面积或正方形的面积。

```
#include <stdio.h>
#define PI 3.1415926
#define R 1
void main()
{   float c,s;
    printf ("Input a number: ");
    scanf("%f",&c);
    #if R                               //条件编译
        s=PI*c*c;                       //程序段1
        printf("Area of circle is : %f\n",s);
    #else
        s=c*c;                          //程序段2
        printf("Area of square is : %f\n",s);
    #endif
}
```

程序宏定义中，定义R为1，因此在条件编译时，表达式R的值为真，故编译程序段1，求圆的面积。程序的运行结果如下。

```
Input a number: 2.0
Area of circle is : 12.566370
Press any key to continue
```

若程序宏定义中，R定义为0，即将程序第3行语句"#define R 1"改为"#define R 0"，则编译程序段2，计算正方形的面积。程序的运行结果如下。

```
Input a number: 2.0
Area of square is : 4.000000
Press any key to continue
```

对条件编译有以下几点说明。

（1）3 种形式的条件编译必须严格按照形式说明中的格式书写，每条条件编译命令必须单独成行。例如：

```
#if R s=PI*c*c;      //出错
```

将程序段"s=PI*c*c;"与条件编译命令"#if R"写在同一行，是不正确的。

（2）形式一和形式二中的标识符，若在条件编译之前被#define 命令定义过，不管被定义为何值，甚至不定义任何值，只要被定义过，都会编译相应的程序段（形式一编译程序段 1，形式二编译程序段 2）。例如：

```
#ifdef COMPUTER_A
    #define INTEGER_SIZE 16
#else
    #define INTEGER_SIZE 32
#endif
```

若在这组条件编译命令之前，COMPUTER_A 曾被定义过，如"#define COMPUTER_A 0"、"#define COMPUTER_A 1"或者定义为其他任何值，甚至是"#define COMPUTER_A"，都会编译"#define INTEGER_SIZE 16"，否则编译"#define INTEGER_SIZE 32"。

（3）形式三与形式一和形式二不同，"#if"后为表达式，不是标识符，所以不存在是否定义过的问题。只要该表达式的值为真（非 0），就编译程序段 1，否则编译程序段 2。

（4）条件编译命令允许嵌套使用。例如：

```
#if 表达式1
    程序段1
#else
    #if 表达式2
        程序段2
    #else
        程序段3
    #endif
#endif
```

在条件编译中也可以使用语句：

```
#elif
```

它代表 else if。若使用#elif 语句，则上述嵌套可写成如下形式：

```
#if 表达式1
    程序段1
#elif 表达式2
    程序段2
#else
    程序段3
#endif
```

学习提示：
　　条件编译也可以用 if 条件语句来实现。二者的差别在于：if 条件语句将会编译整个源程序，编译时间较长，生成的目标程序较长，运行时间也较长；用条件编译，则根据条件只编译部分程序段，编译时间较短，生成的目标程序较短，运行时间也较短。

习 题

一、选择题

（1）编译预处理的工作是在（　　）完成的。
　　　A）编译前　　　　B）编译时　　　　C）编译后　　　　D）执行时

（2）下列过程不属于编译预处理的是（   ）。
  A）宏定义　　　　　B）文件包含　　　　　C）条件编译　　　　　D）连接
（3）以下选项中，（   ）是C语句。
  A）#include<stdio.h>　　　　　　　　B）#define PI 3.1415926
  C）j++;　　　　　　　　　　　　　　 D）a=3
（4）以下叙述中错误的是（   ）。
  A）在程序中凡是以"#"开始的语句行都是预处理命令行
  B）预处理命令行的最后不能以分号结束
  C）"#define MAX 3 "是合法的预处理命令行
  D）C程序对预处理命令行的处理是在程序执行的过程中进行的
（5）以下关于宏的叙述中正确的是（   ）。
  A）宏名必须用大写字母表示　　　　　B）宏定义必须位于源程序中所有语句之前
  C）宏展开没有数据类型限制　　　　　D）宏调用比函数调用耗费时间
（6）在宏定义#define PI 3.1415926中，用宏名代替一个（   ）。
  A）单精度数　　　B）双精度数　　　C）常量　　　D）字符串
（7）设有宏定义#define A B abcd，则宏展开时（   ）。
  A）宏名A用B abcd替换　　　　　B）宏名A B用abcd替换
  C）宏名A和宏名B都用abcd替换　　D）语法错误，无法替换
（8）若程序中有宏定义行#define N 100，则以下叙述中正确的是（   ）。
  A）宏定义行中定义了标识符N的值为整数100
  B）对C源程序进行预处理时，用100替换标识符N
  C）对C源程序进行编译时，用100替换标识符N
  D）在运行时，用100替换标识符N
（9）以下程序的运行结果是（   ）。

```
#include <stdio.h>
#define PT 3.5;
#define S(x) PT*x*x;
void main( )
{   int a=1, b=2;
    printf("%4.1f\n",S(a+b));
}
```

  A）14.0　　　　　　　　　　　　　　B）31.5
  C）7.5　　　　　　　　　　　　　　　D）程序有错无输出结果
（10）有一个名为init.txt的文件，内容如下：

```
#define HDY(A,B) A/B
#define PRINT(Y) printf("Y=%d\n",Y)
```

那么，以下程序的运行结果是（   ）。

```
#include <stdio.h>
#include "init.txt"
void main( )
{   int a=1,b=2,c=3,d=4,k;
    k=HDY(a+c,b+d);
    PRINT(k);
}
```

  A）Y=0　　　　　B）0=0　　　　　C）Y=6　　　　　D）6=6

（11）关于文件包含，以下说法中正确的是（　　）。
    A）被包含的文件必须以".h"为后缀
    B）一个#include 命令可以指定多个被包含文件
    C）文件包含允许嵌套
    D）#include <stdio.h>和#include "stdio.h"没有任何区别
（12）在文件包含预处理命令中，当#include 后面的文件名用双引号括起时，寻找被包含文件的方式为（　　）。
    A）直接按系统设定的标准方式搜索目录
    B）先在源程序所在目录搜索，若找不到，再按系统设定的标准方式搜索
    C）仅搜索源程序所在目录
    D）仅搜索当前目录
（13）关于条件编译，下列说法错误的是（　　）。
    A）条件编译允许嵌套　　　　　　　　B）条件编译与 if 条件语句没有任何区别
    C）条件编译可以使用#endif　　　　　D）每条条件编译命令必须单独成行

二、填空题

（1）以下程序的运行结果是_____。

```
#include <stdio.h>
#define M 5
#define N M+M
void main( )
{   int k;
    k=N*N*5;
    printf("%d\n",k);
}
```

（2）以下程序的运行结果是_____。

```
#include <stdio.h>
#define N 5
#define M N+1
#define f(x) (x*M)
void main( )
{   int i1,i2;
    i1=f(2);
    i2=f(1+1);
    printf("%d %d\n",i1,i2);
}
```

（3）下面程序由两个源文件 f1.h 和 f1.c 组成，程序的运行结果是_____。

f1.h 的源程序为

```
#define  N  10
#define  f2(x)  (x*N)
```

f1.c 的源程序为

```
#include <stdio.h>
#define  M  8
#define  f(x)  ((x)*M)
#include "f1.h"
void main( )
{   int i,j;
    i=f(1+1);
    j=f2(1+1);
    printf("%d%d\n",i,j);
}
```

（4）现有两个 C 程序文件 f1.c 和 myfun.c，同时存放于 C 语言的系统目录下。

f1.c 文件如下：
```
#include <stdio.h>
#include "myfun.c"
void main( )
{   fun( );
    printf(" \n");
}
```

myfun.c 文件如下：
```
void fun( )
{   char s[80],c; int n=0;
    while((c=getchar( ))!='\n')
        s[n++]=c;
    n--;
    while(n>=0)
        printf("%c",s[n--]);
}
```

在程序运行时，输入"Thank！"，则输出的结果是_____。

（5）以下程序的输出结果是_____。
```
#include <stdio.h>
#define P 0
void main( )
{   int n=10,m;
    #ifdef P
        m=n+n;
    #else
        m=n*n;
    #endif
    printf("%d\n",m);
}
```

（6）以下程序的输出结果是_____。
```
#include <stdio.h>
#define P 0
void main( )
{   int n=10,m;
    #if P
        m=n+n;
    #else
        m=n*n;
    #endif
    printf("%d\n",m);
}
```

三、编程题

1. 利用带参数的宏"#define M(a, b) a/b"，求两个整数相除的商。

2. 利用带参数的宏交换两个变量的值。

3. 用宏定义设计几种输出格式（包括整数、实数、字符串等），并单独放在文件"format.h"中。另编一个程序文件，利用文件"format.h"使用这些格式。

4. 定义一个带参数的宏求两个数的最大值，并单独放在一个头文件中。定义一个函数求两个数的最小值，并单独放在一个 C 文件中。另编一个 C 程序文件，利用前两个文件求两个数的最大值和最小值。

5. 输入两个数，用条件编译，求两个数的和或两个数的乘积。

6. 输入一行字符，用条件编译，将其中的大写字母变为对应的小写字母，或将其中的小写字母变为对应的大写字母，其他字符不变。

第 10 章
指针

本章资源

指针是 C 语言的一种重要数据类型，它可以表示复杂的数据结构、方便地使用数组和字符串、在调用函数时能获得一个以上的结果、动态分配内存并直接处理内存单元等。指针极大地丰富了 C 语言的功能，可以使程序简洁、紧凑、高效，是 C 语言的一个重要特色。

10.1 地址和指针

1. 地址

在计算机中所有数据都存放在存储器中。一般把主存储器中的一个字节称为一个内存单元，通过内存单元的编号能正确地访问内存单元，内存单元的编号也称为地址。

2. 指针

通常将内存单元的地址称为指针，其中存放的数据是内存单元的内容。内存单元的指针和内容是两个不同概念。就像我们到银行去存取款时，银行工作人员根据账号查找存取款记录，找到之后在该记录上写入存取款的金额。在这里，账号就是存取款记录的指针，存取款数目就是存取款记录的内容。

10.2 变量的指针和指向变量的指针变量

在 C 语言中，一种数据类型或数据结构往往占有一组连续的内存单元。"指针"是一个数据结构的首地址，它"指向"一个数据结构。

在 C 语言中，允许用一个变量来存放指针，这种变量称为指针变量。指针变量的值就是某个数据结构的地址（指针）。指针是一个地址，是常量。而指针变量可以存放不同的指针值，是变量。

变量的指针就是变量的地址，存放某变量地址的变量称为指向某变量的指针变量。在程序中用 "*" 符号表示 "指向"。

如果已定义 i_pointer 为指针变量，则*i_pointer 是 i_pointer 所指向的变量。如图 10-1 所示，i 是一个变量，值为 3，它在内存中的首地址为 2000；i_pointer 为指针变量，其值为变量 i 的首地址 2000，我们称变量 i_pointer 指向变量 i。*i_pointer 就是 i，它代表一个变量。以下两条语句的作用相同：

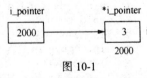

图 10-1

```
i=3;
*i_pointer=3;
```

第二条语句的含义是将 3 赋给指针变量 i_pointer 所指向的变量 i。

10.2.1 定义指针变量

指针变量不同于整型变量和其他类型的变量，它专门用来存放地址。定义指针变量的一般形式为

类型说明符 *指针变量名;

例如:
```
int *p1;        //p1 是指向整型变量的指针变量
float *p2;      //p2 是指向浮点型变量的指针变量
char *p3;       //p3 是指向字符型变量的指针变量
```
"*"表示定义的是一个指针变量,"类型说明符"表示指针变量所能指向的变量的数据类型。其中 p1 是一个指针变量,它的值只能是 int 变量的地址,或者说 p1 只能指向一个 int 变量。

学习提示:
　　一个指针变量只能指向定义的数据类型的变量,不能指向其他类型的变量。

10.2.2 指针变量的引用

两个与指针使用有关的运算符:
(1) &: 取地址运算符。例如,&a 取得变量 a 的地址。
(2) *: 指针运算符(或称"间接访问"运算符)取得指针变量指向的内容。例如,*p 取得指针变量 p 所指向的变量的值。

学习提示:
　　此处的*与定义指针变量中的*不同,定义中的*仅是一个标识,指出它后面的变量是指针变量。

给指针变量赋值可以有以下两种方法。
(1) 定义的同时赋值,如:
```
int a;
int *p=&a;              //定义的同时初始化,取得变量 a 的地址赋给指针变量 p
```
(2) 定义后赋值,如:
```
int a;
int *p;
p=&a;                   //取得变量 a 的地址赋给指针变量 p
```
指针变量中只能存放地址(指针),不要将一个整数(或任何其他非地址类型的数据)赋给一个指针变量。以下的赋值是不合法的:
```
int *p;
p=100;      // p为指针变量,100为整数,不合法
```

【例 10.1】指针变量的使用。
```
1    #include <stdio.h>
2    void main()
3    {   int a,b;
4        int *pointer_1, *pointer_2;    //定义指针变量
5        a=100;b=10;
6        pointer_1=&a;                  //指针变量 pointer_1 指向 a
7        pointer_2=&b;                  //指针变量 pointer_2 指向 b
8        printf("%d,%d\n",a,b);
9        printf("%d,%d\n",*pointer_1, *pointer_2);  //通过指针变量取得变量的值
10   }
```
程序的运行结果如下。
```
100,10
100,10
Press any key to continue
```

说明：

（1）在程序的第 4 行定义两个只能指向 int 类型变量的指针变量 pointer_1 和 pointer_2。

（2）程序第 6 行和第 7 行使得 pointer_1 指向 a，pointer_2 指向 b，如图 10-2 所示。"pointer_1=&a" 和 "pointer_2=&b" 不能写成 "*pointer_1=&a" 和 "*pointer_2=&b"。因为 a 的地址是赋给指针变量 pointer_1，而不是赋给*pointer_1。

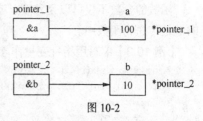

图 10-2

（3）在第 9 行中，*pointer_1 取得变量 a 的值，*pointer_2 取得变量 b 的值。

如果已经执行了语句 "pointer_1=&a;"，那么关于指针变量有以下说法。

（1）pointer_1 ⇔ &a。

（2）*&a ⇔ *pointer_1 ⇔ a。

（3）&*pointer_1 ⇔ &(*pointer_1) ⇔ pointer_1 ⇔ &a。"&" 和 "*" 运算符的优先级相同，它们按自右至左结合。先进行*pointer_1 运算，结果为 a，再执行 "&" 运算，结果为&a，即 pointer_1。

（4）(*pointer_1)++ ⇔ a++。

（5）*pointer_1++ ⇔ *(pointer_1++)。因为 "++" 和 "*" 为同一优先级，而结合方向为自右至左。又由于 "++" 在 pointer_1 之后，所以先取得*pointer_1 的值（即 a 的值），然后改变 pointer_1，pointer_1 不再指向 a。

【例 10.2】输入整数 a 和 b，按从大到小的顺序输出 a 和 b。

```
#include <stdio.h>
void main()
{   int *p1,*p2,*p,a,b;
    printf("请输入两个整数:");
    scanf("%d,%d",&a,&b);
    p1=&a;p2=&b;           //指针变量指向变量
    if(a<b)
    {   p=p1;p1=p2;p2=p;}  //指针变量交换指向
    printf("%d,%d\n",a, b);
    printf("%d,%d\n",*p1, *p2);
}
```

程序的运行结果如下。

说明：

（1）当输入 "3,5" 时，由于 a<b，将 p1 和 p2 交换，交换前后的情况如图 10-3 所示。

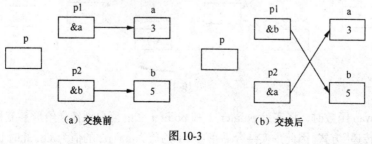

图 10-3

（2）a 和 b 并未交换，它们仍保持原值，但 p1 和 p2 的值交换了。p1 的值原来为&a，后来变成&b，p2 的值原来为&b，后来变成&a。这样再输出*p1 和*p2，实际输出 "5，3"。

10.2.3 指针变量作为函数参数

函数的参数不仅可以是整型、实型、字符型等数据，还可以是指针。它的作用是将一个变量的地址传送到函数中。

【例 10.3】编写用指针变量作参数的函数，将输入的两个整数按从大到小顺序输出。

```c
#include <stdio.h>
void swap(int *p1,int *p2)      //指针变量作形参
{   int temp;
    temp=*p1;                   //交换 p1 和 p2 指向的变量的值
    *p1=*p2;
    *p2=temp;
}
void main()
{   int a,b;
    int *pointer_1,*pointer_2;
    printf("请输入两个整数:");
    scanf("%d,%d",&a,&b);
    pointer_1=&a;pointer_2=&b;
    if(a<b)
        swap(pointer_1,pointer_2);   //指针变量作实参，也可以使用 swap(&a,&b);
    printf("%d,%d\n",a,b);
}
```

程序的运行结果如下。

说明：

（1）swap 是用户定义函数，它的形参 p1、p2 是指针变量，在调用时能传入的实参是变量的地址。

（2）在 main()函数中，pointer_1 指向 a，pointer_2 指向 b，如图 10-4（a）所示。

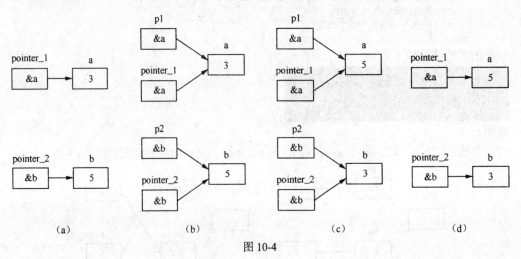

图 10-4

（3）调用 swap 函数时，将实参 pointer_1 和 pointer_2 的值分别传递给形参变量 p1 和 p2，采取的依然是"值传递"方式。因此虚实结合后形参 p1 的值为&a，p2 的值为&b。此时 p1 和 pointer_1 指向变量 a，p2 和 pointer_2 指向变量 b，如图 10-4（b）所示。也可以使用语句"swap(&a,&b);"调用函数，即&a 和&b 作为实参。

（4）在 swap 函数中通过变量 temp 交换*p1 和*p2 的值，也就是交换 main()函数中变量 a 和 b 的值，如图 10-4（c）所示。temp 为普通整型变量，不能为指针变量，前面不能加"*"。

（5）swap 函数调用结束后，在 main 函数中输出的 a 和 b 的值已经交换，如图 10-4（d）所示。

（6）因为在 C 语言中实参变量和形参变量之间的数据传递是单向"值传递"，指针变量作函数参数也要遵循这一规则。所以改变指针形参的值而指针实参的值不会改变。

【例 10.4】改变形参指针变量的指向，而实参变量不变。

```c
#include <stdio.h>
void swap(int *p1,int *p2)
{   int *p;
    p=p1;                   //改变形参指针变量的指向
    p1=p2;
    p2=p;
}
void main()
{   int a,b;
    int *pointer_1,*pointer_2;
    printf("请输入两个整数:");
    scanf("%d,%d",&a,&b);
    pointer_1=&a;pointer_2=&b;
    if(a<b)
        swap(pointer_1,pointer_2);              //指针变量作实参
    printf("%d,%d\n",*pointer_1,*pointer_2);    //实参指针变量的指向不变
}
```

在 swap 函数中交换形参 p1 和 p2 的值，不能交换实参 pointer_1 和 pointer_2 的值。程序的运行结果如下。

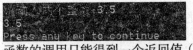

函数的调用只能得到一个返回值（函数值），而用指针变量作参数可以返回多个结果。

【例 10.5】指针变量作参数可以返回多个变化的值。

```c
#include <stdio.h>
void swap(int *p1,int *p2)
{   *p1=100;                //改变形参指针变量的指向
    *p2=200;
}
void main()
{   int a,b;
    int *pointer_1,*pointer_2;
    printf("请输入两个整数:");
    scanf("%d,%d",&a,&b);
    pointer_1=&a;pointer_2=&b;
    if(a<b)
        swap(pointer_1,pointer_2);      //指针变量作实参，也可以使用swap(&a,&b);
    printf("%d,%d\n",a,b);
}
```

在 swap 函数中，可以通过形参指针变量改变其指向的 main()函数中的变量 a 和 b 的值，从而可以实现函数返回多个结果。程序的运行结果如下。

10.3 数组的指针和指向数组的指针变量

一个数组包含若干元素,每个数组元素都占用内存的存储单元,它们都有相应地址。所谓数组的指针就是指数组的首地址,数组元素的指针是指数组元素的地址。

10.3.1 指向数组元素的指针

定义一个指向数组元素的指针变量的方法,与定义指针变量的方法相同。例如:

```
int a[10];     //定义 a 为包含 10 个整型元素的数组
int *p;        //定义 p 为指向整型变量的指针
p=&a[0];       //p 指向数组的第 0 个元素 a[0]
```

把 a[0]的地址赋给指针变量,也就是说,p 指向 a[0],如图 10-5 所示。因为数组为 int 型,所以指针变量也应为指向 int 型的指针变量。

C 语言规定,数组名代表数组的首地址,也就是第 0 号元素的地址。因此,以下两条语句等价:

```
p=&a[0];
p=a;
```

也可以在定义指针变量的同时赋给初值:

```
int *p=&a[0];  或者    int *p=a;
```

它等效于以下语句:

```
int *p;
p=&a[0];
```

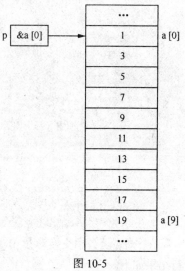

图 10-5

p、a 和&a[0]均指向同一数组元素 a[0],它们是数组 a 的首地址,也是元素 a[0]的地址。其中 p 是变量,而 a 和&a[0]都是常量。

10.3.2 通过指针引用数组元素

C 语言规定,如果指针变量 p 已指向数组中的一个元素,则 p+1 指向同一数组的下一个元素。如果 p 的初值为&a[0],那么:

(1) p+i⇔a+i⇔&a[i]。p+i 和 a+i 就是 a[i]的地址,或者说它们指向 a 数组的第 i 个元素,如图 10-6 所示。

(2) *(p+i)⇔*(a+i)⇔a[i]。例如,*(p+5)⇔*(a+5)⇔a[5]。

(3) 指向数组的指针变量也可以带下标,p[i] ⇔ *(p+i)⇔a[i] ⇔*(a + i)。

(4) p++⇔p=p+1,指针变量 p 指向数组的下一个元素。

如果 a 是数组名,p 是指向数组的指针变量,其初值为 p=a,引用一个数组元素可以有两种方法:

(1) 下标法,采用 a[i]、p[i]的形式访问数组元素;

(2) 指针法,采用*(a+i)或*(p+i)形式,用指针方法访问数组元素。

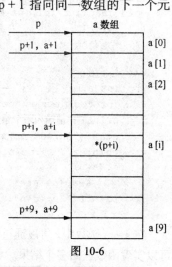

图 10-6

【例 10.6】输出数组的全部元素。

(1) 使用下标法引用数组元素编写程序如下:

```
#include <stdio.h>
void main()
{   int a[10],i;
    for(i=0;i<10;i++)
        a[i]=i;                       //下标法引用数组元素
    for(i=0;i<10;i++)
        printf("%4d",a[i]);           //下标法引用数组元素
    printf("\n");
}
```

（2）使用指针法，利用数组名计算地址引用数组元素，编写程序如下：

```
#include <stdio.h>
void main()
{   int a[10],i;
    for(i=0;i<10;i++)
        *(a+i)=i;                     //指针法，利用数组名引用数组元素
    for(i=0;i<10;i++)
        printf("%4d",*(a+i));         //指针法，利用数组名引用数组元素
    printf("\n");
}
```

（3）使用指针变量指向数组元素，编写程序如下：

```
#include <stdio.h>
void main()
{   int a[10],i,*p;
    p=a;
    for(i=0;i<10;i++)
        *(p+i)=i;                     //指针变量取得数组元素
    for(i=0;i<10;i++)
        printf("%4d",*(p+i));         //指针变量取得数组元素
    printf("\n");
}
```

以上3个程序的运行结果如下。

```
   0   1   2   3   4   5   6   7   8   9
Press any key to continue_
```

学习提示：

（1）指针变量中的值可以改变。p++⇔p=p+1，指针变量指向下一个数组元素。因为a是数组名，它是数组的首地址，是常量，所以a++是错误的。

（2）要注意指针变量的当前指向。

【例10.7】 输入并输出数组的全部元素。

编写程序如下：

```
#include <stdio.h>
void main()
{   int *p,i,a[10];
    p=a;
    printf("请输入10个元素：");
    for(i=0;i<10;i++)
        scanf("%d",p++);
    for(i=0;i<10;i++)
        printf("%4d",*p++);
    printf("\n");
}
```

程序的运行结果如下。

```
请输入10个元素：1 3 5 7 9 11 13 15 17 19
  012450521245120419895313674672367474423674601243068214730342
Press any key to continue
```

说明：

（1）语句 "scanf("%d", p++);" 输入的数赋给指针变量指向的元素，然后 p++ 指向下一个变量。

（2）第一个循环（输入）结束后，指针变量 p 指后数组以后的内存单元，系统并不认为非法。此后第二个循环输出的数据为数组以后的内存中的数据，因此为乱码。

将程序修改如下：

```
#include <stdio.h>
void main()
{   int *p,i,a[10];
    p=a;
    printf("请输入 10 个元素: ");
    for(i=0;i<10;i++)
        scanf("%d",p++);
    p=a;                    //p 重新指向 a[0]
    for(i=0;i<10;i++)
      printf("%4d",*p++);
    printf("\n");
}
```

程序的运行结果如下。

```
请输入 10 个元素: 1 3 5 7 9 11 13 15 17 19
   1   3   5   7   9  11  13  15  17  19
Press any key to continue
```

说明：

（1）*p++ ⇔ *(p++)。由于 ++ 和 * 优先级相同，结合方向自右向左。先取得 *p 的值，后使得 p 指向下一个元素。

（2）*++p ⇔ *(++p)。先使得 p 指向下一个元素，后取得 *p 的值。

（3）(*p)++ 表示 p 所指向的元素值加 1。

（4）若 p 的初值为 a，那么：

* (p++) ⇔ a[0]
* (++p) ⇔ a[1]
(*p)++ ⇔ a[0]++

（5）若 p 指向 a 数组中的第 i 个元素，那么：

* (p--) ⇔ a[i--]
* (++p) ⇔ a[++i]
* (--p) ⇔ a[--i]

10.3.3 数组和指向数组的指针变量作函数参数

数组名可以作为函数的实参和形参。例如：

```
void main()
{   int array[10];
    ...
    ...
    f(array,10);           //数组名作为函数的实参
    ...
}
void f(int arr[],int n)    //数组作为函数形参
{   ...
}
```

说明：

（1）array 为实参数组名，arr 为形参数组名。将实参数组的首地址传递给形参数组，使得形

参数组也指向同一个数组。形参数组和实参数组共用同一段内存,所以如果改变了形参数组,那么实参数组也改变。

(2)函数 f 的形参写成数组形式:
```
void f(int arr[],int n)
```
但是在编译时也将 arr 按指针变量处理,相当于:
```
void f(int *arr,int n)
```
(3)指针变量可以存放数组的首地址,所以数组指针变量也可以作为函数的参数使用。

【例 10.8】将数组 a 中的 n 个整数按相反顺序存放。

分析:

将 a[0]与 a[n-1]交换,a[1]与 a[n-2]交换,…,直到将 a[n/2-1]与 a[(n+1)/2]交换。设两个"位置指示变量"i 和 j,i 的初值为 0,j 的初值为 n-1。将 a[i]与 a[j]交换,然后使 i 的值加 1,j 的值减 1,再将 a[i]与 a[j]交换,直到 i≥j 为止,如图 10-7 所示。

图 10-7

(1)用数组作为函数的形参和实参,编写程序如下:
```c
#include <stdio.h>
void inv(int x[],int n)                    //数组 x 作为函数的形参
{   int temp,i,j=n-1;
    for(i=0;i<j;i++,j--)
    {   temp=x[i];x[i]=x[j];x[j]=temp;  }  //交换对应元素
}
void main()
{   int i,a[10]={3,7,9,11,0,6,7,5,4,2};
    printf("The original array:\n");
    for(i=0;i<10;i++)
        printf("%4d",a[i]);
    printf("\n");
    inv(a,10);                              //数组名作为函数的实参
    printf("The array has been inverted:\n");
    for(i=0;i<10;i++)
        printf("%4d",a[i]);
    printf("\n");
}
```

程序的运行结果如下。

```
The original array:
   3   7   9  11   0   6   7   5   4   2
The array has been inverted:
   2   4   5   7   6   0  11   9   7   3
Press any key to continue
```

(2)用指针变量作为函数的形参,数组名作为函数调用的实参,编写程序如下:
```c
#include <stdio.h>
void inv(int *x,int n)                     //指针变量 x 作为函数的形参
{   int temp,*i,*j;
    i=x;j=x+n-1;
    for(;i<j;i++,j--)
    {   temp=*i; *i=*j; *j=temp;  }        //交换对应元素
}
void main()
{   int i,a[10]={3,7,9,11,0,6,7,5,4,2};
    printf("The original array:\n");
    for(i=0;i<10;i++)
        printf("%4d",a[i]);
```

```
        printf("\n");
        inv(a,10);                              //数组名作为函数的实参
        printf("The array has been inverted:\n");
        for(i=0;i<10;i++)
            printf("%4d",a[i]);
        printf("\n");
}
```

归纳起来，如果想在函数中改变实参数组元素的值，实参与形参的对应关系可以有以下 4 种。

① 形参和实参都是数组。

```
void main()
{   int a[10];
    ...
    f(a,10);
    ...
}
void f(int x[],int n)
{   ...
}
```

② 实参是数组，形参是指针变量。

```
void main()
{   int a[10];
    ...
    f(a,10);
    ...
}
void f(int *x,int n)
{ ...
}
```

③ 实参、形参都是指针变量。

```
void main()
{   int a[10],*p=a;
    ...
    f(p,10);
    ...
}
void f(int *x,int n)
{   ...
}
```

④ 实参是指针变量，形参是数组。

```
void main()
{   int a[10],*p=a;
    ...
    f(p,10);
    ...
}
void f(int x[ ],int n)
{   ...
}
```

因为对数组元素的引用可以采用下标法和指针法，所以不论函数的形参是数组名还是指针变量，都可以使用下标法和指针法。

（3）用实参作为指针变量，编写程序如下：

```
#include <stdio.h>
void inv(int *x,int n)                //实参是指针变量,采用下标法引用数组元素
{   int temp,i,j=n-1;
    for(i=0;i<j;i++,j--)
    {   temp=x[i];x[i]=x[j];x[j]=temp;   }    //交换对应元素
}
void main()
{   int i,arr[10]={3,7,9,11,0,6,7,5,4,2},*p;
    p=arr;
    printf("The original array:\n");
    for(i=0;i<10;i++,p++)
        printf("%4d",*p);
    printf("\n");
    p=arr;                              //指针变量指向数组的 a[0]
    inv(p,10);                          //指针变量作为实参,也可以写为 inv(a,10);
    printf("The array has been inverted:\n");
    for(p=arr;p<arr+10;p++)
        printf("%4d",*p);
    printf("\n");
}
```

【例 10.9】用选择法对 10 个整数由大到小排序。

编写程序如下：

```c
#include <stdio.h>
void sort(int *x,int n)        //也可以写为 void sort(int x[],int n);
{   int i,j,k,t;
    for(i=0;i<n;i++)
    {   k=i;
        for(j=i+1;j<n;j++)
            if  (x[j]>x[k])  k=j;
        if(k!=i)
        {   t=x[i];x[i]=x[k];x[k]=t;}
    }
}
void main()
{   int *p,i,a[10]={3,7,9,11,0,6,7,5,4,2};
    printf("The original array:\n");
    for(i=0;i<10;i++)
        printf("%4d",a[i]);
    printf("\n");
    p=a;                       //指针变量指向数组的 a[0]
    sort(p,10);                //指针变量作为函数实参,也可以写为 sort(a,10);
    printf("The array has been sorted:\n");
    for(p=a,i=0;i<10;i++)
    {   printf("%4d",*p);p++;}
    printf("\n");
}
```

程序的运行结果如下。

```
The original array:
   3   7   9  11   0   6   7   5   4   2
he array has benn sorted:
  11   9   7   7   6   5   4   3   2   0
ress any key to continue
```

说明:

(1) 函数定义"void sort(int *x, int n)"用指针变量作为形参,也可以改写为函数定义"void sort(int x[], int n)"用数组名作为形参。

(2) 函数调用语句"sort(p, 10);",也可以改为用数组名作实参"sort(a, 10);"。

10.3.4 指向多维数组的指针和指针变量

本节以二维数组为例介绍指向多维数组的指针变量。

1. 多维数组元素的地址

设有整型二维数组定义如下:

`int a[3][4]={{0,1,2,3},{4,5,6,7},{8,9,10,11}};`

假设数组 a 的首地址为 1000,那么各元素的的地址及其值如图 10-8 所示。

C 语言可以把一个二维数组分解为多个一维数组来处理。数组 a 可以分解为 3 个一维数组,即 a[0]、a[1]和 a[2]。每一个一维数组包含 4 个元素,如图 10-9 所示。

10000	10041	10082	10123
10164	10205	10246	10287
10328	10369	104010	104411

图 10-8

a →

a[0]	=	10000	10041	10082	10123
a[1]	=	10164	10205	10246	10287
a[2]	=	10328	10369	104010	104411

图 10-9

例如,一维数组 a[0],包含 a[0][0]、a[0][1]、a[0][2]和 a[0][3]共 4 个元素。

关于数组及数组元素的地址说明如下：

（1）从二维数组的角度来看，a 是二维数组名，代表整个二维数组的首地址，也就是二维数组第 0 行的首地址，为 1000。a+1 代表第 1 行的首地址，为 1016，如图 10-10 所示。

（2）a[0]是第 0 行一维数组的数组名和首地址，值为 1000。*(a+0)⇔*a⇔a[0]⇔&a[0][0]。&a[0][0]是元素 a[0][0]的首地址。

（3）a+1 是二维数组第 1 行的首地址，其值为 1016。a[1]是第 1 行一维数组的数组名和首地址，其值也为 1016。a[1]⇔*(a+1)⇔&a[1][0]。

（4）由此可得出：*(a+i)⇔a[i]⇔&a[i][0]。

（5）a[0]⇔a[0]+0，表示一维数组 a[0]的第 0 号元素的首地址，而 a[0]+1 则是 a[0]第 1 号元素的首地址，a[0]+2 是 a[0]第 2 号元素的首地址，如图 10-11 所示。由此可以得出 a[i]+j 是一维数组 a[i]的第 j 号元素的首地址，a[i]+j⇔&a[i][j]。

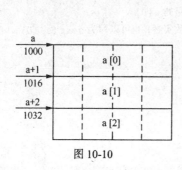

图 10-10

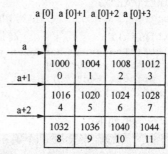

图 10-11

（6）a[i]⇔*(a+i)，a[i]+j⇔*(a+i)+j。由于*(a+i)+j 是二维数组 a 第 i 行第 j 列元素的首地址，所以，*(*(a+i)+j)⇔*(a[i]+j)⇔a[i][j]。

【例 10.10】输出二维数组的有关值。

```
#include <stdio.h>
void main()
{   int a[3][4]={{0,1,2,3},{4,5,6,7},{8,9,10,11}};
    printf("%d,%d\n",a, a+1);
    printf("%d,%d,%d,%d\n", a[0], *a, *(a+0), &a[0][0]);
    printf("%d,%d,%d\n", a[1], *(a+1), &a[1][0]);
    printf("%d,%d\n",a[1],*(a+1));
    printf("%d,%d,%d\n", a[1]+0, a[1]+1, a[1]+2);
    printf("%d,%d,%d\n", *(a+1)+0, *(a+1)+1, *(a+1)+2);
    printf("%d,%d,%d\n", *(a[1]+0), *(a[1]+1), *(a[1]+2));
    printf("%d,%d,%d\n", *(*(a+1)+0), *(*(a+1)+1), *(*(a+1)+2));
}
```

程序的运行结果如下。

```
1245008,1245024
1245008,1245008,1245008,1245008
1245024,1245024,1245024
1245024,1245024
1245024,1245028,1245032
1245024,1245028,1245032
4,5,6
4,5,6
Press any key to continue_
```

2. 指向多维数组的指针变量

指向二维数组指针变量定义的一般形式为

类型说明符　(*指针变量名)[长度]；

其中,"类型说明符"为所指向数组的数据类型,"*"表示变量是指针变量,"[长度]"表示一维数组的长度,也就是二维数组的列数。注意"(*指针变量名)"两边的小括号不可缺少。例如:

```
int (*p)[4];
```

其中 p 是一个指针变量,指向包含 4 个元素的一维数组。

【例 10.11】利用指向数组的指针变量,按行列方式输出二维数组。

```
#include <stdio.h>
void main()
{   int a[3][4]={{0,1,2,3},{4,5,6,7},{8,9,10,11}};
    int (*p)[4];
    int i,j;
    p=a;                        //指针指向二维数组的第0行
    for(i=0;i<3;i++)
    {   for(j=0;j<4;j++)
            printf("%4d",*(*(p+i)+j));
                            //*(*(p+i)+j) 相当于 p[i][j],相当于 *(*(a+i)+j),相当于 a[i][j]
        printf("\n");
    }
}
```

程序的运行结果如下。

```
 0   1   2   3
 4   5   6   7
 8   9  10  11
Press any key to continue
```

说明:

(1) 语句"p=a;"使得指针 p 指向 a 数组的第 0 行一维数组 a[0]。

(2) p+i 指向第 i 行一维数组 a[i],则 *(p+i)+j 是元素 a[i][j] 的地址,因而 *(*(p+i)+j) ⇔ p[i][j] ⇔ *(*(a+i)+j) ⇔ a[i][j]。

10.4 字符串的指针和指向字符串的指针变量

10.4.1 字符串的表示形式

在 C 语言中,可以用两种方法访问一个字符串。

(1) 用字符数组存放和处理字符串。

【例 10.12】定义并初始化一个字符数组,然后输出字符串。

```
#include <stdio.h>
void main()
{   char string[]="I love China!";
    printf("%s\n",string);
}
```

程序的运行结果如下。

```
I love China!
Press any key to continue
```

说明:

string 是数组名,它表示字符数组的首地址,如图 10-12 所示。

(2) 用字符指针指向一个字符串。

可以通过定义字符指针变量指向字符串中的字符。

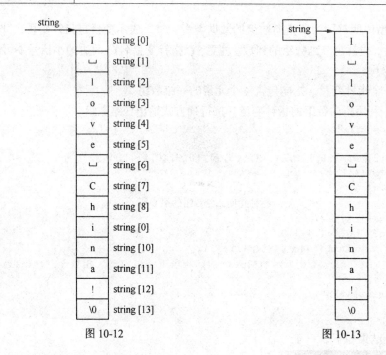

图 10-12   图 10-13

【例 10.13】定义指向一个字符串的字符指针变量。

```
#include <stdio.h>
void main()
{   char *string="I love China!";
    printf("%s\n",string);
}
```

程序的运行结果如下。

```
I love China!
Press any key to continue
```

说明：

（1）在程序中定义了一个字符指针变量 string，用字符串常量"I love China!"对它进行初始化，实际是把字符串第 0 个元素的地址赋给指针变量 string，如图 10-13 所示。

（2）指向字符串的指针变量的定义与指向字符变量的指针变量的定义相同，只是赋给指针变量地址不同。例如：

```
char c, *p=&c;
```

表示 p 是一个指向字符变量 c 的指针变量。

【例 10.14】输出字符串中第 n 个字符后的所有字符。

```
#include <stdio.h>
void main()
int n=10;
{   char *ps="This is a book.";
    ps=ps+n;           //ps 指向第 n 个字符
    printf("%s\n",ps);
}
```

程序的运行结果如下。

```
book.
Press any key to continue
```

说明：

在定义指针变量时初始化 ps，把字符串首地址赋给 ps。ps=ps+10，ps 指向字符'b'，因此输出为"book."。

【例 10.15】用指针变量的方法，求字符串的长度。
```c
#include <stdio.h>
void main()
{   char *ps,str[100];
    int n;
    printf("Input a string:\n");
    gets(str);
    ps=str;
    while(*ps!='\0')
        ps++;              //指针变量指向下一个字符
    n=ps-str;
    printf("The length is %d \n",n);
}
```
程序的运行结果如下。

```
Input a string:
C language
The length is 10
Press any key to continue
```

说明：

字符串的结束地址（ps 的最终值）减去字符串的起始地址（str），可以求出字符串长度。

10.4.2 字符串指针作函数参数

可以用字符数组名或者指向字符串的指针变量作函数参数，将字符串的地址从一个函数传递给另一个函数。在被调用函数中改变字符串的内容，也就改变了主调函数中的字符串。

【例 10.16】用字符串指针作函数参数，实现字符串的复制。
```c
#include <stdio.h>
void cpystr(char *pss,char *pds)  //字符指针变量作函数形参
{   while((*pds=*pss)!='\0')
    {   pds++;pss++; }
}
void main()
{   char *pa="CHINA",b[10],*pb;
    pb=b;
    cpystr(pa,pb);                //字符串指针变量作函数实参，也可以写为cpystr(pa,b)
    printf("string a=%s\nstring b=%s\n",pa,pb);
}
```
程序的运行结果如下。

```
string a=CHINA
string b=CHINA
Press any key to continue
```

说明：

（1）该程序的功能是将字符串 pa 复制到数组 b[10]中。

（2）函数 cpystr 的形参为两个字符指针变量，pss 指向源字符串，pds 指向目标字符串。

（3）语句 "cpystr(pa, pb);" 的实参也是两个字符指针变量，pa 指向源字符串，pb 指向目标字符串。

（4）虽然函数参数传递是单向值传递，但是由于传递的是指针变量的值（即地址），所以 pss 和 pa 指向同一字符串，pds 和 pb 指向同一字符串。

（5）也可以把指针的移动和赋值合并在一个语句中，cpystr 函数简化为以下形式：
```c
void cpystr(char *pss,char *pds)
{   while((*pds++=*pss++)!='\0');   }
```
（6）又由于'\0'的 ASCⅡ码值为 0，对于 while 语句，表达式的值为非 0 就循环，为 0 则结束循环，因此也可省略 "!= '\0'"。函数 cpystr 简化为以下形式：

```
void cpystr(char *pss,char *pds)
{   while (*pdss++=*pss++);   }
```

（7）函数参数可以是存放字符串的字符数组名，也可以是指向字符串的字符指针变量。可以有以下几种情况。

① 实参和形参均为数组名。
② 实参和形参均为字符指针变量。
③ 实参为数组名，形参为字符指针变量。
④ 实参为字符指针变量，形参为数组名。

10.4.3　字符指针变量和字符数组的讨论

用字符数组和字符指针变量可以实现字符串的处理，但是两者有重要区别。在使用时应注意以下几点。

（1）字符指针变量是一个变量，用于存放字符串的首地址，而字符串本身是存放在以该地址为首的一块连续内存空间中。字符数组由若干个数组元素组成，每个元素中存放一个字符，整个数组可以存放一个字符串，数组名是字符串的首地址，是常量。

（2）对字符指针变量赋初值：

```
char *ps="C Language";          //合法
```

也可以写为

```
char *ps;
ps="C Language";                //合法
```

而对字符数组赋初值：

```
char str[20]={"C Language"};    //合法
```

不能写为

```
char str[20];
str={"C Language"};             //非法
```

因为数组名是一个常量，不能给常量赋值。所以数组名可以在定义时赋初值，但不能在赋值语句中赋值。

（3）一个指针变量在未取得确定地址前使用是很危险的。因为指针变量的默认值指向的内存不一定是本程序的存储空间，随意修改容易引起错误。例如：

```
char *ps;
scanf("%s", ps);                //可能引起错误
```

可以改为

```
char *ps, str[20];
ps=str;
scanf("%s", ps);
```

通过语句"ps=str;"使 ps 有确定的值，指向数组的第 0 个元素。

10.5　函数的指针和指向函数的指针变量★

在 C 语言中，一个函数总是占用一段连续的内存空间，而函数名就是函数所占内存区的首地址。函数的首地址（或称入口地址）称为函数的指针。

把函数的指针赋予一个指针变量，使该指针变量指向该函数，通过指针变量就可以调用这个函数，该指针变量称为指向函数的指针变量。指向函数的指针变量定义的一般形式为

```
类型说明符　(*指针变量名)(函数参数表列);
```

说明:

(1) 其中"类型说明符"表示被指向函数的返回值的类型。"*"表示后面定义的变量是指针变量。最后的小括号表示指针变量所指的是函数。

(2) "(*指针变量名)"两边的括号不能少,否则就成了指针函数(即返回指针值的函数)。

(3) 函数参数表列只写出各个形式参数的类型即可,也可以与函数原型的写法相同。例如:

```
int (*pf)(int, int);
```

表示 pf 是一个指向返回值类型为 int 的函数的指针变量,并带有两个 int 类型参数。

10.5.1 用函数指针变量调用函数

可以通过函数名调用函数,也可以通过函数指针变量调用函数。通过指针变量调用函数的一般形式为

(*指针变量名)(实参表)

【例 10.17】编写函数求两个形参中较大值。用函数指针变量调用函数。

```
#include <stdio.h>
int max(int x,int y)
{   if(x>y)return x;
    else return y;
}
void main()
{   int a,b,c;
    int (*pmax)(int,int);        //定义指向 int 类型函数的指针变量 pmax
    pmax=max;                    //指针变量指向函数 max
    printf("Input two numbers:\n");
    scanf("%d,%d",&a,&b);
    c=(*pmax)(a,b);              //通过指针变量调用函数
    printf("max=%d\n",c);
}
```

程序的运行结果如下。

```
Input two numbers:
3,5
max=5
Press any key to continue
```

说明:

用函数指针变量调用函数的一般过程如下。

(1) 先定义函数指针变量,如语句"int (*pmax)(int, int);"定义指向 int 类型函数的指针变量 pmax。

(2) 把被调函数的入口地址(函数名)赋给函数指针变量,如语句"pmax = max;"使得指针变量 pmax 指向函数 max。

(3) 通过函数指针变量调用函数,如语句"c = (*pmax)(a, b);"。

学习提示:

函数指针变量进行算术运算(如 p+n、p++、p--等)无意义。

10.5.2 用指向函数的指针作函数参数

函数的参数可以是变量、指向变量的指针变量、数组名、指向数组的指针变量等,也可以是指向函数的指针。用指向函数的指针作函数参数,传递的是函数的地址。

若要在每次调用函数时完成不同操作,可以用指向函数的指针作为函数的参数。每次调用时,使该指针指向不同的函数即可。

【例 10.18】设一个函数 f，在每次调用时可以实现不同功能：第一次调用，求两个数中较大者；第二次调用，求两个数中较小者；第三次调用，求两个数的和。

```c
#include <stdio.h>
int max(int x,int y)        //求较大者
{   if(x>y) return x;
    else return y;
}
int min(int x,int y)        //求较小者
{   if(x<y) return x;
    else    return y;
}
int sum(int x,int y)        //求两数和
{   return (x+y);
}
void f(int x,int y,int (*p)(int,int))
{   int result;
    result=(*p)(x,y);       //调用p指向的函数
    printf("%d\n",result);
}
void main()
{   int a,b;
    printf("Input two numbers:\n");
    scanf("%d,%d",&a,&b);
    printf("max=");
    f(a,b,max);             //max 函数的入口地址传给形参指针变量
    printf("min=");
    f(a,b,min);             //min 函数的入口地址传给形参指针变量
    printf("sum=");
    f(a,b,sum);             //sum 函数的入口地址传给形参指针变量
}
```

程序的运行结果如下。

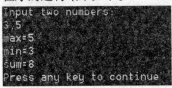

说明：

（1）主函数第一次调用函数 f 时，形参 p 指向函数 max，函数调用"result=(*p)(x, y);"相当于"result=max(x, y);"，求两个数中较大者。

（2）主函数第二次调用函数 f 时，形参 p 指向函数 min，函数调用"result=(*p)(x, y);"相当于"result=min(x, y);"，求两个数中较小者。

（3）主函数第三次调用函数 f 时，形参 p 指向函数 sum，函数调用"result=(*p)(x, y);"相当于"result=sum(x, y);"，求两个数的和。

10.6 返回指针值的函数

一个函数可以返回一个整型值、实型值、字符值等，也可以返回一个指针值（即地址）。返回指针值的函数也称为指针型函数。定义指针型函数的一般形式为

类型说明符 *函数名(形参表)
{   ...   //函数体
}

其中，函数名之前加"*"号表明这是一个指针型函数，即返回值是一个指向类型说明符数据类型的指针。例如：

```
int *ap(int x,int y)
{   …           //函数体
}
```

表示 ap 是一个返回指向 int 类型数据的指针值的指针型函数。

【例 10.19】输入一个 1~7 的整数，输出对应的星期名。通过调用指针函数实现。

```
#include <stdio.h>
char name[8][20]={"Illegal day", "Monday", "Tuesday", "Wednesday", "Thursday",
"Friday", "Saturday", "Sunday"};
char *day_name(int n)        //函数返回值为指向字符的指针
{   if (n<1||n>7)
        return name[0];   //返回第 0 行第 0 列字符的地址
    else
        return name[n];   //返回第 n 行第 0 列字符的地址
}
void main()
{   int i;
    char *ps;
    printf("Input Day No:\n");
    scanf("%d",&i);
    ps=day_name(i);        //函数返回值为指向第 i 行的第 0 个字符的地址
    printf("%s\n",ps);
}
```

程序的运行结果如下。

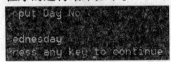

说明：

（1）程序中定义的指针型函数 day_name，返回值指向一个字符串。

（2）函数外定义二维字符数组 name 并初始化为八个字符串，分别表示出错信息和星期名。

（3）函数中将指针值 name[0]或 name[n]（指向对应字符串）作为返回函数返回值。

（4）主函数中指针变量 ps 接收函数 day_name 返回的指针值。

学习提示：

（1）应该特别注意函数指针变量和指针型函数的区别。如"int(*p)()"和"int *p()"完全不同。

（2）"int (**p)()"是一个变量定义，p 是一个指向返回值为 int 类型的函数的指针变量。

（3）"int *p()"是一个函数说明，p 是一个指针型函数，其返回值是一个指向 int 类型数据的指针。

10.7 指针数组和指向指针的指针

在 C 语言中，指针数组和指向指针的指针变量能够存储另一个指针变量的地址的变量。

10.7.1 指针数组

每一个元素都为指针类型的数组称为指针数组。指针数组的每一个元素相当于一个指针变量。定义一维指针数组的一般形式为

```
类型说明符 *数组名[数组长度]
```

其中，类型说明符为数组元素所指向的变量的类型，"*"表示数组是指针数组。例如：

```
int *pa[3];
```

表示 pa 是一个包含 3 个指针类型元素的指针数组，每个元素都指向整型数据。

通常可以用一个指针数组来指向一个二维数组，指针数组中的每个元素被赋予二维数组每一行的首地址，也可理解为每个元素指向一个一维数组。例如：

```
int a[3][4]={{0,1,2,3},{4,5,6,7},{8,9,10,11}};
int *pa[3]={a[0],a[1],a[2]};
```

定义二维数组 a 和指针数组 pa，它们的关系如图 10-14 所示。

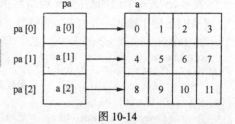

图 10-14

【例 10.20】利用指针数组输出二维数组。

```
#include <stdio.h>
void main()
{   int a[3][4]={{0,1,2,3},{4,5,6,7},{8,9,10,11}};
    int *pa[3];
    int i,j;
    for(i=0;i<3;i++)
        pa[i]=a[i];                    //pa[i]指向一维数组 a[i]
    for(i=0;i<3;i++)
    {   for(j=0;j<4;j++)
            printf("%4d",*(*(pa+i)+j));    //*(*(pa+i)+j) ⇔ p[i][j] ⇔ a[i][j]
        printf("\n");
    }
}
```

程序的运行结果如下。

```
   0   1   2   3
   4   5   6   7
   8   9  10  11
Press any key to continue
```

说明：

定义指针数组 pa，数组中的 3 个元素分别指向二维数组 a 的每一行。*(*(pa+i)+j)) 表示第 i 行第 j 列的元素值，相当于 a[i][j]。

学习提示：

（1）应该注意指针数组和二维数组指针变量的区别。二维数组指针变量是单个变量，而指针数组表示多个指针元素的数组。

（2）定义语句"int (*p)[3];"中的 p 表示一个指向二维数组的指针变量。二维数组的列数为 3 或可分解为长度为 3 的一维数组。

（3）定义语句"int *p[3];"中的 p 表示一个指针数组，3 个元素 p[0]、p[1]、p[2]均为指针变量。

指针数组经常用来表示一组字符串，当每个字符串的长度不等时，若用二维数组来存储会浪费存储空间，而用指针数组会节约存储空间，并且使字符串处理更加方便和灵活。指针数组表示一组字符串时，指针数组的每个元素被赋予一个字符串的首地址。

【例 10.21】用指针数组改写【例 10.19】的程序。

```
#include <stdio.h>
char *day_name(char *name[],int n)        //指针数组作为函数形参
{   char *pa1, *pa2;
```

```
        pa1=*name;
        pa2=*(name+n);
        return (n<1||n>7)? pa1:pa2;
}
void main()
{   static char *name[]={"Illegal day","Monday","Tuesday","Wednesday","Thursday",
"Friday","Saturday","Sunday"};            //name 数组的每个元素指向一个字符串
    char *ps;
    int i;
    printf("Input Day No:\n");
    scanf("%d",&i);
    ps=day_name(name,i);                  //指针数组作函数实参
    printf("%s\n",ps);
}
```

程序的运行结果如下。

说明：

（1）在主函数中，定义指针数组 name，初始化一组字符串使得每个元素指向一个字符串。

（2）以 name 作为实参调用指针型函数 day_name，把数组名 name 赋予形参变量 name，输入的整数 i 赋予形参 n。

（3）在 day_name 函数中，指针变量 pa1 的值为 name[0]（即*name），指向字符串"Illegal day"，pa2 的值为 name[n]（即"*(name+ n)"）。

（4）条件表达式决定返回 pa1 或 pa2 给主函数中的指针变量 ps。

【例 10.22】将 5 个国名按字母顺序排列后输出。

```
#include <stdio.h>
#include <string.h>
void sort(char *name[],int n)         //选择法排序
{   char *pt;
    int i,j,k;
    for(i=0;i<n;i++)
    {   k=i;
        for(j=i+1;j<n;j++)
            if (strcmp(name[k],name[j])>0)
                k=j;
        if(k!=i)
        {   pt=name[i];name[i]=name[k];name[k]=pt;   }   //交换数组元素的指向
    }
}
void print(char *name[],int n)        //打印字符串
{   int i;
    for(i=0;i<n;i++)
        printf("%s\n",name[i]);
}
void main()
{   static char *name[]={"China","America","France","German","Australia"};
    int n=5;
    sort(name,n);                     //调用排序函数
    print(name,n);
}
```

程序的运行结果如下。

说明：

（1）函数 sort 用于排序，其形参指针数组 name 为待排序的各字符串数组的指针。形参 n 为字符串个数。

（2）函数 print 用于排序后字符串的输出，其形参与 sort 的形参相同。

（3）主函数中定义指针数组 name 初始化多个字符串。分别调用 sort 函数和 print 函数完成排序和输出。

（4）在函数 sort 中，使用 strcmp 函数比较字符串大小，实参 name[k]和 name[j] 分别指向一个字符串。在排序过程中，数组元素交换从而改变了数组元素的指向。字符串本身的位置不发生变化，这样大大节省了时间，提高了运行效率。

10.7.2　指向指针的指针

如果一个指针变量存放的是另一个指针变量的地址，则称这个指针变量为指向指针的指针变量，简称为指向指针的指针。如图 10-15 所示，指针变量 1 就是指向指针的指针变量。

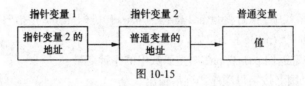

图 10-15

定义指向指针的指针变量的一般形式为

```
类型说明符  **指针变量名；
```

其中，"**"表示后面的指针变量是指向指针的指针，"类型说明符"表示定义的指针变量所指的指针变量指向的数据类型。例如：

```
char **p;
```

说明：

（1）"char **p;" ⇔ "char * (*p);"。p 是指向一个字符指针变量的指针变量。

（2）**p⇔* (*p)。*p 取得 p 指向的指针变量，* (*p)取得 p 指向的指针变量指向的变量的值。

【例 10.23】用指向指针的指针输出一维数组。

```
#include <stdio.h>
void main()
{   int a[5]={1,3,5,7,9};
    int *num[5]={&a[0], &a[1], &a[2], &a[3], &a[4]};  //每个元素是一个指针
    int **p,i;
    p=num;                                             //p 指向 num 数组的第 0 个元素
    for(i=0;i<5;i++)
        {    printf("%4d",**p);                       //**p 取得变量的值
         p++;                                          //p 指向 num 数组的下一个元素
        }
    printf("\n");
}
```

程序的运行结果如下。

```
1  3  5  7  9
Press any key to continue
```

说明：

（1）指针数组 num 用来存放整型数组 a 中各元素的地址。

（2）指向指针的指针变量 p 存放指针数组 num 的首地址，即指向 num[0]。

（3）"**p" 输出数组 a 中的元素。其中 *p ⇔ num[i]⇔ &a[i]，**p⇔*&a[i]⇔a[i]，如图 10-16 所示。

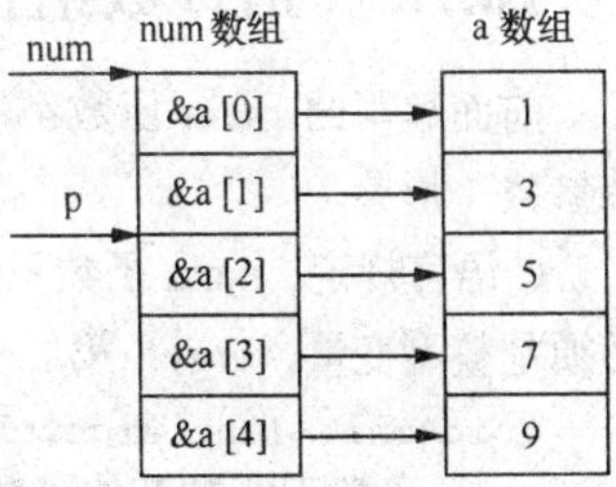

图 10-16

【例 10.24】用指向指针的指针输出若干字符串。

```c
#include <stdio.h>
void main()
{   char *name[]={"Basic","Visual Basic","C","Visual C++","Pascal","Delphi"};
    char **p;
    int i;
    for(i=0;i<6;i++)
    {   p=name+i;              //p⇔&name[i]
        printf("%s\n",*p);     //*p ⇔ name[i]
    }
}
```

程序的运行结果如下。

```
Basic
Visual Basic
C
Visual C++
Pascal
Delphi
Press any key to continue
```

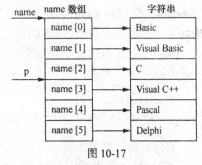

图 10-17

说明：

p 是指向指针的指针，赋值语句 "p = name + i;" 使 p 指向 name 数组的第 i 号元素 name[i]。*p⇔name[i]，就是第 i 个字符串的首地址，如图 10-17 所示。

程序也可以改写为

```c
#include <stdio.h>
void main()
{   char *name[]={"Basic","Visual Basic","C","Visual C++","Pascal","Delphi"};
    char **p;
    int i;
    p=name;                    //p 指向 num 数组的第 0 个元素
    for(i=0;i<6;i++)
    {   printf("%s\n",*p);
        p++;                   //p 指向 name 数组的下一个元素
    }
}
```

说明：

（1）p 是指向指针的指针，赋值语句 "p=name;" 使 p 指向 name 数组的第 0 号元素 name[0]。*p⇔name[0]，就是第 0 个字符串的首地址。

（2）p ++ 使得 p 指向 name 数组的下一个元素。

10.7.3 指针数组作 main 函数的形参

前面编写的 main 函数都不带参数，因此 main 后的括号都为空。实际上，main 函数也可以带参数（形参）。

C 语言规定，main 函数只能有两个参数，习惯上经常命名为 argc 和 argv。argc（第一个形参）必须是整型变量，argv（第二个形参）必须是指向字符串的指针数组。main 函数的函数头可写为
```
void main (int argc,char *argv[])
```
main 函数不能被其他函数调用，因此不可能在程序内部取得实参值。实际上，main 函数是由操作系统调用的，所以 main 函数的参数值从操作系统命令行获得。在操作命令状态下，输入命令行，操作系统调用 main 函数，并把实参传送到 main 函数的形参中。

命令行的一般形式为

命令名 参数1 参数2…参数n

命令名和参数之间用空格分隔。命令名是源程序经过编译、连接后得到的可执行文件名（后缀为.exe）。C 语言规定，形参 argc 获得命令行中参数的个数（注意：命令名本身也算一个参数），形参 argv（指针数组）的每一个元素指向命令行中的一个字符串。

例如：
```
file1 Beijing Tianjin Shanghai Chongqing
```
（1）"file1" 为可执行文件名。实际上，文件名也可以包括盘符、路径以及文件的扩展名。

（2）argc 的值等于 5（"file1"、"Beijing"、"Tianjin"、"Shanghai"和"Chongqing"共 5 个字符串）。argv 中的元素分别指向一个字符串。如图 10-18 所示。

图 10-18

【例 10.25】输出命令行的参数。该程序文件名为 eg1025.c。
```
#include <stdio.h>
void main(int argc,char *argv[])
{ while(argc-->1)
    printf("%s\n",*++argv);
}
```
程序的运行结果如下。

```
C:\Documents and Settings\naj>d:

D:\>cd c\eg1025\debug

D:\C\EG1025\Debug>eg1025 Beijing Tianjin Shanghai Chongqing
Beijing
Tianjin
Shanghai
Chongqing

D:\C\EG1025\Debug>
```

说明：

用命令行运行程序的过程如下。

（1）先将该文件（eg1026.c）进行编译、连接，得到可执行文件（eg1026.exe）。

（2）执行 Windows XP 菜单的"开始→运行"命令，在打开的"运行"窗口中输入"cmd"后，按下"确定"按钮，打开 MS DOS 方式窗口。

（3）假设可执行文件的位置在 "D:\C\EG1025\Debug" 中。运行以下 DOS 命令行：

```
C:\Documents and Settings\naj>d:
D:\>cd c\eg1025\debug
D:\C\EG1025\Debug>eg1025 Beijing Tianjin Shanghai Chongqing。
```

（4）命令行共有 5 个参数（包括文件名"eg1025"）。argc 的初值为 5，argv 的 5 个元素分别指向 5 个字符串。每循环一次，argc 的值减 1，当 argc 等于 1 时停止循环，共循环 4 次，因此共可输出 4 个参数。

（5）语句"printf("%s\n",* + +argv);"中的"* + +argv"先执行" + +argv"使得 argv 指向下一个元素，然后进行*运算，输出 argv 当前指向的字符串。

【例 10.26】编写实现 echo 命令的程序，文件名为 echo.c。

许多操作系统提供的 echo 命令的作用是实现"参数回送"，将 echo 后面的各参数（字符串）在同一行上输出。

编写程序如下：

```
#include <stdio.h>
void main(int argc,char *argv[])
{    while(--argc>0)
         printf("%s%c",*++argv,(argc>1)?' ':'\n');
}
```

程序的运行结果如下。

```
C:\>echo Program Design and C language
Program Design and C language
C:\>
```

说明：

（1）此处的 echo 命令执行的是操作系统提供的 echo 可执行程序，并不是本源程序编译的可执行文件（echo.exe）。

（2）若要执行编写的程序，可先将文件名（echo.c）改为其他名字，然后再编译、连接，在命令行中运行。

（3）while 语句中的循环条件"--argc>0"和"argc-->1"，虽然形式不同，但作用相同。

（4）语句 printf 中，当 argc>1 时在字符串后输出一个空格，当 argc=1 时，在字符串（即最后一个字符串）后输出一个换行。从而使得输出的所有字符串在同一行上。

习　　题

一、选择题

（1）设已有定义：float x; 则以下定义指针变量 p 并赋初值的语句中正确的是（　　）。

　　A）float *p=1024;　　B）int *p=(float)x;　　C）float p=&x;　　D）float *p=&x;

（2）若有定义语句: double *p, a; 则能正确赋值并通过 scanf 语句给输入项读入数据的程序段是（　　）。

　　A）*p=&a; scanf("%lf",p);　　　　　　B）*p=&a; scanf("%f",p)

　　C）p=&a; scanf("%lf", *p);　　　　　　D）p=&a; scanf("%lf",p);

（3）若 int 型数据在内存中占 16 位，有定义"int a[ ]={10, 20, 30},*p=a;"，当执行语句"p + +;"后，下列说法错误的是（　　）。

　　A）p 向高地址移动两个字节　　　　　　B）*p 值为 20

C）p 与 a+1 等价　　　　　　　　　　D）语句 "p++;" 与 "a++;" 等价

（4）若有以下定义 int x[10], *pt=x; 则能正确引用 x 数组元素的是（　　）。

A）*&x[10]　　　B）*(x+3)　　　C）*(pt+10)　　　D）pt+3

（5）若有定义语句：double x[5]={1.0, 2.0, 3.0, 4.0, 5.0}, *p=x; 则引用 x 数组元素错误的是（　　）。

A）p + 1　　　B）x[4]　　　C）*(p + 1)　　　D）*x

（6）以下叙述中错误的是（　　）。

A）改变函数形参的值，不会改变对应实参的值

B）函数可以返回地址值

C）可以给指针变量赋一个整数作为地址值

D）当在程序的开头包含文件 stdio.h 时，可以给指针变量赋 NULL 值

（7）已定义以下函数 int fun(int *p){return *p;}，则 fun 函数返回值是（　　）。

A）不确定的值　　　　　　　　　　B）一个整数

C）形参 p 中存放的值　　　　　　　D）形参 p 的地址值

（8）以下程序运行后的输出结果是（　　）。

```
#include <stdio.h>
void main()
{   int a=1,b=3,c=5;
    int *p1=&a, *p2=&b, *p=&c;
    *p=*p1* (*p2);
    printf("%d\n",c);
}
```

A）1　　　B）2　　　C）3　　　D）4

（9）以下程序运行后的输出结果是（　　）。

```
#include <stdio.h>
void f(int *p,int *q);
void main()
{   int m=1,n=2, *r=&m;
    f(r,&n);
    printf("%d,%d",m,n);
}
void f(int *p,int *q)
{   p=p+1; *q=*q+1;
}
```

A）1,3　　　B）2,3　　　C）1,4　　　D）1,2

（10）以下程序运行后的输出结果是（　　）。

```
#include <stdio.h>
void fun(int *a,int *b)
{   int *c;
    c=a; a=b; b=c;
}
void main()
{   int x=3,y=5, *p=&x, *q=&y;
    fun(p,q);
    printf("%d,%d,",*p, *q);
    fun(&x,&y);
    printf("%d,%d\n",*p, *q);
}
```

A）3,5,5,3　　　B）3,5,3,5　　　C）5,3,3,5　　　D）5,3,5,3

（11）以下程序运行后的输出结果是（   ）。
```c
#include <stdio.h>
void fun(int *s,int n1,int n2)
{   int i,j,t;
    i=n1; j=n2;
    while(i<j)
    {   t=s[i];
        s[i]=s[j];
        s[j]=t;
        i++; j--;
    }
}
void main()
{   int a[10]={1,2,3,4,5,6,7,8,9,0},k;
    fun(a,0,3);
    fun(a,4,9);
    fun(a,0,9);
    for(k=0;k<10;k++)
        printf("%d",a[k]);
    printf("\n");
}
```
A）0987654321   B）4321098765   C）5678901234   D）0987651234

（12）以下程序运行后的输出结果是（   ）。
```c
#include <stdio.h>
int fun(char s[ ])
{   int n=0;
    while(*s<='9'&&*s>='0')
    {   n=10*n+*s-'0'; s++;  }
    return(n);
}
void main()
{   char s[10]={'6','1','*','4','*','9','*','0','*'};
    printf("%d\n",fun(s));
}
```
A）9   B）61490   C）61   D）5

（13）以下程序运行后的输出结果是（   ）。
```c
#include <stdio.h>
void fun(char *a,char *b)
{   while(*a=='*')
        a++;
    while(*b=*a)
    {   b++; a++;   }
}
void main()
{   char *s="*****a*b****",t[80];
    fun(s,t);
    puts(t);
}
```
A）*****a*b   B）a*b   C）a*b****   D）ab

（14）以下程序运行后的输出结果是（   ）。
```c
#include <stdio.h>
void fun1(char *p)
{   char *q;
    q=p;
    while(*q!='\0')
```

```
        { (*q)++; q++; }
}
void main()
{   char a[]={"Program"},*p;
    p=&a[3];
    fun1(p);
    printf("%s\n",a);
}
```

　　A）Prohsbn　　　　B）Prphsbn　　　　C）Progsbn　　　　D）Program

二、填空题

（1）以下程序的功能是指针变量指向 3 个整型变量，通过指针运算找出 3 个数中的最大值并输出，请将程序补充完全。

```
#include <stdio.h>
void main()
{   int x,y,z,max,*px,*py,*pz,*pmax;
    scanf("%d%d%d",&x,&y,&z);
    px=&x; py=&y; pz=&z;
    pmax=&max;
    _____;
    if(*pmax<*py) *pmax=*py;
    if(*pmax<*pz) *pmax=*pz;
    printf("max=%d\n",max);
}
```

（2）以下程序运行后的输出结果是_____。

```
#include<stdio.h>
void swap(int *a,int *b)
{   int *t;
    t=a; a=b; b=t;
}
void main()
{   int i=3,j=5,*p=&i,*q=&j;
    swap(p,q);
    printf("%d  %d\n",*p,*q);
}
```

（3）以下程序段的定义语句中，x[1]的初值是_____，程序运行后输出的内容是_____。

```
#include<stdio.h>
void main()
{   int x[]={1,2,3,4,5,6,7,8,9,10,11,12,13,14,15,16},*p[4],i;
    for(i=0;i<4;i++)
    {   p[i]=&x[2*i+1];
        printf("%d ",p[i][0]);
    }
    printf("\n");
}
```

（4）以下程序运行后的输出结果是_____。

```
#include<stdio.h>
void main()
{   int a[5]={2,4,6,8,10}, *p;
    p=a;
    p++;
    printf("%d",*p);
}
```

（5）以下程序运行后的输出结果是_____。

```
#include <stdio.h>
void main()
```

```
{   int a[3][4]={{0,1,2,3},{4,5,6,7},{8,9,10,11}};
    int (*p)[4];
    int i=2,j=2;
    p=a;
    printf("%4d",*(*(p+i)+j));
}
```

（6）以下程序运行后的输出结果是_____。
```
#include <stdio.h>
void swap(char *x,char *y)
{   char t;
    t=*x;
    *x=*y;
    *y=t;
}
void main()
{   char sa[]="abc",sb[]="123";
    char *s1=sa,*s2=sb;
    swap(s1,s2);
    printf("%s,%s\n",s1,s2);
}
```

（7）以下程序将字符数组 pa[]中的字符串小写字母变换为大写，请将程序补充完整。
```
#include <stdio.h>
void fun(char *p)
{   while(_____)
    {   if (*p>='a' && *p<='z')
            _____;
        p++;
    }
}
void main()
{   char pa[]="Hello China 2015";
    _____;
    printf("%s\n",pa);
}
```

（8）以下程序运行后的输出结果是_____。
```
#include <stdio.h>
void main()
{   int a[3][4]={{0,1,2,3},{4,5,6,7},{8,9,10,11}};
    int *pa[3];
    int i,j;
    for(i=0;i<3;i++)
        pa[i]=a[i];
    printf("%4d",*(*(pa+1)+2));
}
```

（9）以下程序运行后的输出结果是_____。
```
#include <stdio.h>
int f1(int x,int y)
{   return x+y;
}
int f2(int x,int y)
{   return x-y;
}
void main()
{   int (*p)(int,int),c,d;
    p=f1;
    c=(*p)(3,4);
    p=f2;
```

```
        d=(*p)(3,4);
        printf("%d,%d\n",c,d);
}
```

（10）以下程序运行后的输出结果是_____。
```
#include <stdio.h>
void main()
{   char *name[]={"Basic","Visual Basic","C","Visual C++"};
    char **p;
    int i;
    p=name+2;
    printf("%s\n",*p);
}
```

（11）以下程序运行后的输出结果是_____。
```
#include <stdio.h>
void main()
{   int a[5]={1,2,3,4,5};
    int *num[5]={&a[0], &a[1], &a[2], &a[3], &a[4]};
    int **p,i;
    p=num;
    p++;
    printf("%4d",**p);
}
```

（12）以下程序编译后可执行程序为 t.exe，运行时在命令窗口输入命令"t Tianjin China"的输出结果是_____。
```
#include <stdio.h>
void main(int argc,char *argv[])
{   printf("%d, ",argc);
    printf("%s\n",*(argv+1));
}
```

三、编程题

1. 编写程序，输入 3 个整数，使用指针的方法按从小到大的顺序输出。
2. 编写程序，输入 3 个字符串，使用指针的方法按从小到大的顺序输出。
3. 编写程序，输入 10 个整数，使用指针 int *p，通过 p 求其最小的数。
4. 编写程序，输入一行字符串，用指针 char *p 指向字符串，分别求出其中大写字母、小写字母、数字和其他字符的个数。
5. 编写函数 void fun(char *p1, char *p2, int m)，将字符串 p1 中从第 m 个字符开始的所有字符复制为字符串 p2。
6. 编写一个函数,实现两个字符串的比较,函数原型为 int strcmp(char *s1,char *s2)。若 s1 = s2，返回值为 0；若 s1≠s2，返回二者第一个不同字符的 ASCII 码差值，若 s1>s2，则输出正值；若 s1<s2，则输出负值。

第 11 章 其他数据类型

本章资源

前面章节已经介绍了 C 语言的基本数据类型（如整型、实型、字符型等）和指针类型，也介绍了一种构造类型（数组），但是只有这些数据类型是不够的。本章介绍结构体、链表、共用体、枚举类型，以及如何用 typedef 自定义数据类型名。

11.1 结构体

在实际问题中，有时需要将不同类型的数据组合成一个有机整体，以便引用。例如，一个学生的数据包括学号（整型）、姓名（字符型）、性别（字符型）、年龄（整型）、成绩（实型）等。若将每个数据项定义为一个独立的简单变量，难以反映它们之间的联系，体现不出整体性；也不能将所有数据项作为一个整体定义为一个数组。在 C 语言中给出了另一种构造数据类型（结构体）能解决这个问题。

11.1.1 结构体类型的声明

"结构体"将所有数据项组织成一个整体，其中每个数据项为结构体的一个"成员"，它既可以是一种基本数据类型，也可以是一种构造类型。结构体是一种构造数据类型，在使用之前必须先声明，声明结构体类型的一般形式为

```
struct  结构体名
{    成员表列
};
```

"struct 结构体名"声明结构体类型名。"struct"是声明结构体类型的关键字。"结构体名"是结构体类型的名称，由用户自行命名。"成员表列"由若干成员组成，又称"域表"。每个成员都是该结构体的一个组成部分，又称"域"。对每个成员也必须做类型定义，其形式为

```
类型说明符  成员名;
```

"类型说明符"既可以是基本数据类型，也可以是构造数据类型。"成员名"与变量名的命名规则相同。例如：

```
struct student
{   int num;
    char name[20];
    char sex;
    int age;
    float score;
};
```

说明：

该例声明了一个结构体类型 struct student，其结构如图 11-1 所示。结构体名为 student，该结构体由 5 个成员组成。第一个成员为 num（学号），整型变量；第二个成员为 name（姓名），字符

数组；第三个成员为 sex（性别），字符变量；第四个成员为 age（年龄），整型变量；第五个成员为 score（成绩），实型变量。可见，结构体类型是一种复杂的数据类型，是数目固定、类型不同（也可以相同）的若干有序变量的集合。

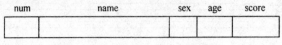

图 11-1　struct student 的内部结构

学习提示：
（1）在结构体类型声明中"}"后的";"不能省略，否则会出错。
（2）结构体类型的声明一般都放在文件的头部。

11.1.2　定义结构体类型变量

声明的结构体类型相当于一个新的数据类型，系统并不分配实际的内存空间。为了能在程序中使用结构体类型，应当定义结构体类型的变量。定义结构体类型变量有 3 种方法。

1. 先声明结构体类型后定义结构体类型变量

先声明结构体类型后定义结构体类型变量的一般形式为

结构体类型名　变量名表列；

例如：
```
struct student
{   int num;
    char name[20];
    char sex;
    int age;
    float score;
};                                          //声明结构体类型
struct student  student1, student2;     //定义结构体类型变量 student1 和 student2
```
说明：首先声明结构体类型 struct student，然后定义两个 struct student 类型的变量 student1 和 student2。注意最后一行的"struct"和"student"都不可缺少。

2. 在声明结构体类型的同时定义结构体类型变量

在声明结构体类型的同时定义结构体类型变量的一般形式为

struct　结构体名
{　成员表列
}变量名表列；

例如：
```
struct student
{   int num;
    char name[20];
    char sex;
    int age;
    float score;
}student1, student2;
```

3. 直接定义结构体类型变量

直接定义结构体类型变量的一般形式为

struct
{　成员表列
}变量名表列；

这种定义形式，省略了结构体类型名。例如：
```
struct
{   int num;
    char name[20];
    char sex;
    int age;
    float score;
}student1, student2;
```
定义结构体变量后，系统会为之分配内存空间。结构体变量的各个成员在内存中占用连续的存储区域，结构体变量所占内存大小为结构体中每个成员所占内存长度之和。上面 3 种方法定义的结构体类型变量 student1 和 student2 的内存分配情况如图 11-2 所示。

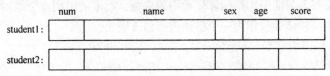

图 11-2　结构体变量的内存分配

在 Visual C++6.0 中，变量 student1 和 student2 在内存中各占 33 个字节（4+20+1+4+4）。注意：同一数据类型在不同的 C 编译系统中所占内存长度有可能不同。

关于结构体类型有以下几点需要说明。

（1）结构体类型与变量是不同的概念，不能混淆。只能对结构体变量赋值、存取或运算，而不能对一个结构体类型赋值、存取或运算。在编译时，并不给结构体类型分配空间，而只给变量分配空间。

（2）结构体中的成员可以单独使用，它的作用相当于普通变量。

（3）成员既可以是普通变量，也可以是一个结构体变量。例如：
```
struct date
{   int year;
    int month;
    int day;
};
struct student
{   int num;
    char name[20];
    char sex;
    int age;
    struct date birthday;          //birthday 是 struct date 类型
    float score;
}student1, student2;
```
说明： 先声明一个 struct date 类型，包括 3 个成员：year（年）、month（月）和 day（日）。在声明 struct student 类型时，将成员 birthday 定义为 struct date 类型。此时 struct student 类型的结构如图 11-3 所示。

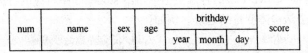

图 11-3　成员为结构体变量的结构体类型

（4）一个结构体类型中的成员名可以与普通变量名相同，也可以与另一个结构体类型中的成员名相同。例如，可以先定义一个普通变量 num，再定义一个包括成员 num 的结构体类型 struct teacher，它们与 struct student 中的成员 num 互不干扰。

```
    int num;              //普通变量
    struct teacher
    {   int num;          //成员
        ...
    };
    struct student
    {   int num;          //成员
        ...
    };
```

11.1.3 结构体变量的引用

引用结构体变量时，只能引用结构体变量中的成员，而不能引用整个结构体变量。

（1）不能将一个结构体变量作为一个整体进行输入输出。

```
scanf("%d,%s,%c,%d,%f", &student1);        //出错
printf("%d,%s,%c,%d,%f", student1);        //出错
```

（2）不能对结构体变量整体赋值。

```
student1={1001, "Zhang Qiang", 'M', 18, 82.5};     //出错
```

引用结构体变量中成员的一般形式为

结构体变量名.成员名

其中"."是成员（分量）运算符，在所有运算符中优先级最高，因此可以将"结构体变量名.成员名"作为一个整体来看待。

例如：

```
scanf("%d", &student1.num);        //给成员 num 输入值
printf("%d", student1.num);        //输出成员 num 的值
student1.num=10010;                //给成员 num 赋值
student2.num= student1.num;        //成员赋值
```

关于结构体变量的引用，有以下几点需要说明。

（1）结构体变量的成员可以像普通变量一样进行各种运算。例如：

```
sum=student1.score+student2.score;
student1.age++;        //相当于 (student1.age)++;
++student1.age;        //相当于 ++(student1.age);
```

（2）如果成员本身又是一个结构体类型，则要用若干个成员运算符，一级一级找到最低一级的成员，只能引用最低级的成员。例如：

```
student1.birthday.year=2010;       //成员 year
student1.birthday.month =12;       //成员 month
student1.birthday.day =24;         //成员 day
```

（3）ANSI C 标准允许将一个结构体变量作为一个整体赋值给另一个具有相同类型的结构体变量。假如有以下结构体变量定义"struct student student1, student2;"，那么可以用赋值语句"student2=student1;"将 student1 中的各成员值赋值给 student2 中对应的各成员。

（4）可以引用整个结构体变量的地址。例如：

```
printf("%o",&student1);            //以八进制整数的形式输出 student1 的首地址
```

11.1.4 结构体变量的初始化

结构体变量的初始化有以下两种方法。

1. 在定义结构体变量的同时进行初始化

可以在定义的时候进行初始化赋值。

【例 11.1】在定义时给结构体变量赋初值。

```c
#include <stdio.h>
void main()
{   struct student
    {    int num;char name[20];char sex;int age;float score;
    }student1={1001,"ZhangQiang",'M',18,82.5};       //定义 student1 的同时给其赋初值
    printf("student1's record is:\n");
    printf("\tNumber:%d\n\tName:%s\n",student1.num,student1.name);
    printf("\tSex:%c\n\tAge:%d\n\tScore:%.1f\n",student1.sex,student1.age,student1.score);
}
```

程序的运行结果如下。

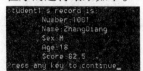

说明：

（1）在定义 student1 的同时给其赋初值，用"{}"将所有成员值括起来，各成员值之间用逗号分隔。

（2）定义的是一个局部的结构体类型和结构体变量，它们只在主函数内有效。

（3）这种初始化方法虽然形式简单，但不灵活。

2. 先定义结构体变量，再进行初始化

定义结构体变量后，可用输入语句或赋值语句为各成员初始化赋值。

【例 11.2】在定义后给结构体变量赋初值。

```c
#include <stdio.h>
struct student
{ int num;  char name[20];  char sex;  int age;  float score;
}temp;
void main()
{   struct student student1;
    temp.num=1001;                          //用赋值语句给成员 num 赋初值
    printf("Number:%d\n",temp.num);
    printf("\tInput name: ");
    scanf("%s",temp.name);                  //用输入语句给成员 name 赋初值
    printf("\tInput sex: ");
    scanf("\n%c",&temp.sex);                //用输入语句给成员 sex 赋初值
    printf("\tInput age: ");
    scanf("%d",&temp.age);                  //用输入语句给成员 age 赋初值
    printf("\tInput score: ");
    scanf("%f",&temp.score);                //用输入语句给成员 score 赋初值
    student1=temp;                          //用赋值语句给 student1 整体赋初值
    printf("student1's record is:\n");
    printf("\tNumber:%d\n\tName:%s\n",student1.num,student1.name);
    printf("\tSex:%c\n\tAge:%d\n\tScore:%.1f\n",student1.sex,student1.age,student1.score);
}
```

程序的运行结果如下。

说明：

（1）在定义 temp 后，用赋值语句和输入语句对其各成员分别赋初值。

（2）用赋值语句"student1=temp;"进行整体赋值，即将 temp 中各成员值赋值给 student1 中各对应成员。

（3）在主函数外声明结构体类型 struct student 和定义变量 temp，它们是全局的。在主函数内定义结构体变量 student1，它是局部的，只在主函数中有效。

（4）这种初始化方法虽然形式烦琐，但较为灵活。

（5）在定义后如果要整体赋值，只能用同一结构体类型的其他变量，否则只能对各成员分别赋值。结构体变量不能采用以下格式整体赋值，例如

```
temp={1001,"ZhangQiang",'M',18,82.5};                    //出错
```

11.2 结构体数组

一个结构体变量只能存放一个学生的数据。如果要存放一个班学生的数据，必须使用数组。结构体数组就是数组元素类型均为同一结构体类型的数组，每个元素相当于一个结构体变量。

11.2.1 定义结构体数组

定义结构体数组与定义结构体变量类似，只需说明它为数组即可。例如：

```
struct student
{ int num;  char name[20];  char sex;    int age;float score;
};
struct student  stu[3];              //定义结构体数组
```

或

```
struct student
{ int num; char name[20];  char sex;    int age;float score;
}stu[3];                             //定义结构体数组
```

或

```
struct
{ int num; char name[20];  char sex;    int age;float score;
}stu[3];                             //定义结构体数组
```

说明：以上 3 种形式均定义了一个结构体数组 stu，数组中有 3 个元素，均为同一结构体类型，如图 11-4 所示。

	num	name	sex	age	score
stu [0]					
stu [1]					
stu [2]					

图 11-4 结构体数组

11.2.2 结构体数组的初始化

定义结构体数组后，就可以进行初始化。与结构体变量的初始化类似，结构体数组的初始化也可以有两种方法。

1. 在定义结构体数组的同时进行初始化

【例 11.3】在定义时给结构体数组赋初值。

```
#include <stdio.h>
struct student
{   int num;  char name[20];   char sex;   int age;   float score;
}stu[3]={{1001,"ZhangQiang",'M',18,82.5},
        {1002,"WangYing",'F',17,90.5},
        {1003,"ZhaoMing",'M',19,78.5}};        //定义数组stu的同时对其全部元素赋初值
void main()
{   int i;
    printf("These 3 students' records are:\n");
    printf("\tNumber\tName\t\tSex\tAge\tScore\n");
    for(i=0;i<3;i++)
        printf("\t%d\t%s\t%c\t%d\t%.1f\n",stu[i].num,stu[i].name,stu[i].sex,stu[i].age, stu[i].score);
}
```

程序的运行结果如下。

```
These 3 students' records are:
    Number  Name        Sex     Age     Score
    1001    ZhangQiang  M       18      82.5
    1002    WangYing    F       17      90.5
    1003    ZhaoMing    M       19      78.5
Press any key to continue
```

说明：

（1）在定义数组 stu 的同时给其全部元素赋初值，每个元素用"{}"括起来，"{}"之间用逗号分隔。

（2）与一般数组相似，若在定义数组的同时给其全部元素初始化赋值，可以省略数组长度。

2. 在定义结构体数组后赋初值

【例 11.4】在定义后给结构体数组元素赋初值。

```
#include <stdio.h>
struct student
{   int num; char name[20];   char sex;    int age; float score;
};
void main()
{   struct student stu[3];
    int i;
    printf("Input 3 students' records:\n");
    printf("\tNumber\tName\t\tSex\tAge\tScore\n");
    for(i=0;i<3;i++)                                //用循环语句给数组各元素赋初值
    {   stu[i].num=1001+i;                          //用赋值语句给数组各元素的num成员赋初值
        printf("\t%d\t",stu[i].num);
        scanf("%s\t%c%d%f",stu[i].name,&stu[i].sex,&stu[i].age,&stu[i].score);
        //用输入语句给数组各元素的其他成员赋初值
    }
    printf("These 3 students' records are:\n");
    printf("\tNumber\tName\t\tSex\tAge\tScore\n");
    for(i=0;i<3;i++)
        printf("\t%d\t%s\t%c\t%d\t%.1f\n",stu[i].num,stu[i].name,stu[i].sex,stu[i].age,stu[i].score);
}
```

程序的运行结果如下。

```
Input 3 students' records:
    Number  Name        Sex     Age     Score
    1001    ZhangQiang  M       18      82.5
    1002    WangYing    F       17      90.5
    1003    ZhaoMing    M       19      78.5
These 3 students' records are:
    Number  Name        Sex     Age     Score
    1001    ZhangQiang  M       18      82.5
    1002    WangYing    F       17      90.5
    1003    ZhaoMing    M       19      78.5
Press any key to continue
```

11.2.3 结构体数组应用举例

下面举一个简单的例子说明结构体数组的定义、初始化和引用。

【例 11.5】统计候选人得票数的程序。设有 3 个候选人，每次输入得票的候选人的编号，最后输出每个候选人的得票数。

```
#include <stdio.h>
struct person
{    int num;                              //候选人编号
     char name[20];                        //候选人姓名
     int count;                            //候选人得票数
}leader[3]={{1,"李某",0},{2,"赵某",0},{3,"王某",0}};
                                           //定义并初始化3个候选人，得票数清零
void main()
{    int i,j,leader_num;
     for(i=1;i<=10;i++)
     {    printf("候选人的编号:");
          scanf("%d",&leader_num);         //输入候选人编号
          for(j=0;j<3;j++)
             if(leader_num==leader[j].num) //比较候选人编号
                leader[j].count++;         //被选中的候选人的票数加1
     }
     printf("The result is:\n");
     for(i=0;i<3;i++)
         printf("\t%s:%d\t\n",leader[i].name,leader[i].count);//输出每个候选人的姓名和得票数
}
```

程序的运行结果如下。

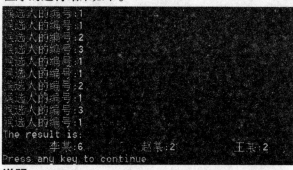

说明：

（1）定义了一个全局的结构体数组 leader，它有 3 个元素，分别代表 3 个候选人。每个元素包含两个成员：name（姓名）和 count（票数）。在定义数组的同时进行初始化，给 3 个候选人的票数清零。

（2）主函数中定义的字符数组 leader_name 代表被选人的姓名。在 10 次循环中，每次先输入一个被选人的编号，然后再把它与 3 个候选人的编号比较，在得票候选人的票数上加 1。最后输出 3 个候选人的姓名和得票数。

11.3 指向结构体类型数据的指针

指针变量可以指向普通变量、数组、函数等，同样指针变量也可以指向结构体类型的数据，

如结构体变量和结构体数组。

11.3.1 指向结构体变量的指针

一个结构体变量的指针就是该变量所占内存空间的起始地址，可以将该起始地址存放在结构体类型的指针变量中。与结构体变量的定义相似，指向结构体变量的指针变量的定义也可以有 3 种形式，只不过需要在指针变量名前加 "*" 作为标识。例如：

```
struct student *p;
```

【例 11.6】指向结构体变量的指针的应用。

```
#include <stdio.h>
struct student
{   int num;
    char name[20];
    float score;
}student1={1001,"ZhangQiang",82.5};
void main()
{   struct student *p;              //定义指向结构体类型的指针变量 p
    p=&student1;                    //使 p 指向 student1
    printf("\t%d\t%s\t%.1f\n",student1.num,student1.name,student1.score);
    printf("\t%d\t%s\t%.1f\n", (*p).num, (*p).name, (*p).score);
}
```

程序中两个 printf 函数输出的结果相同，其运行结果如下。

```
        1001    ZhangQiang      82.5
        1001    ZhangQiang      82.5
Press any key to continue_
```

说明：

（1）定义了一个指向 struct student 类型的指针变量 p，将 student1 的起始地址赋给 p，使 p 指向 student1。

（2）(*p) ⇔ student1。第一个 printf 函数用的是 "student1" 的形式输出各成员值，第二个 printf 函数用的是 "(*p)" 的形式输出各成员值。

（3）"(*p)" 两边的括号不可少，因为成员运算符 "." 的优先级最高，指针运算符 "*" 的优先级低于 "."，所以必须加括号。

C 语言引入了指向运算符 "->"（由减号和大于号组成），用来连接指针变量和其指向的结构体变量的成员。因此，以下 3 种引用形式等价：

（1）结构体变量.成员名；

（2）(*指向结构体变量的指针变量).成员名；

（3）指向结构体变量的指针变量->成员名。

如果有语句 "p=&student1;"，那么存在以下等价关系：

```
student1.num ⇔ (*p).num ⇔ p->num
```

指向运算符 "->" 的优先级在所有运算符中也是最高的：

（1）p->num++ ⇔ (p->num)++。先使用 p 指向的结构体变量中成员 num 值，然后使其加 1。

（2）++p->num ⇔ ++(p->num)。先使用 p 指向的结构体变量中成员 num 值加 1，再使用 num 值。

11.3.2 指向结构体数组的指针

指针变量也可以指向一个结构体数组，指针变量获得整个结构体数组的起始地址。指针变量也可以指向结构体数组的一个元素，这时指针变量的值是该元素的起始地址。

设 p 为指向结构体数组的指针变量，则 p 也指向该结构体数组的第 0 号元素，p+1 指向第 1

号元素，p+i 指向第 i 号元素。这与普通数组的情况相似。

【例 11.7】指向结构体数组指针的应用。

```
#include <stdio.h>
struct student
{   int num;
    char name[20];
    float score;
}stu[3]={{1001,"ZhangQiang",82.5},{1002,"WangYing",90.5},{1003,"ZhaoMing",78.5}};
void main()
{   struct student *p;
    printf("These 3 students' records are :\n\tNumber\tName\t\tScore\n");
    for(p=stu;p<stu+3;p++)
        printf("\t%d\t%s\t%.1f\n",p->num,p->name,p->score);
}
```

程序的运行结果如下。

```
These 3 students records are :
        Number  Name            Score
        1001    ZhangQiang      82.5
        1002    WangYing        90.5
        1003    ZhaoMing        78.5
Press any key to continue_
```

说明：

（1）语句"p=stu"，使得 p 指向数组的第 0 号元素，然后输出 0 号元素。

（2）每次循环执行 p++，使 p 指向数组的下一号元素，输出下一号元素。输出最后一号元素后再执行 p++，p 已指向最后一号元素之后，循环条件 p<stu+3 为假，结束循环。

如果 p 的初值为 stu，则指向数组 stu 的第 0 号元素，此时有以下两种运算。

（1）(++p)->num。先给 p 加 1，使 p 指向下一号元素 stu[1]，然后得到 stu[1]中的 num 成员值。

（2）(p++)->num。先得到 p 指向的元素 stu[0]的 num 成员值，然后给 p 加 1，使 p 指向下一号元素 stu[1]。

结构体指针变量允许获得结构体变量或者结构体数组元素的地址，不允许将一个成员的地址赋给结构体指针变量。例如：

```
p=stu;              //赋予数组的首地址，正确
p=&stu[0];          //赋予 0 号元素的首地址，正确
p=&stu[0].num;      //出错
```

11.3.3 用结构体变量和指向结构体的指针作函数参数

将一个结构体变量的值传递给另一个函数，可以有 3 种方式。

1. 结构体变量的成员作参数

用结构体变量的成员作实参，将实参值传给形参。这种方式和普通变量作实参是一样的，属于"值传递"。注意形参与实参的类型要保持一致。

2. 用具有相同类型的结构体变量作实参和形参

这种方式将实参结构体变量的全部内容顺序传递给形参结构体变量，也属于"值传递"。在函数调用时形参也占用内存空间，而结构体变量一般占用内存空间较大，所以这种方式运行效率比较低。此外，由于采用值传递方式，在被调函数中改变形参的值，不会改变主调函数中实参的值。

【例 11.8】结构体变量作函数参数。

```
#include <stdio.h>
#include <string.h>
struct student
{   int num;
```

```
       char name[20];
       float score;
}student1={1001,"ZhangQiang",82.5};
void update(struct student stu)              //形参 stu 为结构体变量
{   stu.num=1002;
    strcpy(stu.name, "WangYing");
    stu.score=90.5;
}
void main()
{   printf("\t\tNumber\tName\t\tScore\n");
    printf("Befor update:");
    printf("\t%d\t%s\t%.1f\n",student1.num,student1.name,student1.score);
    update(student1);                        //实参 student1 为结构体变量
    printf("After update:");
    printf("\t%d\t%s\t%.1f\n",student1.num,student1.name,student1.score);
}
```

程序的运行结果如下。

```
                Number    Name              Score
Befor update:   1001      ZhangQiang        82.5
After update:   1001      ZhangQiang        82.5
Press any key to continue_
```

说明：

（1）函数 update 的实参 student1 和形参 stu 均为 struct student 类型的结构体变量，函数调用时进行的是值传递，所以函数调用前后输出的结果相同。

（2）结构体类型 struct student 被声明为外部类型，所以函数 update 可以用它来定义变量。

3. 用指向结构体变量（或数组）的指针作实参和形参

这种方式传递给形参指针变量的是实参结构体变量（或数组）的起始地址，而不是其中的全部内容，所以运行效率比较高。此外由于传送的是地址，在被调函数中改变形参所指向的结构体变量的值，也将改变主调函数中结构体变量的值。

【例 11.9】用指向结构体变量的指针作实参，改写【例 11.8】中的程序。

```
#include <stdio.h>
#include <string.h>
struct student
{   int num;
    char name[20];
    float score;
}student1={1001,"ZhangQiang",82.5};
void update(struct student *p)              //形参 p 为指向结构体类型的指针变量
{   p->num=1002;
    strcpy(p->name, "WangYing");
    p->score=90.5;
}
void main()
{   printf("\t\tNumber\tName\t\tScore\n");
    printf("Befor update:");
    printf("\t%d\t%s\t%.1f\n",student1.num,student1.name,student1.score);
    update(&student1);                      //实参&student1 为结构体变量 student1 的地址
    printf("After update:");
    printf("\t%d\t%s\t%.1f\n",student1.num,student1.name,student1.score);
}
```

程序的运行结果如下。

```
                Number    Name              Score
Befor update:   1001      ZhangQiang        82.5
After update:   1002      WangYing          90.5
Press any key to continue_
```

说明：

函数 update 的实参 &student1 是结构体变量 student1 的起始地址，形参 p 是指向 struct student 类型的指针变量，函数调用时传送的值是地址，所以函数调用前后输出的结果不同。

11.4 链表

在 C 语言中用数组存放数据时，必须事先定义数组长度，在整个程序执行期间数组长度固定不变。但在实际应用中经常会出现这种情况，数组中要存放多少数据，要由具体输入情况决定，事先是无法确定的，这就要求事先把数组定义得足够大，这显然会浪费内存空间。链表能很好地解决这个问题。

11.4.1 链表概述

链表是一种常见的重要数据结构，它是一组结点的序列，在序列中，除最后一个结点外，每个结点都与它后面的结点相链接。图 11-5 所示是一种最简单的链表——单向链表的结构。

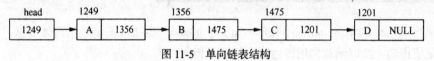

图 11-5 单向链表结构

链表中的头指针变量（head）称为头结点，存放第一个结点的地址。其他每个结点都由存放实际数据的数据域和存放下一个结点地址的指针域两部分组成。通过每个结点指针域中的指针将所有结点链接在一起，即 head 指向第一个结点，第一个结点又指向第二个结点，…，直到最后一个结点。最后一个结点称为"表尾"，其地址域为 NULL（空地址），它不再指向任何结点。

链表和数组都可以存储一组数据，它们的主要区别如下。

（1）数组的所有元素在内存中按顺序连续存放，通过下标引用元素。链表的各结点在内存中可以不连续存放，要找到某一结点，必须先找到前一个结点，根据前一个结点指针域中的指针才能找到该结点。若不提供头指针 head，则整个链表都无法访问。

（2）数组的内存空间的地址和大小固定不变，而链表允许动态分配内存，即需要时才开辟一个结点的内存空间。

可以使用结构体类型描述链表结点的存储结构。例如：

```
struct student
{   int num;                //数据成员
    float score;            //数据成员
    struct student *next;   //结点指针
};
```

其中，成员 num 和 score 用来存放结点的数据，相当于图 11-5 所示结点中的 A、B、C、D。成员 next 是指向自己所在的结构体类型的指针变量，即 next 既是 struct student 类型中的成员，又指向 struct student 类型的数据。

【例 11.10】建立一个简单链表，它由 3 个学生数据的结点组成。输出各结点中的数据。

```
#include <stdio.h>
#define NULL 0
struct student
{   int num;
    float score;
    struct student *next;
```

```
};
void main()
{   struct student a,b,c, *head, *p;
    a.num=1001;a.score=82.5;
    b.num=1002;b.score=90.5;
    c.num=1003;c.score=78.5;            //给每个结点的num成员和score成员赋值
    head=&a;                            //将第一个结点a的起始地址赋给头指针head
    a.next=&b;b.next=&c;c.next=NULL;
    //将后面每个结点的起始地址赋给其前一个结点的next成员
    //最后一个结点c的next成员值为空地址NULL
    p=head;                             //使p指向头结点
    printf("These 3 students' records are :\n\tNumber\tScore\n");
    do
    {     printf("\t%d\t%.1f\n",p->num, p->score);//输出p指向的结点的数据
        p=p->next;                      //使p指向下一个结点
    }while(p!=NULL);                    //p的值为NULL则循环结束
}
```

程序的运行结果如下。

```
These 3 students' records are :
    Number  Score
    1001    82.5
    1002    90.5
    1003    78.5
Press any key to continue_
```

说明：

（1）使head指向a结点，a.next指向b结点，b.next指向c结点，c.next不指向任何结点，构成了链表。

（2）在输出链表时要借助p，先使p指向头结点a，输出其中的数据。p=p->next使得p指向下一个结点。

（3）当p的值为NULL时，结束循环。

（4）本例中的所有结点都是通过变量定义的，其内存空间用完后也不能释放，链表的长度是固定的，这种链表称为"静态链表"。

11.4.2 处理动态链表所需的函数

动态链表是动态建立的，在需要时才建立结点，为其开辟内存空间，填入数据，并将其链接到链表中。在建好的链表中可以插入一个结点，也可以删除一个结点并释放其内存空间。动态链表的长度不固定，可以动态地增加或减少。

处理动态链表需要动态地开辟和释放内存，需要用到C语言提供的一些库函数。有了这些函数，就可以动态操作链表，包括建立链表、插入结点、删除结点等。

1. malloc函数

malloc函数在内存中分配一块连续的内存空间，其函数原型为

```
void *malloc(unsigned int size);
```

功能：在内存的动态存储区中分配一块长度为size字节的连续空间。函数的返回值是一个指向该空间起始地址的指针，类型为void。如果此函数未能成功执行（例如内存空间不足），则返回空指针NULL。函数的调用形式为

```
（类型说明符 *）malloc（size）
```

说明："（类型说明符 *）"为强制类型转换，把返回值（指向分配空间的起始地址）强制转

换为指向该类型的指针。"类型说明符"为分配的空间中要存放的数据的类型。size 表示分配的空间大小为 size 字节。例如：

```
p=(char *)malloc(100);
```

表示分配一块长度为 100 个字节的内存空间，该空间用来存放 char 型数据，并将函数值（指向该空间的起始地址）强制转换为指向 char 型的指针，把该指针赋给指针变量 p。

学习提示：

（1）常用"sizeof（类型说明符）"取得某数据类型的字节数。

（2）常用"（类型说明符 *）malloc（sizeof（类型说明符））"申请内存空间。

（3）语句"p=(struct student *)malloc(sizeof(struct student));"申请"struct student"类型长度的空间，并把该空间的起始地址赋给 p。

（4）语句"p=(int *)malloc(5*sizeof(int));"分配一块长度为"5 个 int 型数据"大小的内存空间，并把该空间的起始地址赋给 p。

2. calloc 函数

calloc 函数也用于分配内存空间，它与 malloc 函数的区别仅在于一次可以分配 n 块连续空间。其函数原型为

```
void *calloc(unsigned n, unsigned size);
```

功能：在内存的动态存储区中分配 n 块长度为 size 字节的连续空间。函数返回一个指向分配域起始地址的指针；如果分配不成功则返回 NULL。calloc 函数的调用形式为

```
（类型说明符 *）calloc(n, size)
```

例如：

```
p=(struct student *)calloc(3,sizeof(struct student));
```

表示分配 3 块长度分别为 struct student 型数据大小的内存空间，并把该区域的起始地址赋给 p。

学习提示：

用 calloc 函数可以为一维数组开辟动态存储空间，n 为数组元素个数，每个元素长度为 size。

3. free 函数

free 函数用于释放内存空间，其函数原型为

```
void free(void *p);
```

功能：释放 p 指向的内存区，使这部分内存能被其他变量使用。p 是最近一次调用 malloc 或 calloc 函数时返回的值。free 函数无返回值。例如：

```
free(p);
```

表示释放 p 指向的一块内存区。p 是指针变量，其中存放最近一次分配的内存空间的起始地址。

学习提示：

ANSI C 标准将以上几个库函数的说明放在头文件"stdlib.h"中。在使用这些函数时，必须先用"#include <stdlib.h>"语句包含头文件。在有的编译系统中，函数的说明放在头文件"malloc.h"中，可以使用"#include <malloc.h>"语句包含头文件。

【例 11.11】 分配一块内存区，填入一个学生的数据，输出数据后，释放该内存区。

```
#include <stdio.h>
#include <stdlib.h>        //将文件 stdlib.h 包含进来
#include <string.h>
struct student
{   int num;
    char name[20];
```

```
        float score;
};
void main()
{   struct student *p;
    p=(struct student *)malloc(sizeof(struct student));  //分配内存空间,将空间首地址
赋给p
    p->num=1001;
    strcpy(p->name,"ZhangQiang");
    p->score=82.5;                  //填入学生数据
    printf("The student's record is :\n");
    printf("\tNumber:%d\n\tName:%s\n\tScore:%.1f\n",p->num,p->name,p->score);
                                    //输出学生数据
    free(p);                        //释放存储空间
}
```

程序的运行结果如下。

```
The student's record is :
        Number:1001
        Name:ZhangQiang
        Score:82.5
Press any key to continue_
```

说明:

程序包含了申请内存空间、使用内存空间、释放内存空间 3 个步骤,实现了存储空间的动态分配。

11.4.3 建立动态链表

建立动态链表是指在程序执行过程中从无到有地建立一个链表,一个一个地创建结点,输入数据,并建立起前后的链接关系。

【例 11.12】编写一个函数,建立有若干名学生数据的单向动态链表。

算法分析:

(1)单向动态链表的建立主要是反复执行以下 3 个步骤。

① 调用 malloc 函数向系统申请一个结点的存储空间。

② 输入该结点的数据。

③ 将结点加入到链表中。

(2)设头指针变量 head 指向链表的第一个结点,设指针变量 p1 指向每个新结点。此外,由于新结点链接到表尾,所以还应设一个指针变量 p2 始终指向表尾结点。

(3)应设一个循环结束条件,例如,当输入的学号为 0 时结束,学号为 0 的结点不链接到链表中。

(4)设一个全局变量 n 作为计数器,用来统计结点的个数,以方便其他函数使用,也可以用于判断新结点是否为第一个结点。

算法的 N-S 流程图如图 11-6 所示。

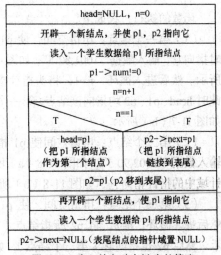

图 11-6 建立单向动态链表的算法

注意   第一个结点链接在头结点 head 之后,而其他结点都链接在 p2 所指结点之后。

建立链表的函数如下:

```c
#include <stdio.h>
#include <malloc.h>
#define NULL 0
#define LEN sizeof(struct student)
struct student
{   int num;
    float score;
    struct student *next;
};
int n;   //n为结点总个数,被定义为全局变量,可被其他函数所用
struct student *creat(void)             //函数无形参
{   struct student *head,*p1,*p2;
    head=NULL;n=0;                      //头指针置空,计数器清零
    p1=p2=(struct student *)malloc(LEN);//p1、p2同时指向第一个结点
    scanf("\t%d,%f",&p1->num,&p1->score);//输入第一个结点的数据
    while(p1->num!=0)                   //学号为0时结束循环
    {   n=n+1;                          //计数器加1
        if(n==1)
            head=p1;                    //若p1所指结点为第一个结点,令头指针指向它,即链接到表头
        else
            p2->next=p1;                //否则令表尾指针指向它,即链接到表尾
        p2=p1;                          //p2指向新表尾
        p1=(struct student *)malloc(LEN);//申请一个新结点空间,使p1指向它
        scanf("%d,%f",&p1->num,&p1->score);//输入新结点的数据
    }
    p2->next=NULL;                      //最终表尾结点的指针域置空
    free(p1);                           //释放p1指向的内存空间
    return(head);                       //返回头指针
}
```

函数的执行过程如下。

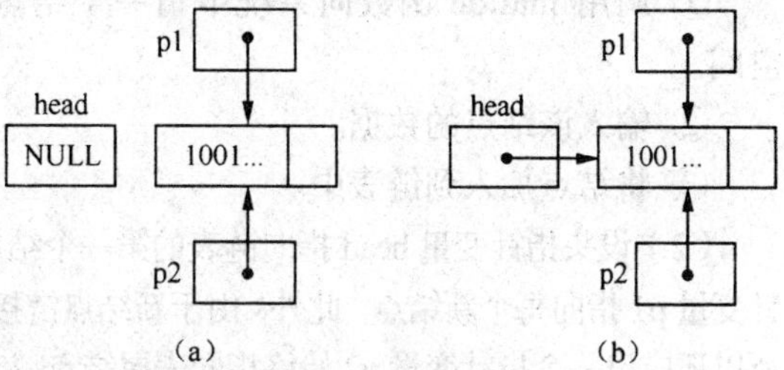

(1)第一个结点:申请空间,使 p1、p2 同时指向它,输入数据"1001,82.5",如图 11-7(a)所示。然后进入循环,n=1,将头指针指向它,此时 head、p1、p2 均指向该结点(第一个结点),如图 11-7(b)所示。

(2)第二个结点:申请空间使 p1 指向它,

图 11-7 第一个结点链接入链表

输入数据"1002,90.5",如图 11-8(a)所示。继续循环,n=2,将 p2 所指结点(第一个结点)指针域中的指针指向它,如图 11-8(b)所示。p2 指向第二个结点,如图 11-8(c)所示。

(3)第三个结点:申请空间,使 p1 指向它,输入数据"1003,78.5",如图 11-9(a)所示。然后进入循环,n=3,将 p2 所指结点(第二个结点)指针域中的指针指向它,如图 11-9(b)所示。然后 p2 也指向它(第三个结点),如图 11-9(c)所示。

(4)第四个结点:申请空间,使 p1 指向它,输入数据"0,0",如图 11-10(a)所示。跳出循环,将 p2 所指结点(第三个结点)指针域中的指针置空 NULL,第四个结点并未链接入链表(此时 n 值仍为 3)。最后释放 p1 所指结点(第四个结点)的内存空间,返回链表头指针,建表结束,链表如图 11-10(b)所示。

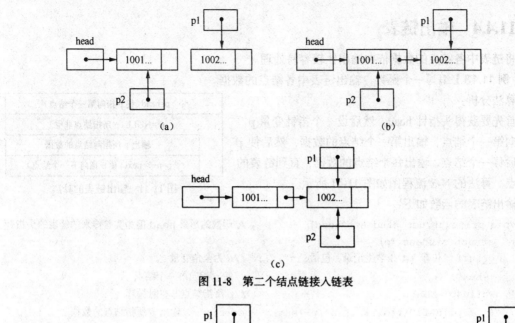

图 11-8 第二个结点链接入链表

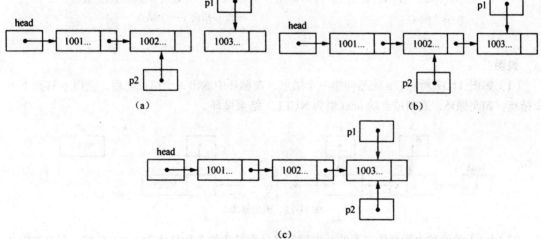

图 11-9 第三个结点链接入链表

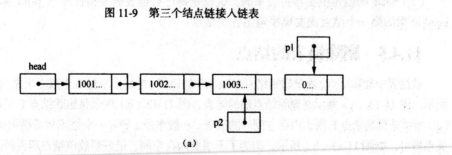

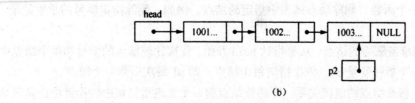

图 11-10 第四个结点不链接入链表

11.4.4 输出链表

将链表中各结点的数据依次输出比较容易处理。

【例 11.13】编写一个函数，输出链表中各结点的数据。

算法分析：

首先要获得头指针 head，然后设一个指针变量 p，先指向第一个结点，输出第一个结点的数据，然后使 p 依次后移一个结点，输出每个结点的数据，直到链表的尾结点。算法的 N-S 流程图如图 11-11 所示。

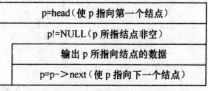

图 11-11 输出链表的算法

输出链表的函数如下：

```
void print(struct student *head)           //函数的形参 head 值为实参传来的链表的头指针
{   struct student *p;
    printf("共有 %d 条学生记录，包括:\n",n);    //n 为全角变量
    p=head;                                //使 p 指向第一个结点
    while(p!=NULL)                         //p 所指结点非空时循环
    {   printf("\t%d\t%.1f\n",p->num,p->score);   //输出 p 所指结点的数据
        p=p->next;                         //使 p 指向下一个结点
    }
}
```

说明：

（1）如图 11-12 所示，p 先指向第一个结点，在循环中输出一个结点之后，使得 p 移到下一个结点。如此循环，直到结点的 next 值为 NULL，结束循环。

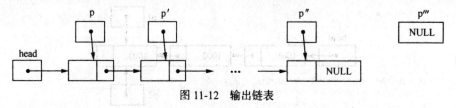

图 11-12 输出链表

（2）head 的值是由实参传过来的，也就是将已有链表的头指针传给 print 函数，在函数中从 head 所指的第一个结点出发顺序输出各个结点。

11.4.5 删除链表的结点

从链表中删除结点，就是撤销结点在链表中的链接，把结点从链表中孤立出来，其过程如图 11-13 所示。图 11-13（a）所示是删除结点前的链表，图 11-13（b）所示是删除结点 E 后的链表，图 11-13（c）所示是释放结点 E 所占内存空间后的链表。一般来说，删除一个结点只需撤销该结点原来的链接关系即可，如图 11-13（b）所示，但为了不浪费内存空间，最好释放该结点所占的内存空间。

【例 11.14】编写一个函数，删除动态链表中指定的结点。例如，删除指定学号的学生记录。

算法分析：

（1）首先必须找到准备删除的结点。从头指针 head 开始，依次比较输入的学号和每个结点中的学号是否相等。设一个指针变量 p1，依次指向每个结点，即 p1 每次后移一个结点。

（2）找到结点后，修改结点的链接关系。即将该结点前一个结点指针域中的指针由指向该结点改为指向该结点的下一个结点即可，如图 11-13（b）所示。还要用到删除结点的前一个结点，因此应再设一个指针变量 p2，始终指向 p1 所指结点的前一个结点。

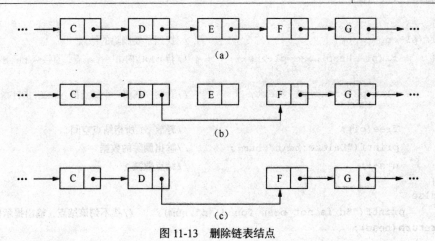

图 11-13 删除链表结点

（3）删除该结点后，释放该结点所占内存空间。

此外，还有以下几种特殊情况需要考虑。

（1）若删除的结点是第一个结点，则直接将头指针 head 改为指向第二个结点。

（2）若找不到删除的结点，应输出提示信息。

（3）若链表为空，应输出提示信息。

算法的 N-S 流程图如图 11-14 所示。删除链表结点的函数如下。

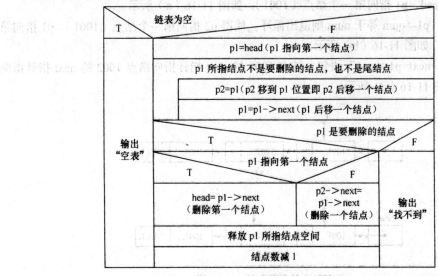

图 11-14 链表删除结点的算法

```
    struct student *del(struct student *head,int num)   //形参 num 为要删除的结点数据域中的一个值
    {    struct student *p1,*p2;
         if(head==NULL)
         {    printf("\nThe List is NULL!\n");
              return(head);
         }   //链表为空时，输出提示信息后函数返回
         p1=head;                                         //p1 指向第一个结点
         while(p1->num!=num&&p1->next!=NULL)              //p1 所指结点不是要删除的结点，也不是尾结点
         {    p2=p1;                                      //p2 移到 p1 位置即 p2 后移一个结点
              p1=p1->next;                                //p1 后移一个结点
```

```
        }
        if(p1->num==num)                          //找到了要删除的结点
        {   if(p1==head)head=p1->next;            //若 p1 指向第一个结点，直接令 head 指向第二个
结点
            else p2->next=p1->next;               //否则令其前一个结点的 next 指针指向其后一个
结点
            free(p1);                             //释放 p1 所指结点空间
            printf("Delete:%d\n",num);            //输出删除的数据
            n=n-1;                                //结点数减 1
        }
        else
            printf("%d is not been found!\n",num);    //找不到该结点，输出提示信息
        return(head);
}
```

假设链表的初始状态如图 11-15 所示。函数的执行过程如下。

图 11-15　链表的初始状态

（1）假设要删除结点 1002。

① 执行 p1=head，p1 指向第一个结点（1001），如图 11-16（a）所示。

② 在循环中，p1->num 等于 num 则退出循环。使得 p2 指向第一个结点（1001），p1 指向第二个结点（1002），如图 11-16（b）所示。

③ 执行"p2->next=p1->next"语句，结点 1001 的 next 指针指向结点 1002 的 next 指针指向的结点 1003，如图 11-16（c）所示。

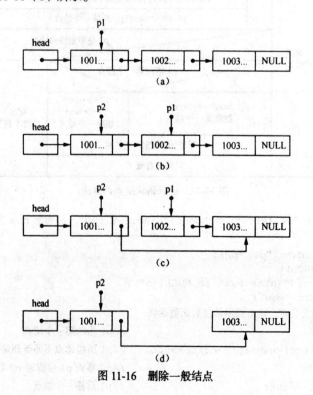

图 11-16　删除一般结点

④ 执行"free(p1);"语句释放 p1 所指结点 1002 的内存空间，如图 11-16（d）所示。
⑤ 删除结点成功，结点数 n 减 1，函数返回头指针 head。
（2）删除结点是第一个结点 1001。
① 执行 p1=head，p1 指向第一个结点（1001），如图 11-17（a）所示。
② 退出循环，p1 指向第一个结点（1001）。
③ head 指向结点 1001 的 next 指针指向的结点 1002，如图 11-17（b）所示。
④ 执行 free(p1)释放 p1 所指结点 1001 的内存空间。如图 11-17（c）所示。

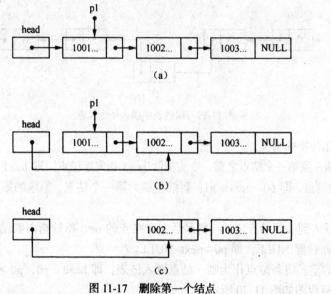

图 11-17　删除第一个结点

⑤ 删除结点成功，结点数 n 减 1，函数返回头指针 head。
（3）假设要删除结点 1004，此时找不到要删除的结点。
① 在循环结束时，p1->next 等于 NULL 时条件为假，跳出循环，如图 11-18 所示。

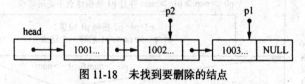

图 11-18　未找到要删除的结点

② 此时如果 p1->num 不等于 num，则输出提示信息"找不到"。
（4）链表为空时，输出提示信息"此表为空"。

11.4.6　插入链表结点

插入链表结点是指将一个结点插入一个已有的链表中。如图 11-19 所示，在结点 F 前插入一个结点 E。图 11-19（a）所示是插入结点前的链表，图 11-19（b）所示是插入结点 E 后的链表。

可以看出，插入结点 E 需要先找到结点 F 和 F 的前一个结点 D，然后修改 D 的指针域中的指针，使其指向新结点 E，并使 E 的指针域中的指针指向 F。

【例 11.15】编写一个函数，在链表中插入一个结点。假设各结点是按 num（学号）由小到大顺序排列的，现要按学号顺序插入一个新生结点。

算法分析：

从图 11-19 所示的分析可知，插入结点包括 2 个步骤：①找到插入位置；②插入结点。

（1）找到新结点应该插在哪个结点之前，还要找到该结点的前一个结点，以备插入之用。循环使得 p1 指向插入结点之后的结点，并使得指针变量 p2 指向 p1 所指结点的前一个结点。

（2）通过修改相关指针完成插入。修改 p2 所指结点 next 指针，使其指向新结点，p2->next=p0。使得新结点的 next 指针指向 p1 所指结点，p0->next=p1。

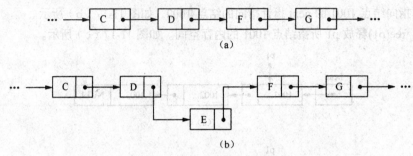

图 11-19 向链表中插入一个结点

还存在以下几种特殊情况。

（1）新结点插入到第一个结点之前。令头指针 head 指向新结点，即 head=p0。令新结点的 next 指针指向 p1 所指结点，即 p0->next = p1。新结点成为第一个结点，原来的第一个结点成为第二个结点。

（2）新结点插入到表尾结点之后。将最后一个结点的 next 指针指向新结点，即 p1->next=p0。将新结点的 next 指针置 NULL，即 p0->next=NULL。

（3）原链表为空。将新结点作为唯一结点链入链表，即 head = p0，p0->next = NULL。

算法的 N-S 流程图如图 11-20 所示。

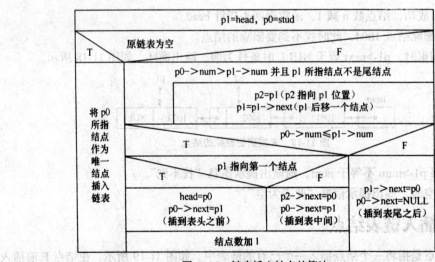

图 11-20 链表插入结点的算法

插入结点的函数如下：

```
struct student *insert(struct student *head,struct student *stud)
//形参 stud 指向要插入的新结点
{   struct student *p0,*p1,*p2;
    p1=head;                              //p1 指向第一个结点
    p0=stud;                              //p0 指向新结点
```

```
        if(head==NULL)                          //原链表为空
        { head=p0; p0->next=NULL;}              //新结点作为第一个结点
        else
        { while((p0->num>p1->num)&&(p1->next!=NULL))
                                                //新结点数据大于当前结点数据并且当前结点不
是尾结点
          { p2=p1;p1=p1->next;}                 //p2 后移一个结点，p1 后移一个结点
          if(p0->num<=p1->num)                  //新结点数据小于等于当前结点数据
          { if(head==p1)head=p0;                //新结点插到原来的第一个结点之前（当前结点为
第一个结点）
            else p2->next=p0;                   //新结点插到 p2 所指结点之后
            p0->next=p1;                        //新结点 next 指针指向当前结点
          }
          else
          { p1->next=p0; p0->next=NULL;}        //新结点插到表尾结点之后（当前结点为表尾结点）
        }
        n=n+1;                                  //结点数加 1
        return(head);
```

函数的执行过程如下。

（1）新结点插入在链表中间。假设链表的初始状态如图 11-21（a）所示，要插入新结点 1002。

① 循环结束时找到插入位置，p1 指向结点 1003，p2 指向结点 1001，如图 11-21（b）所示。

② 修改相关指针，将新结点插入到 p2 所指结点 1001 和 p1 所指结点 1003 之间，如图 11-21（c）所示。

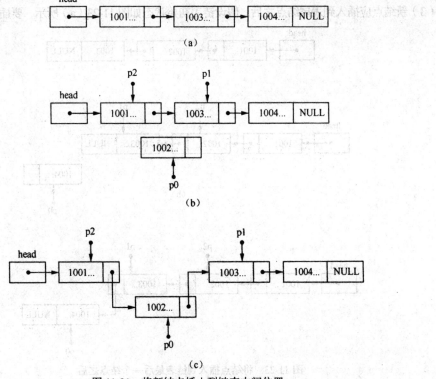

图 11-21　将新结点插入到链表中间位置

（2）新结点应插入到第一个结点。假设链表初始状态如图11-22（a）所示，要插入新结点1001。

① p1指向第一个结点1002，p2未赋值，如图11-22（b）所示。

② 头指针指向新结点1001，新结点的next指针指向第一个结点1002，这样，就将新结点插入到第一个结点1002之前，如图11-22（c）所示。

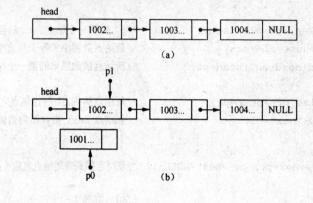

图11-22 将结点插入到链表第一个结点之前

（3）新结点应插入到表尾结点之后。假设链表初始状态如图11-23（a）所示，要插入新结点1004。

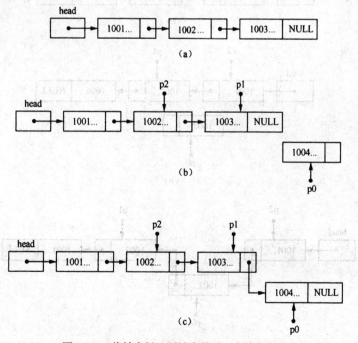

图11-23 将结点插入到链表最后一个结点之后

① 经过p1、p2的后移，p1指向最后一个结点1003，虽然p0->num（1004）仍然大于p1->num

（1003），但 p1->next 等于 NULL，while（）语句条件为假，跳出循环。此时，p1 指向结点 1003，p2 指向结点 1002，如图 11-23（b）所示。

② 进入 if（）语句，p0->num（1004）大于 p1->num（1003），if（）语句条件为假，执行 else，最后一个结点 1003 的 next 指针指向新结点 1004，并将新结点的 next 指针置 NULL，这样，就将新结点插入到表尾结点 1003 之后，如图 11-23（c）所示。

（4）初始链表为空时，如图 11-24 所示，直接将头指针指向新结点，并将新结点的 next 指针置 NULL。

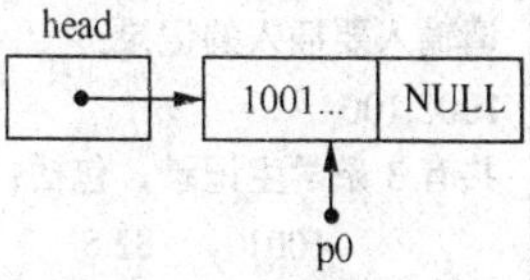

图 11-24　将结点插入空链表

11.4.7　链表的综合操作

【例 11.16】将以上建立、输出、删除、插入链表的函数编写在一个 C 语言源程序中，将【例 11.12】【例 11.13】【例 11.14】和【例 11.15】中的 4 个函数最后加上主调函数 main。

编写的主函数如下：

```
void main()
{   struct student *head,*stu;
    int del_num;
    printf("请输入记录:\n");
    head=creat();                                //调用函数建立链表
    print(head);                                 //调用函数输出链表
    printf("请输入删除的记录编号:");
    scanf("%d",&del_num);
    while(del_num!=0)
    {    head=del(head,del_num);                 //调用函数删除链表中指定结点
         print(head);
         printf("请输入删除的记录编号:");
         scanf("%d",&del_num);
    }
    printf("请输入要插入的记录:\n");
    stu=(struct student *)malloc(LEN);
    scanf("%d,%f",&stu->num,&stu->score);
    while(stu->num!=0)
    {    head=insert(head,stu);                  //调用函数将新结点插入有序链表中正确位置
         print(head);
         printf("请输入要插入的记录:\n");
         stu=(struct student *)malloc(LEN);      //申请内存空间
         scanf("%d,%f",&stu->num,&stu->score);
    }
}
```

程序的运行结果如下。

```
请输入记录:
1001,82.5
1002,90.5
1003,78.5
0,0
共有 3 条学生记录，包括:
        1001    82.5
        1002    90.5
        1003    78.5
请输入删除的记录编号: 1002
```

```
Delete:1002
共有 2 条学生记录，包括：
        1001    82.5
        1003    78.5
请输入删除的记录编号：0
请输入要插入的记录：
1002,100
共有 3 条学生记录，包括：
        1001    82.5
        1002    100.0
        1003    78.5
请输入要插入的记录：
0
Press any key to continue
```

说明：

（1）在主函数前顺序加入建立链表、输出链表、删除结点、插入结点的函数，也可将每个函数单独放在一个文件中，在主函数前用文件包含命令将这几个文件顺序包含进来。

（2）在每次插入一个新结点，应先申请该结点的内存空间。

结构体和指针的应用领域很广，除了能处理单向链表外，还可以处理循环链表和双向链表。此外还可以处理队列、树、栈、图等数据结构。有关这些问题的算法可以学习"数据结构"课程，在此不再赘述。

11.5 共用体

11.5.1 共用体的概念

为了节省内存或提高程序运行效率，有时需要将几种不同类型的变量存放到同一块内存空间中。例如，可以把一个整型变量、一个字符型变量、一个实型变量放在同一个地址开始的内存空间中，如图 11-25 所示。3 个变量虽然在内存中所占字节数不同，但都从同一地址开始存放，3 个变量互相覆盖。

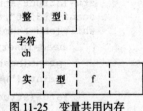

图 11-25 变量共用内存

这种使几个不同变量共占同一块内存的结构，称为共用体。定义共用体类型变量的一般形式为

```
union 共用体名
    {   成员表列
    } 变量名表列；
```

其中，"union"是定义共用体的关键字，"共用体名"是共用体的名字。与结构体的定义相似，也有 3 种方式定义共用体变量。

（1）定义共用体的同时定义变量。例如：

```
union data
{   int i;
    char ch;
    float f;
}a, b, c;
```

（2）定义共用体类型后，再定义变量。例如：

```
union data
```

```
{   int i;
    char ch;
    float f;
};
union data a, b, c;
```

(3)不定义共用体类型名,直接定义变量。例如:

```
union
{   int i;
    char ch;
    float f;
}a, b, c;
```

学习提示:
共用体与结构体的定义形式相似,但它们的含义不同。
(1)结构体变量所占内存长度为各成员的内存长度之和,每个成员分别占用自己的内存空间。
(2)共用体变量所占内存长度为最长的成员的长度。假设 int 类型变量占 2 个字节,float 类型变量占 4 个字节,上面定义的共用体变量 a、b、c 各占 4 个字节,而不是各占 2+1+4=7 个字节。

11.5.2 共用体变量的引用

只有先定义了共用体变量才能引用它,而且一般不能整体引用共用体变量,只能引用共用体变量中的成员。

例如,前面定义了 a、b、c 为共用体变量,下面介绍几种引用方式。

```
a.i=123;                    //引用 a 中的成员 i,正确
b.ch='a';                   //引用 b 中的成员 ch,正确
c.f=123.456;                //引用 c 中的成员 f,正确
scanf("%d",&a.i)            //引用 a.i 地址,正确
a=123.4;                    //整体引用共用体变量 a,出错
printf("%d",a);             //整体引用共用体变量 a,出错
```

a 的内存区被几个成员共用,只写出变量 a,无法确定输出的是哪一个成员。而应写成 "printf("%d", a.i);"、"printf("%c", a.ch);" 或 "printf("%f", a.f);"。

虽然不可以整体引用共用体变量,但是可以将一个共用体变量作为一个整体赋值给另一个同类型的共用体变量。例如:

```
union data a, b;
a=b;                        //共用体变量整体赋值
```

【例 11.17】 共用体变量举例。

```
#include <stdio.h>
union data
{   int i;
    char ch;
    float f;
}a;
void main()
{   printf("请输入一个整形值:");
    scanf("%d",&a.i);                           //引用共用体成员的地址
    printf("%d,%c,%f\n",a.i , a.ch, a.f);       //引用共用体成员
    a.ch='a';
    printf("%d,%c,%f\n",a.i , a.ch, a.f);
    a.f=123.456;
    printf("%d,%c,%f\n",a.i , a.ch, a.f);
    printf("%x,%x,%x,%x\n",&a, &a.i , &a.ch, &a.f);   //输出地址
}
```

程序的运行结果如下。

```
请输入一个整形值：123
123,{,0.000000
97,a,0.000000
1123477881,y,123.456001
42c21c,42c21c,42c21c,42c21c
Press any key to continue
```

共用体数据类型具有以下特点。

（1）同一块内存空间存放几个成员，但每一瞬时只能存放一个，不能同时存放几个。

（2）共用体变量中起作用的成员是最后一次存放的成员，在存入一个新成员后，原有的成员被替换。例如，有以下赋值语句：

```
a.i = 123;
a.ch = 'a';
a.f = 123.456;
```

在顺序完成以上 3 个赋值语句后，只有 a.f 有效，a.i 和 a.ch 都无意义。此时，语句"printf("%d,%c,%f\n",a.i , a.ch, a.f);"把最后存储的数据当成整型、字符型和浮点型输出。

（3）共用体变量的地址和它各成员的地址都是同一地址。如&a、&a.i、&a.ch、&a.f 都是同一地址值。

（4）在定义共用体变量的同时可以对其进行初始化，只能用第一个成员的值，不能用其他成员的值。例如：

```
union data
{   int i;
    char ch;
    float f;
}a={10};                       //正确
```

而

```
union data
{   int i;
    char ch;
    float f;
}a={10, 'a', 1.5};             //出错
```

（5）不能把共用体变量作为函数参数，也不能使函数带回共用体变量，但可以使用指针指向共用体变量。

（6）数组可以作为共用体的成员，也可以定义共用体数组。

（7）结构体变量可以作为共用体的成员，共用体变量也可以作为结构体的成员。

【例 11.18】设有若干人员的数据，其中有学生和教师。学生的数据包括：学号、姓名、职业、班级，教师的数据包括：教师号、姓名、职业、职称，如图 11-26 所示。如果 job 项是 s（学生），则第 4 项为 class（班级），否则第 4 项为 title（职称）。编写程序输入人员数据，然后输出。

num	name	job	class（班级）或者 title（职称）
1001	Zhang	s	101
2002	Li	t	Professor

图 11-26　学生教师数据表

算法分析：

可以用共用体来处理第 5 项，将 class 和 title 放在同一块内存中。算法的 N-S 流程图如图 11-27 所示。

编写程序如下：

```
#include <stdio.h>
struct
{   int num; char name[20];   char job;
    union
```

```
        {   int class;
            char title[20];
        }category;               //在结构体类型声明中定义共用体变量
}person[3];                      //两个元素的数组
void main()
{   int i;
    printf("输入记录:\n\t 编号\t 姓名\t 职业\t 班级或职称\n");
    for(i=0;i<3;i++)
    {   scanf("\t%d\t%s\t%c\t",&person[i].num,&person[i].name, &person[i].job);
        if(person[i].job=='s')
            scanf("%d",&person[i].category class);
        else if(person[i].job=='t')
            scanf("%s",&person[i].category.title);
        else
            printf("输入出错!");
    }
    printf("记录是:\n\t 编号\t 姓名\t 职业\t 班级或职称\n");
    for(i=0;i<3;i++)
    {   if(person[i].job=='s')
            printf("\t%d\t%s\t%c\t%d\n", person[i].num, person[i].name, person[i].job, person[i].category class);
        else
            printf("\t%d\t%s\t%c\t%s\n",person[i].num, person[i].name, person[i].job, person[i].category.title);
    }
}
```

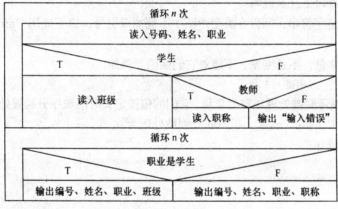

图 11-27 算法

程序的运行结果如下。

说明:

(1) 在程序中定义一个结构体数组 person 用来存放每个人的数据。

(2) 在结构体类型声明中定义了一个共用体变量 category (类别) 作为结构体的成员。

(3) category 中有两个成员: class (班级), 整型变量; title (职称), 字符数组 (存放职称名)。

11.6 枚举类型

如果一个变量只有几种可能的值，那么可以定义为枚举类型。所谓"枚举"是指将变量的所有可能值——列举出来，变量的值只限于列举出来的值的范围内。定义枚举类型变量的一般形式为

```
enum 枚举类型名{枚举值表列}变量名表列;
```

其中，"enum"是定义枚举类型的关键字。例如：

```
enum weekday {sun, mon, tue, wed, thu, fri, sat} workday, week_end;
```

weekday 为枚举类型名。sun、mon、…、sat 为枚举值（也称为枚举元素或枚举常量），是由用户自行定义的标识符。workday 和 week_end 为枚举类型变量，它们的取值只能是 sun 到 sat 中的一个。

例如：

```
workday=mon;
week_end=sun;
```

也可以将类型声明与变量定义分开：

```
enum weekday{sun, mon, tue, wed, thu, fri, sat};
enum weekday workday, week_end;
```

也可以直接定义共用体变量：

```
enum { sun, mon, tue, wed, thu, fri, sat }workday,week_end;
```

关于枚举类型有以下几点说明。

（1）枚举值不是字符串，所以在类型声明中不能加双引号，也不能用"printf("%s",…)"直接输出。

（2）枚举值是常量，不是变量，不能对它们赋值。例如：

```
sun=0;mon=1;    //出错
```

（3）枚举值在编译时被处理成整型常量，它们的值按定义时的顺序分别被处理为 0、1、2、…。例如，在以上定义中，sun、mon、…、sat 分别被处理为 0、1、…、6。

如果执行赋值语句：

```
workday=mon;
printf("%d ",workday);
```

将输出整数 1。

（4）在定义枚举类型时，也可以由程序员指定枚举元素的值。例如：

```
enum weekday{sun=7, mon=1, tue, wed, thu, fri, sat}workday, week_end;
```

定义 sun 为 7，mon 为 1，以后顺序加 1，sat 为 6。

（5）枚举值可以用来作判断比较，枚举值的比较规则是按其在定义时的顺序号进行。例如：

```
if (workday>mon) ...
if(week_end == sun) ...
```

（6）虽然枚举值被处理为一个整数，但是在程序中不能将一个整数直接赋值给一个枚举变量。例如：

```
workday=2;    //出错
```

是错误的，二者类型不同。

（7）可以将一个整数（或整型表达式）强制转换为枚举类型后，再赋值给一个枚举变量。例如：

```
workday=(enum weekday)2;   和   workday=(enum weekday)(5-3);
```

都是正确的，相当于 workday=tue。

【例 11.19】通过枚举类型实现输入一个 1~7 的整数，输出对应的星期名。

```
#include <stdio.h>
enum weekday{sun=7,mon=1,tue,wed,thu,fri,sat};          //声明枚举类型
void main()
{   enum weekday a;                                      //定义枚举变量
    int i;
    printf("Input Day No:");
    scanf("%d",&i);
    if(i>=1&&i<=7)
    {   a=(enum weekday)i;                               //将 i 转换为枚举类型后赋给 a
        switch(a)                                        //输出星期名
        {   case sun: printf("Sunday\n");break;
            case mon: printf("Monday\n");break;
            case tue: printf("Tuesday\n");break;
            case wed: printf("Wednesday\n");break;
            case thu: printf("Thursday\n");break;
            case fri: printf("Friday\n");break;
            case sat: printf("Saturday\n");break;
        }
    }
    else
        printf("Input Error!\n");
}
```

程序的运行结果如下。

```
Input Day No:3
Wednesday
Press any key to continue
```

说明:

(1)枚举值对应的整数值默认情况下从 0 开始,可以在枚举类型声明中自定义。
(2)枚举值不是字符串,不能用 "printf("%s", a);" 输出。
(3)不用枚举类型也可实现此程序功能,但用枚举类型更直观,便于阅读和理解。

11.7 用 typedef 定义类型

在 C 语言中提供了标准的类型名(如 int、char、float、double 等)和结构体、共用体、指针、枚举类型,还可以用关键字 typedef 声明新的类型名来代替已有的类型名(即给已有类型名起个别名),然后用新类型名定义变量。例如:

```
typedef int INTEGER;
typedef float REAL;
```

指定用 INTEGER 表示 int 类型,用 REAL 表示 float 类型。这样,以下 2 行定义等价:

① `int m,n; float x, y;`
② `INTEGER m, n; REAL x, y;`

再如:

```
typedef struct
{   int year;
    int month;
    int day;
}DATE;
DATE birthday, *p;
```

声明一个新类型名 DATE 表示该结构体类型,然后用新类型名定义变量 birthday 和指针变量 p。
还可以为数组和指针声明新类型名:

① `typedef int COUNT[100];`

```
    COUNT a;                      //相当于 int a[100];
    ②typedef char *STRING;
    STRING p, s[10];              //相当于 char *p, *s[10];
```

归纳起来，声明一个新的类型名的书写方法如下。

① 先按定义变量的方法写出定义体。

② 将变量名换成新类型名。

③ 在最前面加上 typedef。

④ 可以用新类型名定义变量。

其中，步骤①、②是构造③的中间过程，不应在程序中出现。

例如：①int I；②int INTEGER；③typedef int INTEGER；④INTEGER I；（相当于 int I；）

再如：①int a[100]；②int COUNT[100]；③typedef int COUNT[100]；④COUNT a；（相当于 int a[100]；）

又如：①char *p；②char *STRING；③typedef char *STRING；④STRING p, s[10]；（相当于 char *p, *s[10]；）

关于用 typedef 声明新类型，有以下几点需要说明。

（1）经常把新类型名用大写字母表示，以便与系统提供的标准类型标识符区别。

（2）typedef 是用来声明新类型名的，不能用它来定义变量。

（3）用 typedef 只是给已有类型起了一个别名，并没有创造一个新类型。

（4）声明新类型名后，老类型名仍然可用。

（5）typedef 与#define 有相似之处，例如："typedef int INTEGER；"和"#define INTEGER int"，都是用 INTEGER 代表 int。但二者有本质区别：#define 是在编译前处理的，它只能做简单的字符串替换；而 typedef 是在编译时处理的，它并不是做简单的字符串替换，如前面所举的数组的例子。

（6）可以使新类型名比老类型名更贴切，以便于阅读和理解。

（7）可以为复杂的类型（如结构体、共用体等）取一个更简洁的名字，以方便使用。

（8）有利于程序的通用和移植。

【例 11.20】typedef 应用举例。

```
#include <stdio.h>
typedef int INTEGER;              //定义类型名 INTEGER
typedef struct
{   int year;
    int month;
    int day;
}DATE;                            //定义类型名 DATE
DATE birthday;
typedef int COUNT[10];            //定义数组类型名 COUNT
void main()
{   INTEGER i;                    //定义 int i
    COUNT c;                      //定义数组 int c[10]
    DATE birthday;                //定义结构体变量 birthday
    for (i=0;i<=9;i++)
        c[i]=2*i;
    printf("数组: ");
    for (i=0;i<=9;i++)
        printf("%d ",c[i]);
    birthday.year=2010;
    birthday.month=10;
```

```
    birthday.day=1;
    printf("\n生日:%d年%d月%d日\n", birthday.year, birthday.month, birthday.day);
}
```

程序的运行结果如下。

```
数组: 0 2 4 6 8 10 12 14 16 18
生日: 2010年10月1日
Press any key to continue
```

习 题

一、选择题

（1）有以下结构体说明、变量定义和赋值语句
```
struct STD
{   char name[10];   int age;char sex;
}s[5], *ps;
ps=&s[0];
```
则以下 scanf 函数调用语句中引用结构体变量成员错误的是（   ）。

　　A）scanf("%s",s[0].name);　　　　　　B）scanf("%d",&s[0].age);
　　C）scanf("%c",&(ps->sex));　　　　　　D）scanf("%d",ps->age);

（2）以下程序的运行结果是（   ）。
```
#include <stdio.h>
struct ord
{   int x,y;
}dt[2]={1,2,3,4};
void main( )
{   struct ord *p=dt;
    printf("%d,",++p->x);
    printf("%d\n",++p->y);
}
```
　　A）1,2　　　　　　B）2,3　　　　　　C）3,4　　　　　　D）4,1

（3）以下程序的运行结果是（   ）。
```
#include <stdio.h>
struct st
{   int x, y;
} data[2]={1,10,2,20};
void main( )
{   struct st *p=data;
    printf("%d,", p->y);
    printf("%d\n",(++p)->x);
}
```
　　A）10,1　　　　　　B）20,1　　　　　　C）10,2　　　　　　D）20,2

（4）以下程序的运行结果是（   ）。
```
#include <stdio.h>
struct tt
{   int x;
    struct tt *y;
} *p;
struct tt a[4]={20,a+1,15,a+2,30,a+3,17,a};
void main( )
{   int i;
    p=a;
    for(i=1;i<=2;i++)
    {      printf("%d,",p->x);
```

```
            p=p->y;
    }
}
```

A) 20,30,   B) 30,17,   C) 15,30,   D) 20,15,

（5）以下程序的运行结果是（　　）。

```
#include <stdio.h>
struct S {int n; int a[20];};
void f(struct S *p)
{   int i,j,t;
    for(i=0;i<p->n-1;i++)
        for(j=i+1;j<p->n;j++)
            if(p->a[i]>p->a[j])
            {   t=p->a[i];
                p->a[i]=p->a[j];
                p->a[j]=t;
            }
}
void main( )
{   int i;struct S s={10,{2,3,1,6,8,7,5,4,10,9}};
    f(&s);
    for(i=0;i<s.n;i++)
        printf("%d ",s.a[i]);
}
```

A) 1 2 3 4 5 6 7 8 9 10   B) 10 9 8 7 6 5 4 3 2 1

C) 2 3 1 6 8 7 5 4 10 9   D) 10 9 8 7 6 1 2 3 4 5

（6）以下程序的运行结果是（　　）。

```
#include <stdio.h>
struct S {int n; int a[20];};
void f(int *a,int n)
{   int i;
    for(i=0;i<n-1;i++)
        a[i]+=i;
}
void main( )
{   int i;
    struct S s={10,{2,3,1,6,8,7,5,4,10,9}};
    f(s.a,s.n);
    for(i=0;i<s.n;i++)
        printf("%d, ",s.a[i]);
}
```

A) 2,4,3,9,12,12,11,11,18,9,   B) 3,4,2,7,9,8,6,5,11,10,

C) 2,3,1,6,8,7,5,4,10,9,   D) 1,2,3,6,8,7,5,4,10,9,

（7）以下程序的运行结果是（　　）。

```
#include <stdio.h>
#include <stdlib.h>
int fun(int n)
{   int *p;
    p=(int*)malloc(sizeof(int));
    *p=n;
    return *p;
}
void main( )
{   int a;
    a=fun(10);
    printf("%d\n", a+fun(10));
}
```

A) 0   B) 10   C) 20   D) 出错

（8）以下关于 typedef 的叙述错误的是（   ）。

    A）用 typedef 可以增加新类型

    B）typedef 只是将已存在的类型用一个新的名字来代表

    C）用 typedef 可以为各种类型说明一个新名，但不能用来为变量说明一个新名

    D）用 typedef 为类型说明一个新名，通常可以增加程序的可读性

（9）关于以下程序段的叙述中正确的是（   ）。

```
typedef struct node
{   int data;struct node *next;}*NODE;
NODE p;
```

    A）p 是指向 struct node 结构变量的指针的指针

    B）"NODE p;" 语句出错

    C）p 是指向 struct node 结构变量的指针

    D）p 是 struct node 结构变量

（10）以下结构体类型说明和变量定义中正确的是（   ）。

    A）typedef struct   B）struct REC;

        { int n; char c;}REC;   { int n; char c;};

        REC t1,t2;   REC t1,t2;

    C）typedef struct REC ;   D）struct

        { int n=0; char c='A';}t1,t2;   { int n;char c;}REC t1,t2;

（11）以下程序的运行结果是（   ）。

```
#include <stdio.h>
typedef struct{int b,p;}A;
void f(A c)                         //注意：c是结构变量名
{   int j;
    c.b+=1;
    c.p+=2;
}
void main( )
{   int i;
    A a={1,2};
    f(a);
    printf("%d,%d\n",a.b,a.p);
}
```

    A）2,3   B）2,4   C）1,4   D）1,2

（12）以下程序的运行结果是（   ）。

```
#include <stdio.h>
#include <string.h>
typedef struct{ char name[9]; char sex; float score[2]; } STU;
void f( STU a)
{   STU b={"Zhao" , 'm',85.0,90.0};
    int i;
    strcpy(a.name,b.name);
    a.sex=b.sex;
    for(i=0;i<2;i++)
        a.score[i]=b.score[i];
}
void main( )
{   STU c={"Qian",'f',95.0,92.0};
    f(c);
    printf("%s,%c,%2.0f,%2.0f\n",c.name,c.sex,c.score[0],c.score[1]);
}
```

    A）Qian,f,95,92   B）Qian,m,85,90   C）Zhao,f,95,92   D）Zhao,m,85,90

(13) 以下程序的运行结果是（　　）。
```
#include <stdio.h>
#include <string.h>
typedef struct{ char name[9];char sex; float score[2]; } STU;
STU f(STU a)
{   STU b={"Zhao",'m',85.0,90.0};
    int i;
    strcpy(a.name,b.name);
    a.sex=b.sex;
    for(i=0;i<2;i++)
        a.score[i]=b.score[i];
    return a;
}
void main( )
{   STU c={"Qian",'f ',95.0,92.0},d;
    d=f(c);
    printf("%s,%c,%2.0f,%2.0f\n",d.name,d.sex,d.score[0],d.score[1]);
}
```
A）Qian,f,95,92　　　B）Qian,m,85,90　　　C）Zhao,m,85,90　　　D）Zhao,f,95,92

(14) 假定已建立以下链表结构，且指针 p 和 q 指向如下图所示的结点。则以下选项中可将 q 所指结点从链表中删除并释放该结点的语句组是（　　）。

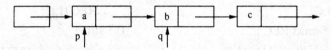

A）(*p).next=(*q).next; free(p);　　　B）p=q->next; free(q);

C）p=q; free(q);　　　D）p->next=q->next; free(q);

(15) 程序中已构成如下图所示的不带头结点的单向链表结构，指针变量 s、p、q 均已正确定义，并指向链表结点，指针变量 s 总是作为头指针指向链表的第一个结点。以下程序段实现的功能是（　　）。

```
q=s; s=s->next; p=s;
while(p->next)
    p=p->next;
p->next=q; q->next=NULL;
```

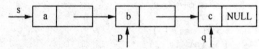

A）首结点成为尾结点　　　B）尾结点成为首结点

C）删除首结点　　　D）删除尾结点

(16) 设有以下定义
```
union data
{   int d1; float d2;
}demo;
```
则以下叙述中错误的是（　　）。

A）变量 demo 与成员 d2 所占的内存字节数相同

B）变量 demo 中各成员的地址相同

C）变量 demo 和各成员的地址相同

D）若给 demo.d1 赋 99 后，demo.d2 中的值是 99.0

(17) 若有以下定义和语句
```
union data
{   int i; char c; float f;
}x;
int y;
```
则以下语句正确的是（　　）。

A）x=10.5;　　　B）x.c=101;　　　C）y=x;　　　D）printf("%d\n",x);

（18）在16位编译系统上，以下程序的运行结果是（　　）。
```
#include <stdio.h>
void main( )
{   union
    {   char ch[2];int d;
    }s;
    s.d=0x4321;
    printf("%x,%x\n",s.ch[0],s.ch[1]);
}
```
　　A）21,43　　　　　　B）43,21　　　　　　C）43,00　　　　　　D）21,00

二、填空题

（1）已有定义：double *p;，请写出完整的语句，利用malloc函数使p指向一个双精度型的动态存储单元，语句为_____。

（2）以下程序的运行结果是_____。
```
#include <stdio.h>
#include <stdlib.h>
void main()
{   char *s1,*s2,m;
    s1=s2=(char*)malloc(sizeof(char));
    *s1=15;
    *s2=20;
    m=*s1+*s2;
    printf("%d\n",m);
}
```

（3）以下程序的功能是建立一个有3个结点的单向循环链表，然后求各个结点数值域data中数据的和，请填空。

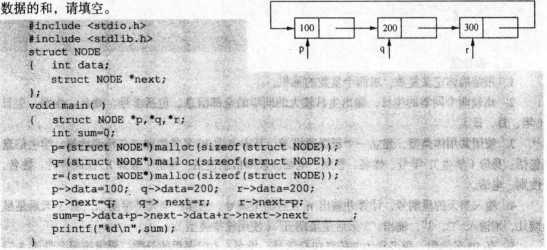

```
#include <stdio.h>
#include <stdlib.h>
struct NODE
{   int data;
    struct NODE *next;
};
void main( )
{   struct NODE *p,*q,*r;
    int sum=0;
    p=(struct NODE*)malloc(sizeof(struct NODE));
    q=(struct NODE*)malloc(sizeof(struct NODE));
    r=(struct NODE*)malloc(sizeof(struct NODE));
    p->data=100;  q->data=200;  r->data=200;
    p->next=q;   q-> next=r;   r->next=p;
    sum=p->data+p->next->data+r->next->next_____;
    printf("%d\n",sum);
}
```

（4）以下程序中函数fun的功能是构成一个如下图所示的带头结点的单向链表，在结点数据域中放入了具有两个字符的字符串。函数disp的功能是显示输出该单链表中所有结点中的字符串。请填空。

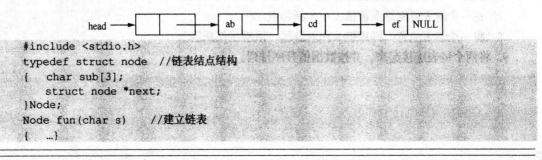

```
#include <stdio.h>
typedef struct node    //链表结点结构
{   char sub[3];
    struct node *next;
}Node;
Node fun(char s)       //建立链表
{   ...}
```

```
void disp(Node *h)
{   Node *p;
    p=h->next;
    while(_____)
    {   printf("%s\n",p->sub);
        p=_____;
    }
}
main( )
{   Node *hd;
    hd=fun( );
    disp(hd);
    printf(" \n");
}
```

(5) 以下程序把 3 个 NODETYPE 型的变量链接成一个简单的链表，并在 while 循环中输出链表结点数据域中的数据，请填空。

```
#include <stdio.h>
struct node
{   int data; struct node *next;};
typedef struct node NODETYPE;
void main( )
{   NODETYPE a,b,c,*h,*p;
    a.data=10;b.data=20;c.data=30;
    h=&a;a.next=_____;
    b.next=_____;
    c.next=NULL;
    p=h;
    while(p!=NULL)
    {   printf("%d",_____);
        p=_____;
    }
}
```

三、编程题

1. 用结构体定义复数，求两个复数的乘积。

2. 比较两个同学的生日，输出生日较大的同学的全部信息，包括学号、姓名、性别、生日（年、月、日）。

3. 使用共用体类型，建立一个班级通讯录，其中包括 30 名学生和 5 名任课教师。学生信息包括：身份（学生）、学号、姓名、性别、电话。教师信息包括：身份（教师）、任课科目、姓名、性别、电话。

4. 输入当天的星期号，计算并输出 n 天后的星期号。例如：今天是星期二，求 3 天后是星期几，则输入"2，3"，输出"3 天后是星期五"（使用枚举类型）。

5. 有 10 名学生，每名学生的信息包括学号、姓名、3 门课程的分数。要求按每名学生 3 门课程的平均分由高至低输出所有学生的信息，包括名次、学号、姓名、3 门课程的分数、3 门课程的平均分，并求每门课程的平均分。

6. 删除一个链表中数据值相等的所有结点，只保留最前面的一个。

7. 在一个链表指定结点前插入一个新结点。

8. 将一个链表逆置，即原链头作新链尾，原链尾作新链头。

9. 将两个链表连接起来，并按数据值升序排列。

第 12 章 位运算

本章资源

数据在计算机中以二进制的形式存储,这就使得许多程序可以直接对数据进行操作,也就是直接操作二进制数位。在 C 语言中借助位运算能够直接对二进制数位进行操作,它是 C 语言的重要特点之一,具有明显的优越性。本章将详细介绍 C 语言的位运算。

12.1 位运算符和位运算

由于位运算直接进行二进制数位操作,不需要转换成十进制,因此处理速度比十进制快很多。在 C 语言中,位运算的对象只能是整型或字符型数据,不能是其他类型的数据。

表 12-1 列出了 C 语言提供的 6 种位运算符及其含义。

表 12-1　　　　　　　　　　　　位运算符

运 算 符	含 义	优 先 级
~	按位取反	高
<<	左移	↑
>>	右移	
&	按位与	
^	按位异或	
|	按位或	低

说明:
(1)除了按位取反(~)为单目运算符,其他均为双目运算符。
(2)运算对象只能是整型或字符型数据,不能是其他类型的数据。
(3)位运算对运算量中的每一个二进制位进行操作。

12.1.1 按位取反(~)运算符

~运算符是位运算中唯一的单目运算符,用来把二进制数按位取反,即每一位上的 0 变 1,1 变 0。例如,表达式~37 把十进制数 37(二进制数 00100101)按位取反,得到的结果是十进制数 218(二进制数 11011010)。

```
~  00100101
   ────────
   11011010
```

~运算符的优先级高于算术运算符、关系运算符、逻辑运算符和其他位运算符,例如:~a+c,则先进行 "~a" 运算,然后进行 "+" 运算,相当于(~a)+c。

【例 12.1】将正整数 m 按位取反,并输出。

编写程序如下：
```c
#include<stdio.h>
void main()
{   unsigned short int m=37;
    printf("m=%u %o\n",m,m);  //m= 00000000 00100101B, 37D, 45O
    m=~m;
    printf("m=%u %o\n",m,m);  //m= 11111111 11011010B, 65498D, 177732O
}
```
程序的运行结果如下。

```
m=37 45
m=65498 177732
Press any key to continue_
```

学习提示：

（1）VC++6.0中无符号短整型占2个字节的空间。

（2）在注释中，37D中的字符"D"表示为十进制数，00000000 00100101B中的字符"B"表示为二进制数，45O中的字符"O"表示为八进制数。

（3）37按位取反得到的无符号短整数的二进制数为1111111111011010，即十进制数65498、八进制数177732。

12.1.2　按位与（&）运算符

&运算符是把参加运算的两个运算数，按二进制位进行"与"运算，如果对应的二进制位都为1，则该位的结果为1，否则为0。即

0&0=0　　　　0&1=0　　　　1&0=0　　　　1&1=1

例如，12&6的运算是将12（二进制00001100）与6（二进制00000110）按位做"与"运算，得到的结果为4（二进制00000100），运算过程如下：

```
        12: 00001100
    &    6: 00000110
        ─────────
           00000100
```

说明：

（1）如果有负数参与&运算，则是将负数的补码按位依次进行"与"运算。

（2）任何二进制数位只要和0做"与"运算，则该位被屏蔽（清零），和1做"与"运算，则该位保持原值不变。例如，如果要保留m=212（二进制数11010100）的第5位，则只需要同二进制数00010000进行&运算，其结果的特点是除了第5位以外的各位均为0。运算过程如下：

```
         m: 11010100
    &   16: 00010000
        ─────────
            00010000
```

（3）&运算通常用来对某些位清零或保留某些位。例如，要把整数m（在内存中占2个字节的空间）的高八位清零，保留低八位的值不变，则只需 m&255 即可（255的二进制数为0000000011111111）。

【例12.2】 将正整数m与正整数16进行按位"与"运算以保留其第5位二进制数，并输出结果。

编写程序如下：
```c
#include<stdio.h>
void main()
```

```
{   unsigned short int m=212;
    printf("m=%u %o\n",m,m);      //m=00000000 11010100B, 212D, 324O
    m=m&16;
    printf("m=%u %o\n",m,m);      //m=00000000 00010000B, 16D, 20O
}
```

程序的运行结果如下：

```
m=212 324
m=16 20
Press any key to continue
```

12.1.3 按位或（|）运算符

| 运算符是把参加运算的两个运算数按二进制位进行"或"运算，如果对应的二进制位都为 0，则该位的结果为 0，否则为 1。即

0|0=0   0|1=1   1|0=1   1|1=1

例如，12|6 的运算为将 12（二进制 00001100）与 6（二进制 00000110）按位做"或"运算，得到的结果为 14（二进制 00001110），运算过程如下：

```
    12：00001100
|    6：00000110
    ─────────
       00001110
```

说明：

（1）如果是负数参与|运算，则是将负数的补码按位进行"或"运算。

（2）任何位上的二进制数，只要和 1 做"或"运算，则该位被置为 1，和 0 做"或"运算，则该位保持原值不变。例如，如果要将 m=212（二进制数为 11010100）的第 2 位置为 1，则只需要同二进制数 00000010 进行"或"运算。运算过程如下：

```
    m：11010100
|   2：00000010
    ─────────
      11010110
```

（3）|运算通常用来把某些位置为 1。例如，要把一个整数 m（在内存中占 2 个字节的空间）的高八位保持不变，低八位置 1，则只需 m|255 即可（255 的二进制数为 0000000011111111）。

【例 12.3】将正整数 m 与正整数 2 进行按位"或"运算以将其第 2 位二进制数置为 1，并输出结果。

编写程序如下：

```
#include<stdio.h>
void main()
{   unsigned short int m=212;
    printf("m=%u %o\n",m,m);      //m=00000000 11010100B, 212D, 324O
    m=m|2;
    printf("m=%u %o\n",m,m);      //m=00000000 11010110, 214D, 326O
}
```

程序的运行结果如下：

```
m=212 324
m=214 326
Press any key to continue
```

12.1.4 按位异或（^）运算符

^运算符也称为异或（XOR）运算符，把参加运算的两个运算数，按二进制位进行"异或"

运算，如果对应的二进制位相同，则该位的结果为 0，如果对应的二进制位不同，则该位的结果为 1。即

    0^0 = 0   0^1=1   1^0 = 1   1^1= 0

例如，12^6 的运算为将 12（二进制 00001100）与 6（二进制 00000110）按位依次做"异或"运算，得到结果为 10（二进制 00001010），运算过程如下：

```
        12：00001100
    ^    6：00000110
            00001010
```

说明：

（1）如果是负数参与^运算，是将负数的补码按位进行"异或"运算。

（2）可以进行特定位翻转。要使得某位翻转，只要使其和 1 进行"异或"运算；要使某位保持不变，只要使其和 0 进行"异或"运算。例如，要将 m=212（二进制数为 11010100）的高四位保持不变，低四位依次翻转，则只需要同二进制数 00001111 进行^运算。运算过程如下：

```
        m：11010100
    ^   15：00001111
            11011011
```

（3）与 0 进行"异或"运算，其值保持不变。例如，12^0=12。

```
        12：00001100
    ^    0：00000000
            00001100
```

【例 12.4】将正整数 m 与正整数 15 按位"异或"运算以将其低四位二进制数翻转，并输出结果。

编写程序如下：

```c
#include<stdio.h>
void main()
{   unsigned short int m=212;
    printf("m=%u %o\n",m,m);        //m=00000000 11010100B, 212D, 324O
    m=m^15;
    printf("m=%u %o\n",m,m);        //m=00000000 11011011, 219D, 333O
}
```

程序的运行结果如下。

```
m=212 324
m=219 333
Press any key to continue
```

12.1.5 左移（<<）运算符

<<运算符是双目运算符。一般形式为

  变量名<< 整型表达式

运算符左边是移位对象，右边是整型表达式，代表左移的位数。左移时，右端（低位）补 0，左端（高位）移出的部分舍弃。例如，m=m<<2，将 m 的二进制数左移 2 位，右端补 0，如果 m=12（二进制数 00001100），左移 2 位得到二进制数 00110000（十进制数 48）。

左移时，如果左端移出的部分不包含二进制数 1，则每左移 1 位相当于移位对象乘以 2，左移 2 位相当于移位对象乘以 2^2=4。因此当左移后移出部分不包含 1 时，可以用这一特性代替乘法运算，以加快运算速度。如果移出部分包含二进制数 1 时，则这一特性就不适用。例如，m=64

（二进制数 01000000）左移 1 位时，相当于乘以 2；左移 2 位时，移出部分包含二进制数 1，因此等于 0。运算结果如表 12-2 所示。

表 12-2　　　　　　　　　　　　　　左移运算结果

m 的值	m 的二进制数	m<<1	m<<2
12	00001100	00011000	00110000
64	01000000	10000000	00000000

【例 12.5】将正整数 m 进行左移 2 位运算，并输出结果。

编写程序如下：

```
#include<stdio.h>
void main()
{   unsigned short int m=212;
    printf("m=%u %o\n",m,m);      //m=00000000 11010100B, 212D, 324O
    m=m<<2;
    printf("m=%u %o\n",m,m);      //m=00000011 01010000, 848D, 1520O
}
```

程序的运行结果如下。

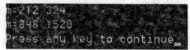

12.1.6　右移（>>）运算符

>>运算符是双目运算符。一般形式为

变量名>>整型表达式

运算符左边是移位对象，右边是整型表达式，代表右移的位数。右移时，右端（低位）移出的部分舍弃，左端（高位）分两种情况：对于无符号整数和正整数，高位补 0；对于负整数，高位补 1。因为负数在计算机中以补码的形式表示。例如，m=m>>2，将 m 的二进制数右移 2 位，左端补 0 或 1，如果 m=12（二进制数 00001100），右移 2 位得到二进制数 00000011，即十进制数 3。

右移时，如果右端移出的部分不包含二进制数 1，则每右移 1 位相当于移位对象除以 2，右移 2 位相当于移位对象除以 2^2=4。因此当右移后移出部分不包含 1 时，可以用这一特性代替除法运算，以加快运算速度。如果移出部分包含二进制数 1 时，则这一特性就不适用了。例如，当 m=2（二进制数 00000010）时，右移 1 位时，相当于除以 2；右移 2 位时，移出部分包含二进制数 1，因此等于 0。运算结果如表 12-3 所示。

表 12-3　　　　　　　　　　　　　　右移运算结果

m 的值	m 的二进制数	m>>1	m>>2
12	00001100	00000110	00000011
2	00000010	00000001	00000000

说明：

负数在进行右移运算的时候比较特殊。例如，m=-37，假设计算机中存储一个整型数据使用 1 个字节的空间，二进制表示的运算过程如下：

m 的二进制原码表示　　：10100101

m 的二进制补码表示　　：11011011

n=m>>2　　　　　　　：11110110

n 的二进制原码表示 : 10001010
n 的十进制数 : -10

【例 12.6】将正整数 m 进行右移 2 位运算,并输出结果。

编写程序如下:

```
#include<stdio.h>
void main()
{   unsigned short int m=12;
    printf("m=%u %o\n",m,m);     //m=00000000 00001100B, 12D, 14O
    m=m>>2;
    printf("m=%u %o\n",m,m);     //m=00000000 00000011B, 3D, 3O
}
```

程序的运行结果如下。

```
m=12 14
m=3 3
Press any key to continue
```

12.1.7　位运算赋值运算符

位运算符与赋值运算符可以组成以下 5 种复合位运算赋值运算符:

&=、|=、>>=、<<=、^=

例如,x&=y 相当于 x=x&y;x<<=2 相当于 x=x<<2;x>>=3 相当于 x=x>>3;x^=5 相当于 x=x^5。

【例 12.7】将正整数 m 进行右移 2 位运算,并输出结果。

编写程序如下:

```
#include<stdio.h>
void main()
{   unsigned short int m=12;
    printf("m=%u %o\n",m,m);  //m=00000000 00001100B, 12D, 14O
    m>>=2;
    printf("m=%u %o\n",m,m);  //m=00000000 00000011B, 3D, 3O
}
```

程序的运行结果如下。

```
m=12 14
m=3 3
Press any key to continue
```

12.1.8　不同长度的运算数之间的运算规则

位运算的对象可以是整型(int 或 long int)和字符型(char)数据。如果在进行位运算时,两个运算量长度不同(如 char 和 long int),系统会自动进行如下处理:

(1)将两个运算量右端对齐。

(2)将位数短的运算数高位补齐。规则为:无符号数和正整数左侧补 0,负数左侧补 1。补满后再进行位运算。

12.2　位运算程序实例

【例 12.8】输入一个正整数 m,将其从右端开始第 3 位到第 6 位构成的数输出。

解决该问题的主要步骤为

(1)将正整数 m 右移 3 位,将 3~6 位移至低 4 位上,方法是 m=m>>3。

(2)设置 1 个低 4 位为 1,其余各位均为 0 的正整数 n,方法是~(~0 << 4)。

(3) 将构造的正整数 n 与 m 进行按位"与"运算。

根据以上解决问题的步骤,编写程序如下:

```
#include<stdio.h>
void main()
{   int m, n, r;
    printf("Input a integer number: ");
    scanf("%d",&m);
    printf("m=%u %o\n",m,m);     //m=00000000 11101010B, 234D, 352O
    m = m>>3;                    //右移3位, 将3~6位移到低4位上
    n = ~ (~0 << 4);             //设置1个低4位为1、其余各位均为0的整数
    r = m&n;
    printf("r=%u %o\n",r,r);     //r=00000000 00001101B, 13D, 15O
}
```

程序的运行结果如下。

```
Input a integer number: 234
m=234 352
r=13 15
Press any key to continue
```

【例 12.9】输入一个正整数 m,将其循环右移 3 位,并输出结果。

解决该问题的主要步骤如下。

(1) 将正整数 m 的右端 3 位存放于另一个正整数 n 的左端最高 3 位中,方法是 n=m<<(16-3),其中 16 是 short int 型数据占用的内存位数。

(2) 将正整数 m 右移 3 位,由于是正整数,因此左端最高 3 位补 0,方法是 m=m>>3。

(3) 将 m 与 n 进行按位"或"运算。

编写程序如下:

```
#include<stdio.h>
void main()
{   int m, n, r;
    printf("Input a integer number: ");
    scanf("%d",&m);
    printf("m=%u %o\n",m,m);  //m=00000000 00000011B, 3D, 3O
    n = m<<13;                //将右端3位存放于另一个正整数的左端最高3位中
    m = m>>3;                 //右移3位
    r = m|n;                  //计算m|n
    printf("r=%u %o\n",r,r);  //r=01100000 00000000B, 24576D, 60000 O
}
```

程序的运行结果如下。

```
Input a integer number: 3
m=3 3
r=24576 60000
Press any key to continue
```

【例 12.10】不通过中间变量,使用^运算符,将两个整型变量交换。

编写程序如下:

```
#include <stdio.h>
main()
{   short m,n;
    printf("请输入m和n: ");
    scanf("%hd%hd",&m,&n);
    printf("m=%hd,n=%hd \n",m,n);
    //m=00000000 01111011B, 123D, 173O n=00000001 11001000B, 456D, 710O
    m=m^n;//m=110110011B, 435D, 663O
```

269

```
        n=m^n;//n=00000000 01111011B, 123D, 173O
        m=m^n;//m=00000001 11001000B, 456D, 710O
        printf("m=%hd,n=%hd \n",m,n);
}
```

程序的运行结果如下。

```
请输入m和n: 123 456
m=123,n=456
m=456,n=123
Press any key to continue
```

习　题

一、选择题

（1）表达式 0x15&0x18 的值是（　　）。

　　A）0x13　　　　　　B）0x10　　　　　　C）0x8　　　　　　D）0xab

（2）若 int x = 5，y = 4，则 x&y 的结果是（　　）。

　　A）0　　　　　　　B）1　　　　　　　　C）3　　　　　　　D）4

（3）表达式 0x15|0x18 的值是（　　）。

　　A）0x17　　　　　　B）0x11　　　　　　C）0x1d　　　　　　D）0x10

（4）表达式 0x15^0x18 的值是（　　）。

　　A）0x1d　　　　　　B）0x0d　　　　　　C）0x07　　　　　　D）0xe8

（5）在位运算中，操作数每左移一位，则结果相当于（　　）。

　　A）操作数乘以 2　　　　　　　　　　　B）操作数除以 2
　　C）操作数除以 4　　　　　　　　　　　D）操作数乘以 4

（6）以下程序运行后的输出结果是（　　）。

```
#include <stdio.h>
main()
{   int a=24;
    printf("%d\n",a<<1);
}
```

　　A）1　　　　　　　B）12　　　　　　　C）24　　　　　　　D）48

（7）以下语句运行后 x 的值是（　　）。

```
int x=40;
x>>=2;
```

　　A）40　　　　　　　B）20　　　　　　　C）10　　　　　　　D）1

（8）以下语句运行后 z 的二进制值是（　　）。

```
int x=3,y=6,z;
z=x^y<<2;
```

　　A）00011011　　　　B）00011101　　　　C）00011110　　　　D）00011001

（9）以下程序运行后的输出结果是（　　）。

```
#include <stdio.h>
main()
{   int x=1.5;
    char z='a';
    printf("%d",(x&1)&&(z<'z'));
}
```

　　A）0　　　　　　　B）1　　　　　　　C）2　　　　　　　D）3

（10）交换两个变量的值，不允许使用临时变量，应该使用（　　）位运算符。
A）&　　　　　　　B）^　　　　　　　C）|　　　　　　　D）~

二、填空题

（1）对八进制数15，按位求反～15，得到的八进制数是_____。

（2）设二进制数x的值是11001101。若想通过x&y运算使x中的低4位不变，高4位清零，则y的二进制数是_____。

（3）设有char a,b;若要通过a&b运算屏蔽掉a中的其他位，只保留第2和第8位（右起为第1位），则b的二进制数是_____。

（4）设x为任意整数，能够将变量x清零的表达式是_____。

（5）正整数a=37，要使a的低4位全置为1，并且其余位保持原样，则可以将a与_____进行或运算。

（6）任何数字与_____进行异或运算，其值保值不变。

（7）利用位运算十进制数40除以4，然后赋值给变量a的表达式是_____。

（8）以下程序执行后的输出的结果是_____。

```
#include<stdio.h>
main()
{    int a=16;
     printf("%d,%d,%d\n",a>>2,a=a>>2,a);
}
```

三、编程题

1. 输入一个整数，并输出该整数转换成二进制数后包含的二进制数位数。
2. 输入一个整数，并取出从右端开始的4～9位。

本章资源

第 13 章 文件

用户在处理数据时,不仅仅需要输入和输出数据,同样还需要保存数据。前面所学程序的数据都是通过键盘输入和屏幕输出,其实数据并没有保存到外存储器中,每次运行程序都要重新输入数据。这种方式并不能满足处理大量数据的要求。把输入和输出的数据以文件的形式保存在计算机的外存储器中,可以确保数据能随时使用,避免反复输入数据。

13.1 文件概述

在计算机系统中,文件是指一组相关数据的有序集合。源程序文件、目标文件、可执行文件、库文件(头文件)等都被称作文件。文件是存储数据的基本单位,可以通过读取文件访问数据。可以按照不同角度对文件进行分类。例如,按存储介质不同,可以分为磁盘文件、磁带文件、打印文件等;按存储内容不同,可以分为程序文件和数据文件;按访问方式不同,可以分为顺序文件、随机文件和二进制文件;按用户不同,可以分为普通文件和设备文件。

在 C 语言中,把文件看作是字符的序列。根据数据的组织形式可以分为 ASCII 文件和二进制文件。

(1) ASCII 文件也称为文本文件,在磁盘中存放时每个字符对应一个字节,用于存放对应的 ASCII 码。

(2) 二进制文件是按二进制的编码方式存放文件,将内存中的数据按照其在内存中的存储形式原样输出到磁盘中存放。例如,短整数 968(二进制数 00000011 11001000),在内存中占用 2 个字节,如果按 ASCII 码的形式输出则占 3 个字节(每个字符占 1 个字节),而按二进制形式输出,则在磁盘上占 2 个字节,如图 13-1 所示。

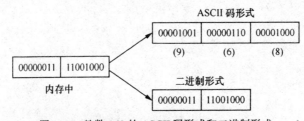

图 13-1 整数 968 的 ASCII 码形式和二进制形式

使用 ASCII 码输出数值时与字符一一对应,一个字节代表一个字符,便于对字符逐个处理,但占用的存储空间较多,而且从二进制转换为 ASCII 码也要花费时间。用二进制形式输出数值,由于内存中的存放形式与文件中的存放形式一致,可以节省转换时间,但一个字节并不对应一个字符,因此不能直接以字符的形式输出。

在 C 语言中是以字符为单位存取文件的。一个文件就是一个字节流或二进制流。输入输出字符流的开始和结束只由程序控制而不受物理符号（如回车符）的控制，即输出时不会自动增加回车符作为文件的结束，输入时也不会自动增加回车符作为记录的间隔，把这种文件称作"流式文件"。

由于使用的 C 语言版本不同，对文件的处理方式也各有不同，主要有两种方法：一种是"缓冲文件系统"，另一种是"非缓冲文件系统"。

（1）缓冲文件系统会自动在内存中为每一个正在使用的文件分配一个缓冲区。在写文件时，不是直接向文件中写入数据，而是先将数据放入缓冲区，当缓冲区存满数据后才将缓冲区中的数据写入文件。在读文件时，不是直接从文件中读出数据，而是先一次将一部分数据读入缓冲区，当缓冲区存满数据后才将数据送到程序数据区。缓冲区大小由 C 语言的版本确定，一般为 512 字节。ANSI C 中使用缓冲文件系统。缓冲文件系统中内存与磁盘的数据传递过程如图 13-2 所示。

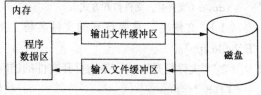

图 13-2　内存与磁盘的数据传递过程

（2）非缓冲文件系统就是系统不会在内存中为文件分配缓冲区，所有的文件操作直接跟文件打交道，这会导致系统整体效率下降。POSIX C 使用非缓冲区文件系统。

在 C 语言中，没有输入输出语句，文件的读写通过库函数来完成。ANSIC 规定了标准的输入输出函数用于文件读写，它们的声明在 stdio.h 文件中，使用之前必须先包含头文件 stdio.h。

13.2　文件指针

在缓冲文件系统中，每个文件都在内存中分配一个缓冲区，用来存放文件信息（如文件名、文件状态、存放位置等）。这些信息被存放在一个结构体中，该结构体由系统定义，命名为 FILE。FILE 结构体在 stdio.h 文件中有以下类型声明。

```
typedef struct
{   int level;                      //缓冲区"满"或"空"的标志
    unsigned flags;                 //文件状态标志
    char fd;                        //文件描述
    unsigned char hold;             //如果没有缓冲区则不读取字符
    int bsize;                      //缓冲区大小
    unsigned char _FAR *buffer;     //缓冲区位置
    unsigned char _FAR *curp;       //指向缓冲区当前数据的指针
    unsigned istemp;                //临时文件指示器
    short token;                    //用于有效性检查
}FILE;
```

有了 FILE 这个文件类型后，就可以定义文件指针变量了，文件指针变量是一个文件结构体类型的指针变量。定义文件类型指针变量的一般形式为。

```
FILE *指针变量名;
```

例如：

```
File *fp;        //fp 是一个指向 FILE 结构体类型的指针变量
```

可以通过指针变量打开相关文件，进行读写操作。访问多个文件时可以定义多个指针变量。

13.3　文件的打开与关闭

在 C 语言中文件操作一般包括以下 3 个步骤：

（1）用 fopen 函数打开文件；
（2）进行读写操作；
（3）用 fclose 函数关闭文件。

13.3.1 fopen 函数

fopen 函数用于打开文件，并把结果赋值给 FILE 指针变量，它的一般形式为

```
fopen(文件名,文件打开方式);
```

（1）"文件名"是要打开的文件名称，如"hello.cpp"，它也可以是完整的文件路径，如"E:\hello.cpp"。

（2）"文件打开方式"是指打开文件的访问方式。例如：

```
FILE *fp;                            //fp 是一个指向 FILE 结构体类型的指针变量
fp = fopen("file_data.txt","r");     //以只读方式打开文件 file_data.txt
```

表示要打开的文件名为 file_data.txt，文件打开方式为"只读"。fopen 函数返回指向 file_data 文件的指针并赋值给 fp，使得 fp 指向 file_data.txt 文件。文件打开方式如表 13-1 所示。

表 13-1　　　　　　　　　　　　　　文件打开方式

文件打开方式	含 义
"r"（只读）	为输入打开一个文本文件
"w"（只写）	为输出打开一个文本文件
"a"（追加）	向文本文件末尾追加数据
"rb"（只读）	为输入打开一个二进制文件
"wb"（只写）	为输出打开一个二进制文件
"ab"（追加）	向二进制文件末尾追加数据
"r+"（读写）	为读/写打开一个文本文件
"w+"（读写）	为读/写建立一个新的文本文件
"a+"（读写）	为读/写打开一个文本文件
"rb+"（读写）	为读/写打开一个二进制文件
"wb+"（读写）	为读/写建立一个新的二进制文件
"ab+"（读写）	为读/写打开一个二进制文件

说明：

（1）"r"为输入打开一个文本文件。这种方式只能对打开的文件进行"读"操作，且只能打开已经存在的文件，如果文件不存在则会出错。

（2）"w"为输出打开一个文本文件。这种方式只能对打开的文件进行"写"操作，如果指定的文件不存在，则在打开时新建一个以指定文件名命名的文件。如果指定的文件存在，则将从文件的起始位置开始写入数据，原来的数据被全部覆盖。

（3）"a"向文本文件末尾追加数据。这种方式如果指定的文件不存在，则在打开时新建一个以指定文件名命名的文件。如果指定的文件存在，则将从文件的末尾开始写入新数据，原有数据保留。

（4）"rb"为输入打开一个二进制文件。除了操作的是二进制文件外，其他功能与"r"相同。

（5）"wb"为输出打开一个二进制文件。除了操作的是二进制文件外，其他功能与"w"相同。

（6）"ab"向二进制文件末尾追加数据。除了操作的是二进制文件外，其他功能与"a"相同。

（7）"r+"为读/写打开一个文本文件。这种方式只能打开已经存在的文件，如果文件不存在

则会出错。打开文件后指针指在文件头，此时可以读取数据，也可以写入数据。

（8）"w+"为读/写建立一个新的文本文件。这种方式如果指定的文件不存在，则在打开时新建一个以指定文件名命名的文件；如果指定的文件存在，则将该文件删除，并建立一个同名的新文件。打开文件后指针指在文件头，此时可以读取数据，也可以写入数据。

（9）"a+"为读/写打开一个文本文件。这种方式只能打开已经存在的文件，如果文件不存在则会出错。打开文件后指针指在文件末尾，此时可以读取数据，也可以写入数据。写入的新数据添加到文件的末尾。

（10）"rb+"为读/写打开一个二进制文件，除对二进制文件进行操作外，其他功能与"r+"相同。

（11）"wb+"为读/写建立一个新的二进制文件，除对二进制文件进行操作外，其他功能与"w+"相同。

（12）"ab+"为读/写打开一个二进制文件，除对二进制文件进行操作外，其他功能与"a+"相同。

（13）在使用 fopen 函数的时候可能会由于无法打开指定文件而出现错误。如果出错，fopen 函数会返回一个空指针值 NULL（NULL 在 stdio.h 中被定义为 0）。例如，以 "r" 方式打开时，文件不存在。可以使用以下语句进行错误处理：

```
FILE *fp;
if( (fp = fopen("file_data.txt","r") ) == NULL )
{   printf("can not open the file\n");
    exit(0);
}
```

当有错时，就会在屏幕上给出错误提示信息，并通过语句 "exit(0);" 退出程序。

（14）在输入文本文件时，将回车换行符换为一个换行符，在输出时把换行符换成一个回车符和一个换行符。在操作二进制文件时不需要进行这种转换。

13.3.2 fclose 函数

在操作完一个文件后要关闭文件指针，以释放缓冲区内存，防止其他误操作。关闭文件就是使文件指针变量不再指向该文件。在 C 语言中使用 fclose 函数实现文件关闭。

fclose 函数的一般形式为

```
fclose(文件类型指针);
```

文件类型指针是指向已打开的文件的文件类型指针。如果成功则返回 0，否则返回非 0 值。成功后该文件类型指针将不再指向该文件。

例如：

```
fclose(fp);
```

学习提示：

在设计与文件操作有关的程序时，应养成程序终止前关闭所有文件的习惯，如果不关闭文件则可能造成数据丢失。文件关闭后就不能再对文件进行读写操作了。

13.4 文件的读写

在打开文件之后就可以对文件进行读取和写入操作了。C 语言提供专门的文件读写函数来实现该功能，常用的读写函数如表 13-2 所示。

表 13-2　　　　　　　　　　　　文件读写函数

函 数 名	函 数 功 能
fputc 函数	将一个字符写入文件中
fgetc 函数	从文件中读入一个字符
fputs 函数	将指定长度的字符串写入文件中
fgets 函数	从文件中读入指定长度的字符串
fprintf 函数	将指据按指定格式写入文件中
fscanf 函数	从文件中按指定格式读入数据
fwrite 函数	将指定长度的数据写入文件中
fread 函数	从文件中读入指定长度的数据
rewind 函数	使位置指针重新返回文件的开头
fseek 函数	将文件的位置指针移到指定位置
ftell 函数	返回文件的位置指针的位置
feof 函数	判断文件是否结束
ferror 函数	检查文件中的错误

13.4.1　fputc 函数

fputc 函数的作用是将一个字符写入指定文件中，它的一般形式为

fputc（字符型数据，文件指针）;

【例 13.1】从键盘输入文本，并将文本写入磁盘上存储的文本文件 file_data.txt 中。以字符#作为输入结束标志。

分析：

首先打开文件，然后从键盘循环输入字符，如果字符不是结束标志"#"，那么将字符写入文件，否则关闭文件。其算法如图 13-3 所示。

编写程序如下：

```
#include<stdio.h>
#include<stdlib.h>
void main()
{   FILE *fp;
    char ch;
    if((fp = fopen("file_data.txt","w")) == NULL )
                //打开文件
    {    printf("can not open the file\n");
        exit(0);
                //退出程序，必须包含 stdlib.h 头文件
    }
    ch = getchar();
    while(ch != '#' )
    {   fputc(ch,fp);
                //输出字符
        ch = getchar();
    }
    fclose(fp);  //关闭文件
}
```

程序的运行结果如下：

```
This is a test!
That is a program!#
Press any key to continue
```

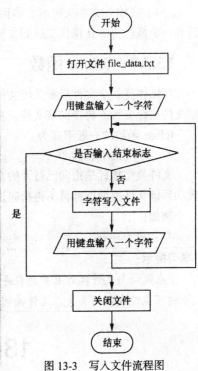

图 13-3　写入文件流程图

打开 file_data.txt 文件后,可以看到文件中保存的文本与屏幕上输入的文本一致,如图 13-4 所示。

13.4.2 fgetc 函数

fgetc 函数的作用是从指定的文件中读入一个字符,并作为函数的返回值返回,如果读到文件结束符时,则返回一个文件结束标志 EOF(值为-1)。fgetc 函数的一般形式为

```
fgetc(文件指针);
```

图 13-4 文件中的字符

【例 13.2】读取文本文件 file_data.txt,并将文件中的内容输出到屏幕上。

分析:

首先打开文件,然后反复从文件中读入一个字符,并输出到屏幕,直到文件的结尾,最后关闭文件。其算法如图 13-5 所示。

编写程序如下:

```
#include<stdio.h>
#include<stdlib.h>
void main()
{   FILE *fp;
    char ch;
    if((fp = fopen("file_data.txt","r")) == NULL )
                        //打开文件
    {   printf("can not open the file\n");
        exit(0);        //退出程序
    }
    ch = fgetc(fp);     //从文件中读入一个字符
    while(ch != EOF )
    {   putchar(ch);
        ch = fgetc(fp); //从文件中读入一个字符
    }
    fclose(fp);         //关闭文件
}
```

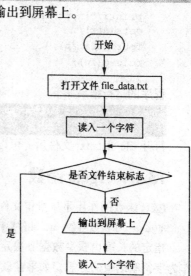

图 13-5 读取文件流程图

在程序运行时,打开并读入【例 13.1】中的 file_data.txt 文件,运行结果如下。

```
This is a test!
That is a program!Press any key to continue
```

13.4.3 fputs 函数

fputs 函数的作用是将字符串写入指定文件中,它的一般形式为

```
fputs(字符串数据,文件指针);
```

字符串数据可以是字符串常量或者字符数组名,写入时字符串最后的 '\0' 并不一起写入,也不自动添加回车符。如果写入成功,则函数返回值为 0,否则返回值为 EOF。

【例 13.3】从键盘输入一串字符串,并将字符串写入文本文件 file_data.txt 中。

解决该问题的主要步骤如下。

(1)打开文本文件 file_data.txt;
(2)从键盘输入一串字符串;
(3)将字符串写入文件中;
(4)关闭文件;

(5) 结束程序;

编写程序如下:
```c
#include<stdio.h>
#include<stdlib.h>
void main()
{   FILE *fp;
    char str[20];
    if((fp = fopen("file_data.txt","w")) == NULL )
    {    printf("can not open the file\n");
         exit(0);
    }
    printf("input the string: ");
    gets(str);
    fputs(str,fp);              //写入字符串
    fclose(fp);
}
```

程序的运行结果如下。

```
input the string: HelloWorld
Press any key to continue
```

打开 file_data.txt 文件后，可以看到文件中保存的文本与屏幕上输入的文本一致。

13.4.4　fgets 函数

fgets 函数的作用是从指定文件中读入指定长度的字符串，它的一般形式为

`fgets(字符数组名, n, 文件指针);`

指定的长度由整型数据 n 决定。从文件中读入 n-1 个字符，然后在最后添加一个 '\0' 字符作为字符串结束的标志。如果在读完 n-1 个字符之前遇到一个换行符或一个 EOF，则读入结束。因此，在调用 fgets 函数时，最多只能读入 n-1 个字符，读入的所有字符被赋值放入作为参数的字符数组中，读入结束后，将字符数组的首地址作为函数返回值。

【例 13.4】读取文本文件 file_data.txt 中指定长度的文本，长度由键盘输入，并将读取的内容输出到屏幕上。

解决该问题的主要步骤如下:
(1) 打开文本文件 file_data.txt;
(2) 从键盘输入要读取的文本长度;
(3) 读入数据;
(4) 输出数据;
(5) 关闭文件;
(6) 结束程序;

编写程序如下:
```c
#include<stdio.h>
#include<stdlib.h>
void main()
{   FILE *fp;
    char str[20];
    int n;
    if((fp = fopen("file_data.txt","r")) == NULL )
    {    printf("can not open the file\n");
         exit(0);
    }
    printf("input the character's number: ");
```

```
    scanf("%d",&n);
    fgets(str,n+1,fp);
    printf("%s\n",str);
    fclose(fp);
}
```

在程序运行时,打开【例 13.3】中生成的 file_data.txt 文件,输入 "5",程序的运行结果如下。

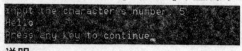

说明:

如果输入长度为 n,那么实际只能读取 n-1 个字符,因此在程序代码中需要使用 n+1 来读取 n 个字符。

13.4.5 fprintf 函数

fprintf 函数将数据按指定格式写入指定文件中,与 printf 函数的作用相似。它的一般形式为

```
fprintf(文件指针,格式字符串,输出表列);
```

【例 13.5】将指定数据写入文本文件 file_data.txt 中。

编写程序如下:

```
#include<stdio.h>
#include<stdlib.h>
void main()
{   FILE *fp;
    int i=10,j=12;
    double m=1.5,n=2.345;
    char s[]="this is a string";
    char c='\n';
    if((fp = fopen("file_data.txt","w")) == NULL )
    {    printf("can not open the file\n");
         exit(0);
    }
    fprintf(fp,"%s%c",s,c);
    fprintf(fp,"%d %d\n",i,j);
    fprintf(fp,"%lf %lf\n",m,n);
    fclose(fp);
}
```

在程序运行后,打开 file_data.txt 文件,可以看到文件中保存的文本与程序中的数据一致,且格式与指定格式相同,如图 13-6 所示。

【例 13.6】按照每行 5 个数,将 Fibonacci 数列的前 40 个数写入 file_data.txt 文件中。

图 13-6 文件中的数据

编写程序如下:

```
#include<stdio.h>
#include<stdlib.h>
void main()
{   FILE *fp;
    int f[40];
    int i;
    if( (fp = fopen("file_data.txt","w")) == NULL )
    {    printf("can not open the file\n");
         exit(0);
    }
    for(i=0;i<=39;i++)              //求 Fibonacci 数列
    {   if(i==0||i==1)
            f[i]=1;
        else
```

```
            f[i]=f[i-2]+f[i-1];
    }
    for (i=0;i<=39;i++)              //写入文件
    {   if ((i+1)%5==0)
            fprintf(fp,"%10d\n",f[i]);
        else
            fprintf(fp,"%10d",f[i]);
    }
    fclose(fp);
```

在程序运行后，打开 file_data.txt 文件，如图 13-7 所示。

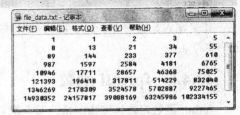

图 13-7 文件中的数据

13.4.6 fscanf 函数

fscanf 函数从指定文件中按指定格式读入数据，与 scanf 函数作用相似。scanf 是从键盘输入，而 fscanf 是从文件读入。fscanf 函数的一般形式为

fscanf（文件指针，格式字符串，输入表列）;

【例 13.7】以指定格式读取【例 13.5】中生成的文件 file_data.txt 中的数据，并输出到屏幕上。编写程序如下：

```
#include<stdio.h>
#include<stdlib.h>
void main()
{   FILE *fp;
    int i,j;
    double m,n;
    char s1[100],s2[100],s3[100],s4[100];
    if((fp = fopen("file_data.txt","r")) == NULL )
    {   printf("can not open the file\n");
        exit(0);
    }
    fscanf(fp,"%s%s%s%s",s1,s2,s3,s4);      //读入 4 个单词
    fscanf(fp,"%d%d",&i,&j);                //读入 2 个整型数据
    fscanf(fp,"%lf%lf",&m,&n);              //读入 2 个 double 类型数据
    printf("%s %s %s %s\n",s1,s2,s3,s4);
    printf("%d %d\n",i,j);
    printf("%lf %lf\n",m,n);
    fclose(fp);
}
```

程序的运行结果如下。

```
this is a string
10 12
1.500000 2.345000
Press any key to continue_
```

说明：

因为字符串"this is a string"中以 3 个空格分开，而"%s"格式以"⊔"空格作为分隔符，所以需要定义 4 个字符数组，分别通过"%s"格式读入一个单词。

13.4.7 fwrite 函数

fwrite 函数的作用是将指定长度的数据写入指定文件中。它的一般形式为

fwrite（buffer, size, count, 文件指针）;

buffer 是数据块的指针，是一个写入数据的内存地址，size 是每个数据块的字节数，count 是

要写入多少个 size 字节的数据块。fwrite 函数主要用于写入二进制文件，因此在打开文件的时候需要以"wb"方式打开。

如果有一个结构体类型为

```
struct Book_Type
{   char name[10];              //书名
    int price;                  //价格
    char author[10];            //作者名
};
```

再定义一个此结构体类型的数组，数组中包含 2 个元素，每个元素用于存放一本书的信息（包括书名、价格和作者），此时可以借助 fwrite 函数将书的信息写到文件中。

如果要将书的信息写入到磁盘中，可以通过如下代码来实现：

```
for(i=0;i<2;i++)
    fwrite(&book[i],sizeof(struct Book_Type),1,fp);
```

说明：

（1）需要定义一个 Book_Type 结构体类型的数组，用于存放所有书的信息。

（2）fwrite 函数中的 size 大小应为 Book_Type 结构体类型占用的内存，可以通过 sizeof 函数取得该值。

【例 13.8】 通过键盘输入两本书所有的信息，并存储在文本文件 file_data.txt 中。

编写程序如下：

```
#include<stdio.h>
#include<stdlib.h>
void main()
{   struct Book_Type
    {       char name[10];              //书名
            int price;                  //价格
            char author[10];            //作者名
    };
    FILE *fp;
    struct Book_Type book[2];
    int i;
    if((fp = fopen("file_data.txt","wb")) == NULL )
    {       printf("can not open the file\n");
            exit(0);
    }
    printf("input the book info: \n");
    for(i=0;i<2;i++)
    {       scanf("%s%d%s",book[i].name,&book[i].price,book[i].author);
            fwrite(&book[i],sizeof(struct Book_Type),1,fp);             //读入一条记录
    }
    fclose(fp);
}
```

在程序运行时输入两本书的信息，并保存在文件中，程序的运行结果如下。用记事本打开该文件，如图 13-8 所示。因为是以二进制方式保存，所以记事本中的内容显示为乱码。

图 13-8 文件中的数据

13.4.8　fread 函数

fread 函数的作用是从指定文件中读入指定长度的数据块。它的一般形式为

```
fread(buffer, size, count, 文件指针);
```

buffer 是数据块的指针，是一个读入数据的内存地址，size 是每个数据块的字节数，count 是要读入多少个 size 字节的数据块。fread 函数主要用于读取二进制文件，因此在打开文件的时候需要以"rb"方式打开。

例如：

```
fread(data,2,3,fp);
```

其中，data 是一个整型数组名，一个整型数据占用 2 个字节的内存空间。此函数调用的功能是从 fp 所指向的文件中读入 3 次（每次 2 个字节）数据，并存储到整型数组 data 中。

【例 13.9】将【例 13.8】中已经存有 book 信息的文件打开，读出信息后显示在屏幕上。

编写程序如下：

```c
#include<stdio.h>
#include<stdlib.h>
void main()
{   struct Book_Type
    {   char name[10];          //书名
        int price;              //价格
        char author[10];        //作者名
    };
    FILE *fp;
    struct Book_Type book[2];
    int i;
    if((fp = fopen("file_data.txt","rb")) == NULL )
    {   printf("can not open the file\n");
        exit(0);
    }
    printf("the book info: \n");
    for(i=0;i<2;i++)
        fread(&book[i],sizeof(struct Book_Type),1,fp);
    for(i=0;i<2;i++)
        printf("name=%s,price=%d,author=%s\n",book[i].name,book[i].price,book[i].author);
    fclose(fp);
}
```

程序的运行结果如下。

```
the book info:
name=book1,price=10,author=author1
name=book2,price=20,author=author2
Press any key to continue
```

13.4.9　rewind 函数

rewind 函数的作用是使位置指针重新返回指定文件的开头，它的一般形式为

```
rewind(文件指针);
```

此函数没有返回值。在文件操作中会移动文件的位置指针，可以使用 rewind 函数将位置指针回到文件头部。

【例 13.10】将指定字符串数据写入文本文件 file_data.txt 中，并将文件的位置指针重新定位到文件开头，读出文件中的第 1 个字符数据后显示在屏幕上。

编写程序如下：

```c
#include<stdio.h>
#include<stdlib.h>
void main()
{   FILE *fp;
    char s[]="abcdefghijklmnopqrstuvwxyz";
    char c;
    if((fp = fopen("file_data.txt","w+")) == NULL )
    {    printf("can not open the file\n");
         exit(0);
    }
    fprintf(fp,"%s",s);            //向文件中写入字符串
    rewind(fp);                     //指针返回开始
    fscanf(fp,"%c",&c);             //读入一个字符
    printf("The first character is: %c\n",c);
    fclose(fp);
}
```

程序的运行结果如下。

```
The first character is: a
Press any key to continue
```

说明：

因为对 file_data.txt 既要进行读操作也要进行写操作，所以应该选择 w+方式打开文件。

13.4.10　fseek 函数

fseek 函数的作用是将文件的位置指针移到指定位置。它的一般形式为

`fseek(文件指针，位移量，起始点);`

在文件操作中可能需要从文件中的某个位置开始进行读写，此时可以使用 fseek 函数将位置指针移动到指定位置，实现随机读写。

其中，位移量是以"起始点"为基准移动的字节数（long）。"+"表示向后移动，"-"表示向前移动。起始点可以取 0、1、2 三个值，0 代表"文件开始"，1 代表"文件当前位置"，2 代表"文件末尾"，ANSI C 标准指定标识符来表示这 3 个值，如表 13-3 所示。

表 13-3　　　　　　　　　　　　　　位移量的表示

起 始 点	标 识 符	数　　字
文件开始	SEEK_SET	0
文件当前位置	SEEK_CUR	1
文件末尾	SEEK_END	2

例如：

```
fseek(fp,40L,0);      //将位置指针移动到文档开始后 40 个字节的位置
fseek(fp,30L,1);      //将位置指针移动到当前位置后 30 个字节的位置
fseek(fp,-20L,2);     //将位置指针移动到文档末尾前 20 个字节的位置
```

【例 13.11】将指定字符串数据写入文本文件 file_data.txt 中，并将文件的位置指针定位到第 5 个字符之后，读出第 6 个字符并显示在屏幕上。

编写程序如下：

```c
#include<stdio.h>
#include<stdlib.h>
void main()
{   FILE *fp;
```

```
    char s[]="abcdefghijklmnopqrstuvwxyz";
    char c;
    if((fp = fopen("file_data.txt","w+")) == NULL )
    {   printf("can not open the file\n");
        exit(0);
    }
    fprintf(fp,"%s",s);
    fseek(fp,5L,0);
    fscanf(fp,"%c",&c);
    printf("The first character is: %c\n",c);
    fclose(fp);
}
```

程序的运行结果如下。

```
The first character is: f
Press any key to continue
```

13.4.11 ftell 函数

ftell 函数的作用是返回文件位置指针的位置，给出当前位置指针相对于文件头的字节数，返回值为 long 型。当函数调用出错时，函数返回-1L。它的一般形式为

```
ftell(文件指针);
```

【例 13.12】求出文件中包含的字节数。

分析：

先将文件的位置指针移到文件末尾，再通过返回位置指针的位置来取得文件的字节数。

编写程序如下：

```
#include<stdio.h>
#include<stdlib.h>
void main()
{   FILE *fp;
    long l;
    if((fp = fopen("file_data.txt","r")) == NULL )
    {   printf("can not open the file\n");
        exit(0);
    }
    fseek(fp,0L,SEEK_END);    //将文件的位置指针移到文件末尾
    l=ftell(fp);              //返回位置指针的位置
    fclose(fp);
    printf("the length of file is %ld\n",l);
}
```

如果 file_data.txt 文件中存放的文字是 "This is test"，共 12 个字符，程序的运行结果如下。

```
the length of file is 12
Press any key to continue
```

13.4.12 feof 函数

feof 函数的作用是判断文件指针是否在文件末尾，如果在文件末尾，则返回非 0，否则返回 0。它的一般形式为

```
feof(文件指针);
```

【例 13.13】判断文件指针是否在文本文件 file_data.txt 的末尾，并给出相应提示。

编写程序如下：

```
#include<stdio.h>
#include<stdlib.h>
void main()
```

```
{   FILE *fp;
    char ch;
    if((fp = fopen("file_data.txt","r")) == NULL )
    {    printf("can not open the file\n");
         exit(0);
    }
    do
    {    ch=fgetc(fp);
         putchar(ch);
    }while (!feof(fp));                                        //判断是否到达文件末尾
    if(feof(fp)) printf("\nWe have reached end-of-file\n");//判断是否到达文件末尾
    fclose(fp);
}
```

如果 file_data.txt 文件中存放的文字是 "This is a test!That is a program!"，程序的运行结果如下。

```
This is a test!That is a program!
We have reached end-of-file
Press any key to continue
```

13.4.13 ferror 函数

ferror 函数的作用是检查文件中是否有错误，如果有错，则返回非 0，否则返回 0。它的一般形式为

```
ferror（文件指针）；
```

【例 13.14】 判断文本文件 file_data.txt 是否有错误，并给出相应提示。

编写程序如下：

```
#include<stdio.h>
#include<stdlib.h>
void main()
{   FILE *fp;
    if((fp = fopen("file_data.txt","r")) == NULL )
    {    printf("can not open the file\n");
         exit(0);
    }
    if(ferror(fp))
         printf("Error reading from file_data.txt\n");
    else
         printf("There is no error\n");
    fclose(fp);
}
```

程序的运行结果如下。

```
There is no error
Press any key to continue
```

习 题

一、选择题

（1）在 C 语言中，下面对文件的叙述正确的是（   ）。

    A）用 "r" 方式打开的文件只能向文件写数据

    B）用 "r" 方式也可以打开文件

    C）用 "w" 方式打开的文件只能用于向文件写数据，且该文件可以不存在

    D）用 "a" 方式可以打开不存在的文件

（2）若执行 fopen 函数时发生错误，则函数的返回值是（　　）。
　　A）地址值　　　　　B）0　　　　　　　C）1　　　　　　　D）EOF
（3）当顺利执行了文件关闭操作时，fclose 函数的返回值是（　　）。
　　A）–1　　　　　　 B）TRUE　　　　　 C）1　　　　　　　D）0
（4）若以"a+"方式打开一个已存在的文件，则以下叙述正确的是（　　）。
　　A）文件打开时，原有文件内容不被删除，在文件末尾做添加操作
　　B）文件打开时，原有文件内容被删除，在文件开头做写操作
　　C）文件打开时，原有文件内容被删除，只可做写操作
　　D）以上说法都不对
（5）如果需要打开一个已经存在的非空文件"FILE"并进行修改，正确的语句是（　　）。
　　A）fp=fopen("FILE","r");　　　　　　B）fp=fopen("FILE","a+");
　　C）fp=fopen("FILE","w+");　　　　　D）fp=fopen("FILE","r+");
（6）在 C 语言中，系统自动定义了 3 个文件指针 stdin、stdout 和 stderr，分别指向终端输入、终端输出和标准出错输出，则函数 fputc(ch,stdout)的功能是（　　）。
　　A）从键盘输入一个字符给字符变量 ch
　　B）在屏幕上输出字符变量 ch 的值
　　C）将字符变量的值写入文件 stdout 中
　　D）将字符变量 ch 的值赋给 stdout
（7）fgetc 函数的作用是从指定文件读入一个字符，该文件的打开方式必须是（　　）。
　　A）只写　　　　　 B）追加　　　　　 C）读或读写　　　 D）追加、读或读写
（8）fgets(str,n,fp)函数从文件中读入一个字符串，以下错误的叙述是（　　）。
　　A）字符串读入后会自动加入'\0'
　　B）fp 是指向该文件的文件型指针
　　C）fgets 函数将从文件中最多读入 n 个字符
　　D）fgets 函数将从文件中最多读入 n–1 个字符
（9）有如下程序：
```
int a=7;
FILE *fp;
fp=fopen("f1.txt","w");
fprintf(fp,"%d",a);
fclose(fp);
```
若文本文件 f1.txt 中原有内容为 5，则运行以上程序后文件 f1.txt 中的内容为（　　）。
　　A）57　　　　　　 B）5　　　　　　　C）7　　　　　　　D）5 7
（10）fscanf 函数的正确调用形式是（　　）。
　　A）fscanf（格式字符串，输出表列）
　　B）fscanf（格式字符串，输出表列，fp）
　　C）fscanf（格式字符串，文件指针，输出表列）
　　D）fscanf（文件指针，格式字符串，输入表列）
（11）利用 fwrite (buffer, sizeof(Student),3, fp)函数描述不正确的是（　　）。
　　A）将 3 个学生的数据块按二进制形式写入文件
　　B）将由 buffer 指定的数据缓冲区内的 3* sizeof(Student)个字节的数据写入指定文件
　　C）返回实际输出数据块的个数，若返回 0 值表示输出结束或发生了错误

D）若由 fp 指定的文件不存在，则返回 0 值

（12）已知函数的调用形式：fread(buffer,size,count,fp)，其中 buffer 代表的是（　　）。
　　A）一个整型变量，代表要读入的数据项总数
　　B）一个文件指针，指向要读的文件
　　C）指向输入数据存放在内存中的起始位置的指针
　　D）一个存储区，存放要读的数据项

（13）利用 fread(buffer,size,count,fp) 函数可实现的操作是（　　）。
　　A）从 fp 指向的文件中，将 count 个字节的数据读到由 buffer 指出的数据区中
　　B）从 fp 指向的文件中，将 size*count 个字节的数据读到由 buffer 指出的数据区中
　　C）以二进制形式读取文件中的数据，返回值是实际从文件读取数据块的个数 count
　　D）若文件操作出现异常，则返回实际从文件读取数据块的个数

（14）函数 rewind(fp) 的作用是（　　）。
　　A）使 fp 指定的文件的位置指针重新定位到文件的开始位置
　　B）将 fp 指定的文件的位置指针指向文件中所要求的特定位置
　　C）将 fp 指定的文件的位置指针指向文件的末尾
　　D）使 fp 指定的文件的位置指针自动移至下一个字符位置

（15）利用 fseek 函数可以实现的操作是（　　）。
　　A）改变文件的位置指针　　　　　　B）文件顺序读写
　　C）文件随机读写　　　　　　　　　D）以上说法均正确

（16）ftell 函数调用出错时，函数返回（　　）。
　　A）0　　　　　　B）False　　　　　C）-1　　　　　D）EOF

（17）当文件指针变量 fp 已指向文件结尾，则函数 feof(fp) 的值是（　　）。
　　A）T　　　　　　B）F　　　　　　　C）0　　　　　　D）1

（18）以下程序的主要功能是（　　）。
```
FILE *fp;
float x[4]={-12.1,12.2,-12.3,12.4};
int i;
fp=fopen("data1.dat","wb");
for(i=0;i<4;i++)
    fwrite(&x[i],4,1,fp);
fclose(fp);
```
　　A）创建空文档 data1.dat
　　B）创建文本文件 data1.dat
　　C）将数组 x 中的 4 个实数写入文件 data1.dat 中
　　D）定义数组 x

二、填空题

（1）在 C 语言程序中，数据可以用_____和_____两种代码形式存放。
（2）若 fp 定义为一个文件指针，d1.dat 为二进制文件，以"读"方式打开文件的语句为_____。
（3）当操作文件出错时，可以通过_____语句退出程序。
（4）若 fp 定义为一个文件指针，关闭文件指针的语句是_____。
（5）在 C 语言中，如果要打开 C 盘一级目录 ccw 下名为"ccw.dat"的二进制文件，用于读和追加写，则调用打开文件函数的格式为_____。
（6）在 fgets 函数中，当遇到_____或者_____，则读入结束。

（7）rewind 函数的作用是_____。

（8）检查由 fp 指定的文件在读写时是否出错的函数是_____。

三、编程题

1. 编写程序，从键盘输入 10 个整数，并存入文本文件 data.txt 中。

2. 编写程序，将第 1 题文本文件 data.txt 中的 10 个整数读出，显示在屏幕上。

3. 编写程序，按照每行 10 个数，将 10 000 以内的所有素数写入 file_data.txt 文件中。

4. 一条学生记录包括学号、姓名和成绩等信息，按照以下要求编写程序。

（1）格式化输入多个学生记录。

（2）利用 fwrite 将学生信息按二进制方式写到文件 student.dat 中。

（3）利用 fread 从文件中读出所有学生成绩并求最大值和平均值。

（4）将文件中的成绩排序，并将排序好的成绩单写入文本文件 score.txt 中。

5. 编写程序，从键盘输入一个字符串，将其中的小写字母全部转换成大写字母，并写入 data.txt 文件中，然后再将文件中的内容读出并显示在屏幕上。

6. 编写程序，将两个文本文件中的内容合并到一个文件中。

第 14 章 综合程序设计

本章资源

前述章节已经学习了 C 语言、算法设计、程序设计、程序调试。本章通过几个具体的程序实例加强读者对程序设计的理解，学会使用 C 语言设计复杂程序。

14.1 Windows 窗体程序设计

本节讲述使用 C 语言编写 Windows 窗口程序（Win32 Application），以及使用 Windows 窗口程序编写卡雷尔机器人的方法。

14.1.1 Windows 窗口程序编写

Windows 窗口程序通过鼠标点击和键盘输入来完成控制。它不同于之前一直学习的 Windows 控制台程序（Win32 Console Application），通过键盘输入各种命令来使用。

（1）Windows 窗口程序的驱动方式是事件驱动，不是由事件的顺序来控制，而是由事件的发生来控制。事件驱动程序设计是围绕消息的产生与处理而展开的，对用户可能进行的操作进行编程。

（2）窗口程序对正在开发的应用程序要发出或要接收的消息进行排序和管理。

（3）Windows 窗口程序的消息是系统定义的一个 32 位的值，唯一地定义了一个事件，用于向 Windows 发出一个消息。如单击鼠标、改变窗口尺寸、按下键盘上的一个键都会使 Windows 发送一个消息给应用程序。Windows 窗口随时等待接收 Windows 发送的消息，并对消息进行响应。

（4）Windows 窗口程序至少包含以下两个函数。

① int WINAPI WinMain(HINSTANCE hInstance, HINSTANCE hPrevInstance, PSTR szCmdLine, int iCmdShow)。功能是被系统调用，作为一个 32 位应用程序的入口点。

② LRESULT CALLBACK WndProc（HWND hwnd, UINT message, WPARAM wParam, LPARAM lParam）。功能是窗口过程的回调函数，用于接收和响应 Windows 操作系统向应用程序发送一系列消息。

编写 Windows 窗口程序主要分为以下几个步骤：

（1）建立和注册窗口；

（2）创建窗口；

（3）显示和更新窗口；

（4）创建消息循环；

（5）终止应用程序；

（6）窗口过程函数；

（7）处理消息。

【例 14.1】一个简单的 Windows 窗口范例程序。

（1）在 Visual C++ 中，执行菜单 "File→New" 命令，在 "New" 对话框中，选择 "Win32 Application" 项目，设定文件名为 eg1401，下一步选择 "An empty project" 选项，完成后生成新的项目。

（2）在 Source Files 文件夹下，新建 C++Source File，文件名为 Cpp.cpp，编写源程序如下：

```cpp
#include <windows.h>
LRESULT CALLBACK WndProc(HWND,UINT,WPARAM,LPARAM);        //声明窗口函数原型
int WINAPI WinMain(HINSTANCE hInstance,HINSTANCE PreInstance,LPSTR lpCmdLine,int nCmdShow)   //主函数,Windows 窗体程序的入口
{    HWND  hwnd;   //窗口句柄
     MSG  msg;     //消息结构体
     TCHAR lpszClassName[] = TEXT("窗口");    //程序的名称
     TCHAR szWindowsTitle[] = TEXT("窗口");
     WNDCLASS wc;                  //窗口类
     wc.style = 0;                 //窗口类的风格
     wc.lpfnWndProc = WndProc;     //窗口类绑定的回调函数(也称窗口过程)
     wc.cbClsExtra = 0;            //窗口类额外参数(默认为 0)
     wc.cbWndExtra = 0;            //窗口类额外参数(默认为 0)
     wc.hInstance = hInstance;     //程序的当前实例句柄，绑定到窗口类中
     wc.hIcon = LoadIcon( NULL , IDI_APPLICATION );   //加载程序图标
     wc.hCursor = LoadCursor( NULL , IDC_ARROW );     //加载光标
     wc.hbrBackground = (HBRUSH)GetStockObject(WHITE_BRUSH);   //背景刷
     wc.lpszMenuName = NULL;              //菜单名指针
     wc.lpszClassName = lpszClassName;    //窗口类的名字
     RegisterClass(&wc);                  //注册窗口类
     //hwnd 用于存储创建窗口的信息，同时返回该窗口的一个句柄
     hwnd=CreateWindow(lpszClassName,szWindowsTitle,WS_OVERLAPPEDWINDOW,
120,50,800,600,NULL,NULL,hInstance,NULL);
     ShowWindow(hwnd,nCmdShow);           //显示窗口
     UpdateWindow(hwnd);                  //更新窗口
     while(GetMessage(&msg,NULL,0,0))     //消息循环
     {   TranslateMessage(&msg);          //转换键盘消息
         DispatchMessage(&msg);           //将消息传送给 Windows, 由 Windows 来回调
     }
     return (int) msg.wParam;             //结束返回
}
//处理消息的窗口函数,回调函数
LRESULT CALLBACK WndProc(HWND hwnd,UINT message,WPARAM wParam,LPARAM lParam)
{    PAINTSTRUCT ps ;
     HDC   hdc ;                          //设备句柄
     hdc = BeginPaint (hwnd, &ps);
     TCHAR szBuffer[100];
     RoundRect(hdc,50,50,100,150,15,15);  //绘制圆角矩形
     Ellipse(hdc, 75,50,125,100);         //绘制椭圆
     TextOut (hdc, 150,100, szBuffer, wsprintf (szBuffer, TEXT ("这是一个测试! ")));
//文字
     switch(message)   //消息处理
     {   case WM_LBUTTONDOWN:  //按下鼠标左键，弹出对话框
             MessageBox(NULL,TEXT("按下鼠标左键"),TEXT("哈哈"),0);break;
         case WM_KEYDOWN :     //按下键盘的某个键
         switch (wParam)
         {   case VK_F1:       //按下 F1 键
                 MessageBox(NULL,TEXT("按下 F1"),TEXT("哈哈"),0);break;
```

```
            case VK_INSERT:          //按下 Insert 键
                MessageBox(NULL,TEXT("按下 Insert 键"),TEXT("哈哈"),0);break;
            case VK_DELETE :         //按下 Delete 键
                MessageBox(NULL,TEXT("按下 Delete 键"),TEXT("哈哈"),0);break;
        }
        default: return DefWindowProc(hwnd,message,wParam,lParam); //消息的默认
处理
        }
        return 0;
}
```

（3）当程序运行时，显示 Windows 窗口，当按下鼠标左键、按下键盘的 F1 键、Insert 键、Delete 键时，弹出提示对话框。

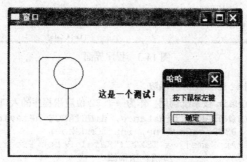

图 14-1　Windows 窗口举例

14.1.2　卡雷尔机器人

【例 14.2】Karel Robot（卡雷尔机器人）是一个简单的机器人。该机器人可供初学编程的人员学习编程。读者可以在 main()函数中编写程序控制机器人动作，从而完成各种功能。

地面排列着 x 列和 y 行地砖，每块地砖上放置了 n 个鸡蛋，机器人可以捡拾和放下鸡蛋，如图 14-2 所示。

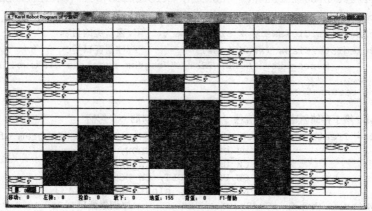

图 14-2　卡雷尔机器人地图

地面上还有一些障碍物，一旦机器人踩上障碍物或者碰到地图的边缘，机器人就会死亡。

（1）在本章资料中下载 Karel Robot 源程序，双击 karel robot.dsp 程序，打开界面如图 14-3 所示，其中包括 robot.H、robot_initial.h、robot_source.h 和 robot.cpp 程序。

（2）robot_initial.h，其中包含 WinMain 函数（系统调用的入口），WndProc 函数（窗口的回调函数），用于接收和响应 Windows 操作系统向应用程序发送的一系列消息。

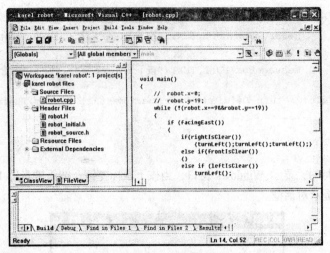

图 14-3　程序界面

```
void main();     //声明 void main()函数
                // WinMain 被系统调用，作为一个 32 位应用程序的入口点
int WINAPI WinMain(HINSTANCE hInstance, HINSTANCE hPrevInstance,
                   PSTR szCmdLine, int iCmdShow)
{    static TCHAR szAppName[] = TEXT ("Karel Robot Program!") ;
     MSG     msg ;              //消息结构体
     WNDCLASS    wndclass ;     //窗口类对象
     wndclass.style         = CS_HREDRAW | CS_VREDRAW ;   //窗口风格
     wndclass.lpfnWndProc   = WndProc ;  //窗口类绑定的回调函数
     wndclass.cbClsExtra    = 0 ;
     wndclass.cbWndExtra    = 0 ;
     wndclass.hInstance     = hInstance ;  //程序的当前实例句柄，绑定到窗口类中
     wndclass.hIcon         = LoadIcon (NULL, IDI_APPLICATION) ;  //加载程序图标
     wndclass.hCursor       = LoadCursor (NULL, IDC_ARROW) ;     //加载光标
     wndclass.hbrBackground = (HBRUSH) GetStockObject (WHITE_BRUSH) ;//背景刷
     wndclass.lpszMenuName  = NULL ;           //菜单名指针
     wndclass.lpszClassName = szAppName ;      //窗口类的名字
     if (!RegisterClass (&wndclass))           //注册窗口类
     {       MessageBox (NULL, TEXT ("Program requires Windows!"), szAppName,
MB_ICONERROR) ;
             return 0 ;
     }
     //hwnd 用于存储创建窗口的信息，同时返回该窗口的一个句柄
     hwnd = CreateWindow (szAppName, TEXT ("Karel Robot Program of 宁爱军!"),
                          WS_OVERLAPPEDWINDOW,
                          CW_USEDEFAULT, CW_USEDEFAULT,
                          CW_USEDEFAULT, CW_USEDEFAULT,
                          NULL, NULL, hInstance, NULL) ;
     ShowWindow (hwnd, iCmdShow);              //创建窗口
     UpdateWindow (hwnd) ;                     //更新窗口
     while (GetMessage (&msg, NULL, 0, 0))     //消息循环
     {       TranslateMessage (&msg) ;         //转换键盘消息
             DispatchMessage (&msg) ;          //将消息传送给 Windows，由 Windows 来
回调
     }
     return msg.wParam ;
}
```

```c
//窗口过程的回调函数, 用于接收和响应 Windows 操作系统向应用程序发送的一系列消息
LRESULT CALLBACK WndProc (HWND hwnd, UINT message, WPARAM wParam, LPARAM lParam)
{   int    x,y;
    PAINTSTRUCT ps ;
    switch (message)
    {case WM_SIZE :
         cxBlock = LOWORD (lParam) / XDIVISIONS ;
         cyBlock = HIWORD (lParam) / (YDIVISIONS+1) ;
         return 0 ;
     case WM_SETFOCUS :
         ShowCursor (TRUE);return 0 ;
     case WM_KILLFOCUS :
         ShowCursor (FALSE);return 0 ;
     case WM_KEYDOWN :
         switch (wParam)
         {case VK_F1:              //按下 F1 键, 显示提示对话框
              MessageBox(NULL,TEXT("Tab-左转, Enter-前进, Space-运行,Insert-检鸡
蛋, Delete-丢鸡蛋, F1-操作提示"),TEXT("哈哈!"),0);      break;
          case VK_INSERT:
              pickupEggs();break;    //按下 Insert 键捡鸡蛋
          case VK_DELETE :
              putdownEggs();break;   //按下 Delete 键放下鸡蛋
          case VK_TAB :
              turnLeft();break;      //按下 Tab 键向左转
          case VK_RETURN :
              move();break;          //按下 Return 键向前移动
          case VK_SPACE :
              main();break ;         //按下 Space 键执行 main()
         }
         return 0 ;
     case WM_LBUTTONDOWN :           //按下鼠标左键
         if (HIWORD (lParam)>cyBlock*YDIVISIONS) break;
         repaint_block(robot.x,robot.y);              //清除机器人所在位置图片
         robot.x = LOWORD (lParam) / cxBlock ;
         robot.y = HIWORD (lParam) / cyBlock ;
         if(robot.x < XDIVISIONS && robot.y < YDIVISIONS)
             auto_repaint_block(robot.x,robot.y);     //重新绘制机器人所在位置地砖
         else
             MessageBeep (0) ;
         return 0 ;
     case WM_PAINT :                 //重画消息, 重画所有地砖
         if (!isrepaintblock)
         {   hdc = BeginPaint (hwnd, &ps) ;
             for (x = 0 ; x < XDIVISIONS ; x++)
             for(y = 0 ; y < YDIVISIONS ; y++)
             {
                 if(block[x][y].iswall)
                 {   HBRUSH hBrush;
                     SelectObject(hdc,GetStockObject(GRAY_BRUSH));
                     Rectangle (hdc, x * cxBlock, y * cyBlock, (x + 1) * cxBlock, (y + 1) * cyBlock) ;
                     SelectObject(hdc,GetStockObject(NULL_BRUSH));
                 }
                 else
                     Rectangle (hdc, x * cxBlock, y * cyBlock, (x + 1) * cxBlock, (y + 1) * cyBlock) ;
                 paint_egg(hdc, block[x][y]);  // 画鸡蛋
                 if (x==robot.x && y==robot.y)   paint_robot(hdc,robot);   //画机器人
             }
```

```
                PaintMessage();
                EndPaint (hwnd, &ps) ;
        }
                isrepaintblock=false;
                return 0 ;
        case WM_DESTROY :
                PostQuitMessage (0) ;
                return 0 ;
        }
        return DefWindowProc (hwnd, message, wParam, lParam) ;
}
```

（3）robot.h，文件中包括以下内容。
① 机器人的位置信息、绘制机器人、绘制鸡蛋、绘制地砖、绘制地图。
② 测试机器人前后左右是否有障碍物，机器人是否碰到障碍，储藏箱是否满、是否空，砖是否满、是否空，机器人面向东、西、南还是北。
③ 机器人捡起鸡蛋、放下鸡蛋、向左转、向前移动、
机器人可以使用的函数及其功能如下。
① void move()：向前移动机器人，按下 Enter 键向前移动。
② void turnLeft()：机器人向左转，按下 Tab 键向左转。
③ void pickupEggs()：捡起一个鸡蛋放入储藏箱，按下 Insert 键捡 1 个鸡蛋。
④ void putdowneggs()：将储藏箱中一个鸡蛋放在地砖上，按下 Delete 键放下 1 个鸡蛋。
⑤ bool frontIsClear()：判断机器人是否面向墙或者障碍物。
⑥ bool leftIsClear()：判断机器人左侧是否有墙或者障碍物。
⑦ bool rightIsClear()：判断机器人右侧是否有墙或者障碍物。
⑧ bool isStandOnWall()：判断机器人是否站在墙上。
⑨ bool robotBagisFull()：判断机器人的储藏箱是否已满。
⑩ bool robotBagIsEmpty()：判断机器人的储藏箱是否为空。
⑪ bool blockIsFull()：判断当前所在地砖上是否已经放满。
⑫ bool blockIsEmpty()：判断当前所在地砖上是否已经空了。
⑬ bool facingEast()：判断机器人是否面向东方。
⑭ bool facingWest()：判断机器人是否面向西方。
⑮ bool facingNorth()：判断机器人是否面向北方。
⑯ bool facingSouth()：判断机器人是否面向南方。
robot.h 文件的源程序如下：

```
#include <windows.h>
#include <math.h>
#include "robot_initial.h"
// =============这里是部分常量=====================
HWND    hwnd ;
HDC     hdc ;
static int   cxBlock, cyBlock ;
static long numberOfMove,numberofTurnleft,numberOfPickupEggs,numberOfPutdownEggs;
// ==========================================
bool isrepaintblock=false;
typedef struct {
    int x;                  //x 坐标
    int y;                  //y 坐标
    int eggs,max_eggs;      //货物的数目
    bool iswall;
} BLOCK;                    //砖块结构体类型
```

```c
    typedef struct {
        int x;                      //x 坐标
        int y;                      //y 坐标
        int eggs,max_eggs;          //货物的数目
        int direction;              //机器人面朝的方向
    } ROBOT;                        //机器人结构体类型
    #include "robot_source.h        //地图初始化文件
    void PaintMessage();            //  输出消息窗口
    long eggsOnBlock();             //  统计地上的鸡蛋总数
    LRESULT CALLBACK WndProc (HWND, UINT, WPARAM, LPARAM) ;
    void paint_robot(HDC hdc, ROBOT robot)      //绘制机器人
    {   HBRUSH hBrush;
        double d=0.2;               //眼睛的直径
        RECT rect;
        TCHAR szBuffer[10];
        switch(robot.direction)
        {
        case 0:     //面向北方
            RoundRect(hdc, (robot.x+0.1)*cxBlock,(robot.y+0.1)*cyBlock,(robot.x+0.9)*
cxBlock,(robot.y+0.9)*cyBlock,(0.1*cxBlock),(0.1*cyBlock));
            Ellipse(hdc, (robot.x+0.2)*cxBlock,(robot.y)*cyBlock,(robot.x+0.2+d)*cxBlock,
(robot.y+d)*cyBlock);
            Ellipse(hdc, (robot.x+0.6)*cxBlock,(robot.y)*cyBlock,(robot.x+0.6+d)*cxBlock,
(robot.y+d)*cyBlock);
            Rectangle(hdc,   (robot.x+0.2)*cxBlock,(robot.y+0.5*d+0.1)*cyBlock,(robot.x+
0.8)*cxBlock,(robot.y+0.8)*cyBlock);
            break;
        case 1:     //面向东方
            RoundRect(hdc,   (robot.x+0.1)*cxBlock,(robot.y+0.1)*cyBlock,(robot.x+0.9)*
cxBlock,(robot.y+0.9)*cyBlock,(0.1*cxBlock),(0.1*cyBlock));
            Ellipse(hdc, (robot.x+1-d)*cxBlock,(robot.y+0.2)*cyBlock,(robot.x+1)*cxBlock,
(robot.y+0.2+d)*cyBlock);
            Ellipse(hdc, (robot.x+1-d)*cxBlock,(robot.y+0.6)*cyBlock,(robot.x+1)*cxBlock,
(robot.y+0.6+d)*cyBlock);
            Rectangle(hdc,   (robot.x+0.2)*cxBlock,(robot.y+0.5*d+0.1)*cyBlock,(robot.x+
0.8)*cxBlock,(robot.y+0.8)*cyBlock);
            break;
        case 2:     //面向南方
            RoundRect(hdc,   (robot.x+0.1)*cxBlock,(robot.y+0.1)*cyBlock,(robot.x+0.9)*
cxBlock,(robot.y+0.9)*cyBlock,(0.1*cxBlock),(0.1*cyBlock));
            Ellipse(hdc,     (robot.x+0.2)*cxBlock,(robot.y+1-d)*cyBlock,(robot.x+0.2+d)*
cxBlock,(robot.y+1)*cyBlock);
            Ellipse(hdc,     (robot.x+0.6)*cxBlock,(robot.y+1-d)*cyBlock,(robot.x+0.6+d)*
cxBlock,(robot.y+1)*cyBlock);
            Rectangle(hdc,   (robot.x+0.2)*cxBlock,(robot.y+0.5*d+0.1)*cyBlock,(robot.x+
0.8)*cxBlock,(robot.y+0.8)*cyBlock);
            break;
        case 3:     //面向西方
            RoundRect(hdc,   (robot.x+0.1)*cxBlock,(robot.y+0.1)*cyBlock,(robot.x+0.9)*
cxBlock,(robot.y+0.9)*cyBlock,(0.1*cxBlock),(0.1*cyBlock));
            Ellipse(hdc,  (robot.x)*cxBlock,(robot.y+0.2)*cyBlock,(robot.x+d)*cxBlock,
(robot.y+0.2+d)*cyBlock);
            Ellipse(hdc, (robot.x)*cxBlock,(robot.y+0.6)*cyBlock,(robot.x+d)*cxBlock,
(robot.y+0.6+d)*cyBlock);
            Rectangle(hdc,   ((robot.x+0.2)*cxBlock),((robot.y+0.5*d+0.1)*cyBlock),
((robot.x+0.8)*cxBlock),((robot.y+0.8)*cyBlock));
            break;
        }
        hBrush=CreateSolidBrush(RGB(122,0,0));
        SetRect(&rect,((robot.x+0.2)*cxBlock),((robot.y+0.5*d+0.1)*cyBlock),((robo
```

```
t.x+0.8)*cxBlock),((robot.y+0.8)*cyBlock));
        FillRect(hdc,&rect,hBrush);
        DeleteObject(hBrush);
        {   int bags_width,bags_height;
            bags_width=0.6*cxBlock;
            bags_height=0.6*cyBlock;
            int i,n;
            int j=-1;
            int p_left,p_top;
            double dd;
            n=sqrt(robot.eggs)+1;
            dd=1.0 / n;
            {   p_left=(robot.x+0.2)*cxBlock;
                p_top=(robot.y+d)*cyBlock;
                for (i=0;i<=robot.eggs-1;i++)
                {   if (i%n==0)  j++;
                    Ellipse(hdc,  p_left+i%n*dd*bags_width,p_top+j*dd*bags_height,
p_left+(i%n+1)*dd*bags_width,p_top+(j+1)*dd*bags_height);
                }
            }
        }
    TextOut  (hdc,  (robot.x+0.3)*cxBlock,  (robot.y+0.3)*cyBlock,  szBuffer,
wsprintf (szBuffer, TEXT ("%5d"), robot.eggs));
        PaintMessage();
    }
    //绘制地砖上的鸡蛋
    void paint_egg(HDC hdc, BLOCK the_block)
    {   int i,n;
        int j=-1;
        int p_left,p_top;
        double dd;
        n=sqrt(the_block.eggs)+1;
        dd=1.0 / n;
        TCHAR szBuffer[10];
        if (!the_block.iswall)
        {   p_left=the_block.x+0.2;
            p_top=the_block.y+0.5+0.1;
            for (i=0;i<=the_block.eggs-1;i++)
            {   if (i%n==0)  j++;
                Ellipse(hdc, (p_left+i%n*dd)*cxBlock,(p_top+j*dd)*cyBlock,(p_left+
(i%n+1)*dd)*cxBlock,(p_top+(j+1)*dd)*cyBlock);
            }
            if (the_block.eggs>0)
                TextOut    (hdc,(p_left+0.5)*cxBlock,(p_top+0.3)*cyBlock,szBuffer,
wsprintf(szBuffer, TEXT ("%2d"), the_block.eggs));
        }
        else
        {
            MoveToEx (hdc, the_block.x  *cxBlock, the_block.y  *cyBlock, NULL) ;
            LineTo  (hdc, (the_block.x+1)*cxBlock, (the_block.y+1)*cyBlock) ;
            MoveToEx (hdc, the_block.x  *cxBlock, (the_block.y+1)*cyBlock, NULL) ;
            LineTo   (hdc, (the_block.x+1)*cxBlock, the_block.y  *cyBlock) ;
        }
    }
    //重画地砖区域
    void repaint_block(int x,int y)
    {   PAINTSTRUCT ps ;
        isrepaintblock=false;
        RECT    rect ;
        rect.left   = x * cxBlock ;
        rect.top    = y * cyBlock ;
        rect.right  = (x + 1) * cxBlock ;
        rect.bottom = (y + 1) * cyBlock ;
        InvalidateRect (hwnd, &rect, FALSE) ;     //清除机器人所在位置图片
```

```c
}
//重画地砖区域
void auto_repaint_block(int x,int y)
{   PAINTSTRUCT ps ;
    isrepaintblock=true;
    RECT    rect ;
    rect.left   = x * cxBlock ;
    rect.top    = y * cyBlock ;
    rect.right  = (x + 1) * cxBlock ;
    rect.bottom = (y + 1) * cyBlock ;
    InvalidateRect (hwnd, &rect, FALSE) ;   //清除机器人所在位置图片
    hdc = BeginPaint (hwnd, &ps) ;
    for (x = 0 ; x < XDIVISIONS ; x++)
        for (y = 0 ; y < YDIVISIONS ; y++)
        {
            Rectangle (hdc, x * cxBlock, y * cyBlock, (x + 1) * cxBlock, (y + 1) * cyBlock) ;
            paint_egg(hdc, block[x][y]);    // 画鸡蛋
            if (x==robot.x && y==robot.y)
                paint_robot(hdc,robot);
        }
    EndPaint (hwnd, &ps);
}
// 机器人是否面向墙或者障碍物
bool frontIsClear()
{   switch(robot.direction)
    {
    case 0:
        if (robot.y==0 || block[robot.x][robot.y-1].iswall )
            return false;
        else
            return true;
    case 1:
        if (robot.x+1==XDIVISIONS|| block[robot.x+1][robot.y].iswall )
            return false;
        else
            return true;
    case 2:
        if (robot.y+1==YDIVISIONS || block[robot.x][robot.y+1].iswall )
            return false;
        else
            return true;
    case 3:
        if ( robot.x==0 || block[robot.x-1][robot.y].iswall)
            return false;
        else
            return true;
    }
    return false;
}
// 机器人左侧是否有墙或者障碍物
bool leftIsClear()
{   switch(robot.direction)
    {
    case 0:
        if (robot.x==0 || block[robot.x-1][robot.y].iswall)
            return false;
        else
            return true;
    case 1:
        if (robot.y==0 || block[robot.x][robot.y-1].iswall  )
            return false;
        else
```

```c
                return true;
        case 2:
            if (robot.x+1==XDIVISIONS|| block[robot.x+1][robot.y].iswall )
                return false;
            else
                return true;
        case 3:
            if (robot.y+1==YDIVISIONS || block[robot.x][robot.y+1].iswall )
                return false;
            else
                return true;
    }
    return false;
}
// 机器人右侧是否有墙或者障碍物
bool rightIsClear()
{   switch(robot.direction)
    {
        case 0:
            if (robot.x+1==XDIVISIONS|| block[robot.x+1][robot.y].iswall)
                return false;
            else
                return true;
        case 1:
            if (robot.y+1==YDIVISIONS || block[robot.x][robot.y+1].iswall )
                return false;
            else
                return true;
        case 2:
            if ( robot.x==0 || block[robot.x-1][robot.y].iswall)
                return false;
            else
                return true;
        case 3:
            if ( robot.y==0 || block[robot.x][robot.y-1].iswall )
                return false;
            else
                return true;
    }
    return false;
}
//机器人是否站在墙上
bool isStandOnWall()
{    if (robot.y==-1 ||  robot.x==-1     ||robot.x==XDIVISIONS
||robot.y==YDIVISIONS        ||block[robot.x][robot.y].iswall )
        {   MessageBox(NULL,TEXT("机器人胆敢爬到墙上,后果很严重,摔死了。!"),TEXT("哈哈!"),0);
            exit(0);
            return true;
        }
    else
        return false;
}
// 捡起鸡蛋放入储藏箱
void pickupEggs()
{    if (!(robot.y==-1 ||  robot.y==-1 ||robot.x==YDIVISIONS ||robot.y==YDIVISIONS
        ||block[robot.x][robot.y].iswall ))
    if (block[robot.x][robot.y].eggs>0 && robot.eggs+1<=robot.max_eggs)
    {   robot.eggs++;
        block[robot.x][robot.y].eggs--;
        repaint_block(robot.x,robot.y);
    }
    auto_repaint_block(robot.x,robot.y);
    numberOfPickupEggs++;     //捡起鸡蛋的次数
```

```
        Sleep(delaytime);
}
//储藏箱中的鸡蛋放在当前地砖上
void putdownEggs()
{   if (!(robot.y==-1 || robot.y==-1 ||robot.x==YDIVISIONS ||robot.y==YDIVISIONS
        ||block[robot.x][robot.y].iswall ))
        if  (block[robot.x][robot.y].eggs+1<=block[robot.x][robot.y].max_eggs  &&
robot.eggs>0)
        {    robot.eggs--;
             block[robot.x][robot.y].eggs++;
             repaint_block(robot.x,robot.y);
        }
        auto_repaint_block(robot.x,robot.y);
        numberOfPutdownEggs++;   //放下鸡蛋的次数
        Sleep(delaytime);
}
//机器人向左转
void turnLeft()
{        robot.direction=(robot.direction+3) % 4;
         auto_repaint_block(robot.x,robot.y);
         numberofTurnleft++;   //左转的次数
         Sleep(delaytime);
}
// 移动机器人
void move()
{    repaint_block(robot.x,robot.y);
     switch(robot.direction)
     {
     case 0:
         robot.y--;break;
     case 1:
         robot.x++;break;
     case 2:
         robot.y++;break;
     case 3:
         robot.x--;break;
     }
     auto_repaint_block(robot.x,robot.y);
     numberOfMove++;   //移动计数
     Sleep(delaytime);
     if (isStandOnWall());
}
//机器人的储藏箱已经满了
bool robotbagIsFull()
{   if (robot.eggs>=robot.max_eggs)
        return true;
    else
        return false;
}
//机器人的储藏箱已经空了
bool robotbagIsEmpty()
{    if (robot.eggs==0)
         return true;
     else
         return false;
}
//地砖上已经满了
bool blockIsFull()
{   if (block[robot.x][robot.y].eggs>=block[robot.x][robot.y].max_eggs)
        return true;
    else
        return false;
```

```c
}
//地砖上已经空了
bool blockIsEmpty()
{   if (block[robot.x][robot.y].eggs==0)
        return true;
    else
        return false;
}
//机器人面向东方
bool facingEast()
{   if (robot.direction==1)
        return true;
    else
        return false;
}
//机器人面向西方
bool facingWest()
{   if (robot.direction==3)
        return true;
    else
        return false;
}
//机器人面向北方
bool facingNorth()
{   if (robot.direction==0)
        return true;
    else
        return false;
}
//机器人面向南方
bool facingSouth()
{   if (robot.direction==2)
        return true;
    else
        return false;
}
//显示统计数据
void PaintMessage()
{
    int p_left,p_top;
    TCHAR szBuffer[100];
    RECT    rect ;
    rect.left   = 0 ;
    rect.top    = cyBlock*YDIVISIONS ;
    rect.right  = cxBlock*XDIVISIONS ;
    rect.bottom = (YDIVISIONS + 1) * cyBlock ;
    InvalidateRect (hwnd, &rect, FALSE) ;   //
    p_left=0;
    p_top=cyBlock*YDIVISIONS;
    //TextOut (hdc, p_left+cxBlock,p_top, szBuffer, wsprintf (szBuffer, TEXT ("移动:%3d 捡拾:%3d 放下:%3d"),numberOfMove, numberofTurnleft,numberOfPickupEggs,numberOfPutdownEggs,eggsOnBlock()));
    TextOut (hdc, p_left,p_top, szBuffer, wsprintf (szBuffer, TEXT ("移动:%3d"), numberOfMove));
    TextOut (hdc, p_left+1*cxBlock,p_top, szBuffer, wsprintf (szBuffer, TEXT ("左转:%3d"), numberofTurnleft));
    TextOut (hdc, p_left+2*cxBlock,p_top, szBuffer, wsprintf (szBuffer, TEXT ("捡拾:%3d"), numberOfPickupEggs));
    TextOut (hdc, p_left+3*cxBlock,p_top, szBuffer, wsprintf (szBuffer, TEXT ("放下:%3d"), numberOfPutdownEggs));
    TextOut (hdc, p_left+4*cxBlock,p_top, szBuffer, wsprintf (szBuffer, TEXT ("
```

```
地蛋: %3d"), eggsOnBlock()));
        TextOut (hdc, p_left+5*cxBlock,p_top, szBuffer, wsprintf (szBuffer, TEXT ("
背蛋: %3d"), robot.eggs));
        TextOut (hdc, p_left+6*cxBlock,p_top, szBuffer, wsprintf (szBuffer, TEXT ("F1-
帮助")));
    }
    // 统计地上的鸡蛋总数
    long eggsOnBlock()
    {   long num=0;
        int x,y;
        for (x=0;x<XDIVISIONS;x++)
            for (y=0;y<YDIVISIONS;y++)
                num+=block[x][y].eggs;
        return num;
    }
```

（4）robot_source.h，地图初始化文件。在编写程序完成任务之前，首先需要准备 robot_source.h 文件，设定机器人初始位置的 x 坐标、y 坐标，初始鸡蛋数 eggs，机器人最多存放鸡蛋数 max_eggs，机器人面向何方。

```
#define XDIVISIONS 10      // XDIVISIONS 列数
#define YDIVISIONS 20      // YDIVISIONS 行数
int delaytime=100;          //机器人每次移动延时的毫秒数
static ROBOT robot={0,19,0,1000,0};         //机器人初始位置, 初始鸡蛋数, 最多存放鸡蛋数,
机器人面向何方
BLOCK traget_block={10,20,0,1000,0};        //机器人行动的目标位置
static BLOCK block[XDIVISIONS][YDIVISIONS]={
{
0,  0,  5,  20, 0,
0,  1,  5,  20, 0,
0,  2,  0,  20, 0,
0,  3,  0,  20, 0,
0,  4,  0,  20, 0,
……
```

（5）在主程序 robot.cpp 中通过调用命令集中的指令控制卡雷尔的行动。按下 Space 键，运行 void main()函数。例如，以下程序将障碍物当成墙，机器人要避开障碍物从起订（0,19）到达目标位置（9,19），并捡拾沿途的所有鸡蛋。

```
void main()
{   // 机器人初始位置在（0, 19），设置在 robot_source.h 文件中
    while (!(robot.x==9&&robot.y==19))  //到达 9 列 y 行的地砖上才停止
    {       if (facingEast())            //面向东边
        {
        if(rightIsClear())                //右侧为空向右转
        {turnLeft();turnLeft();turnLeft();}
        else if(frontIsClear())   { }     //前方为空不转向
        else if (leftIsClear())   turnLeft(); //左侧为空向左转
        else    {turnLeft();turnLeft();} //否则向后转
        }
        else if (facingNorth())               //面向北边
        {  if (rightIsClear())                //右侧为空向右转
           {turnLeft();turnLeft();turnLeft();}
           else if(frontIsClear()) {}         //前方为空不转向
           else if (leftIsClear()) turnLeft();  //左侧为空向左转
           else {turnLeft();turnLeft();}      //否则向后转

           else if (facingSouth())              //面向南边
```

```
        {   if(frontIsClear()) {}              //前方为空不转向
            else if (leftIsClear()) turnLeft();   //左侧为空向左转
            else if (rightIsClear())           //右侧为空向右转
                {turnLeft();turnLeft();turnLeft();}
            else  {turnLeft();turnLeft();}    //否则向后转
        }
        else if (facingWest())                 //面向西边
        {   if (frontIsClear()) {}             //前方为空不转向
            if(rightIsClear())                 //右侧为空向右转
                {turnLeft();turnLeft();turnLeft();}
            else if (leftIsClear())  turnLeft();  //左侧为空向左转
            else  {turnLeft();turnLeft();}    //否则向后转
        }
        while(!blockIsEmpty())                 //捡光地砖上的鸡蛋
                 pickupEggs();
        if (!frontIsClear())                   //前方不为空，向左转
            turnLeft();
        else
            move();                            //向前移动
    }
}
```

运行结果如图14-4所示，机器人沿着障碍物移动到目标位置，并捡拾沿途的鸡蛋。

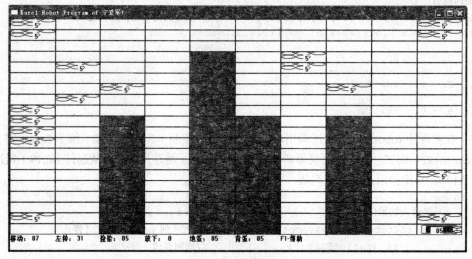

图 14-4 运行结果

14.2 排序算法比较

【例14.3】编写程序，对3种经典排序算法（起泡排序、选择排序和插入排序）进行比较，观察各种排序算法的优缺点，包括排序过程中的比较次数、交换次数和排序时间，并实现以下5个功能。

（1）3种排序算法对100 000个通过随机函数生成的[0,99]之间的数字进行排序。

（2）排序完毕后给出相应的比较信息，其中包括比较次数、交换次数和排序时间等信息。

（3）将排序前生成的100 000个随机数存入文本文件中，并将该文件命名为BeforeSort.txt。

（4）将不同排序方式排序后的数据存入相应的文件中。将冒泡法排序后的数字存入PoPsort.txt中，将选择法排序后的数字存入SelectSort.txt中，将插入法排序后的数字存入InsertSort.txt中。

（5）查看比较结果后，单击回车键退出程序。

分析：

（1）每个排序算法均通过独立的函数实现。

（2）在主函数中调用每个算法的函数。

（3）时间函数的用法，参考如下程序，使用时间函数，需要引入头文件 time.h，函数 clock 返回近似调用程序运行时间量的值，该值除以 CLOCKS_PER_SEC 后转换为秒数。返回-1 值表示无法取得时间。

```
#include<stdio.h>
#include<time.h>
void main()
{       clock_t start;
        clock_t end;
        int t;
        long i;
        start=clock();
        //得到程序运行时的时间量的值
        for(i=0;i<=1000000000;i++);
        //空循环，耗费时间
        end=clock();
        t=(end-start)/CLOCKS_PER_SEC;
        //得到空循环运行的时间
        printf("%d",t);
}
```

（4）起泡排序的基本思想见【例 7.6】算法。

（5）选择排序的基本思想见【例 7.7】算法。

（6）插入排序的基本思想是，经过 i-1 遍处理后，1 到 i-1 的元素已排好序。第 i 遍处理仅将第 i 个元素插入 1 到 i-1 的适当位置，使得数组又是排好序的序列。要实现这个目的，可以使用顺序比较的方法。首先比较第 i 个元素和第 i-1 个元素，如果第 i-1 个元素小于等于第 i 个元素，则 1 到 i 个元素已排好序，第 i 遍处理就结束了；否则交换第 i 个元素与第 i-1 个元素的位置，继续比较第 i-1 个元素和的第 i-2 个元素，直到找到某一个位置 j(1<=j<=i-1)，使得第 j 个元素小于等于第 j+1 个元素为止。其算法如图 14-5 所示。

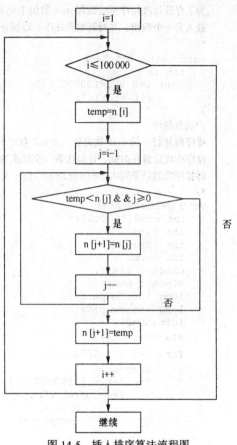

图 14-5 插入排序算法流程图

编写程序如下：

```
#include<stdio.h>
#include<stdlib.h>
#include<time.h>
int num[100000];                        //用于存放 100 000 个数字
void init(int *);                       //init 函数声明
void SelectSort();                      //SelectSort 函数声明，选择法排序
void InsertSort();                      //InsertSort 函数声明，插入法排序
void PopSort();                         //PopSort 函数声明，冒泡法排序
void main()
{   int i;
    srand( (unsigned)time( NULL ) );
    for( i=0 ; i<100000 ; i++ )         //随机生成 100 000 个数，存入 num 数组中
        num[i]=rand()/1000;
    FILE *fp;
```

```c
    fp=fopen("BeforeSort.txt","w+");
    for( i=0 ; i<100000 ; i++ )            //将排序前的数字写入 BeforeSort.txt 文件中
        fprintf(fp,"%d\n",num[i]);
    fclose(fp);
    printf("Result:\n\n");
    SelectSort();
    printf("\n======================================\n");
    InsertSort();
    printf("\n======================================\n");
    PopSort();
}
/*初始化数组
为了保证每次排序不会破坏 num 数组中元素的顺序,在每次排序前将 num 数组复制一份,
放入另一个数组,并对新数组排序,以保证 num 数组中元素不被改变
*/
void init( int *a )
{   int i;
    for( i=0 ; i<100000 ; i++ )
        a[i]=num[i];
}
/*选择排序
排序前复制一份 num 数组放入 num2 数组中,并对 num2 数组排序
排序中统计排序时间、比较次数、交换次数
将排序后的结果写入 SelectSort.txt 文件中,并在屏幕上显示统计结果
*/
void SelectSort()
{   int num2[100000];
    int i,j;
    int iPos=0;
    int temp;
    clock_t start;
    clock_t end;
    long int compare=0;
    long int swap=0;
    init(num2);
    start=clock();                         //记录排序前时间
    for( i=0 ; i<100000 ; i++ )            //进行选择排序
    {   iPos=i;
        for(j=i ; j<100000 ; j++ )
        {   if(  num2[iPos]>num2[j] )
            {   iPos=j;
                compare++;
            }
        }
        temp=num2[i];
        num2[i]=num2[iPos];
        num2[iPos]=temp;
        swap++;
    }
    end=clock();                           //记录排序后时间
    FILE *fp;
    fp=fopen("SelectSort.txt","w+");
    for( i=0 ; i<100000 ; i++ )            //将排序后的结果输出到指定文件中
        fprintf(fp,"%d\n",num2[i]);
    fclose(fp);
    printf("Select Sort Spend %.2f seconds!\n",(double)(end-start)/1000);  //输
出排序花费时间
    printf("Select Sort Compare %ld times!\n",compare);
    printf("Select Sort Swap %ld times!\n",swap);
}
```

```
/*插入排序
排序前复制一份 num 数组放人 num2 数组中，并对 num2 数组排序
排序中统计排序时间、比较次数、交换次数
将排序后的结果写入 InsertSort.txt 文件中，并在屏幕上显示统计结果
*/
void InsertSort()
{   int num2[100000];
    int i,j;
    int iPos=0;
    int temp;
    clock_t start;
    clock_t end;
    long double compare=0;
    long int swap=0;
    init(num2);
    start=clock();
    for( i=1 ; i<100000 ; i++ )                    //进行插入排序
    {   temp=num2[i];
        j=i-1;
        while( temp<num2[j] && j>=0 )
        {   num2[j+1]=num2[j];
            j--;
            compare++;
        }
        num2[j+1]=temp;
    }
    end=clock();
    FILE *fp;
    fp=fopen("InsertSort.txt","w+");
    for( i=0 ; i<100000 ; i++ )                    //将排序后的结果输出到指定文件中
        fprintf(fp,"%d\n",num2[i]);
    fclose(fp);
    printf("Insert Sort Spend %.2f seconds!\n",(double)(end-start)/1000);
    printf("Insert Sort Compare %.0lf times!\n",compare);
    printf("Insert Sort Swap %ld times!\n",swap);
}
/*冒泡排序
排序前复制一份 num 数组放人 num2 数组中，并对 num2 数组排序
排序中统计排序时间、比较次数、交换次数
将排序后的结果写入 PopSort.txt 文件中，并在屏幕上显示统计结果
*/
void PopSort()
{   int num2[100000];
    int i,j;
    int iPos=0;
    int temp;
    clock_t start;
    clock_t end;
    long int compare=0;
    long double swap=0;
    init(num2);
    start=clock();
    for( i=0 ; i<100000 ; i++ )                    //进行起泡排序
    {       for( j=0 ; j<99999-i ; j++ )
        { if( num2[j]>num2[j+1] )
          {  swap++;
             temp=num2[j];
             num2[j]=num2[j+1];
             num2[j+1]=temp;
          }
          compare++;
```

```
        }
    end=clock();
    FILE *fp;
    fp=fopen("PopSort.txt","w+");
    for( i=0 ; i<100000 ; i++ )              //将排序后的结果输出到指定文件中
            fprintf(fp,"%d\n",num2[i]);
    fclose(fp);
    printf("Pop Sort Spend %.2f seconds!\n",(double)(end-start)/1000);
    printf("Pop Sort Compare %ld times!\n",compare);
    printf("Pop Sort Swap %.0lf times!\n",swap);
}
```

程序的运行结果如下。

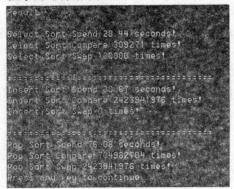

14.3 个人通讯录

【例 14.4】编写个人通讯录管理系统，实现以下功能。
（1）管理系统提供菜单。
（2）将通讯录信息存入文件中，并命名为 PersonInfo.txt。
（3）管理系统执行以下基本操作。
① 查看通讯录的所有信息。
② 输入要查找的姓名，查找通讯录，如果找到则显示相关信息。
③ 添加某人的基本信息，输入通讯录的相应信息，将该信息添加到通讯录中。
④ 删除某人的基本信息，输入姓名，查找该姓名是否存在，如果存在，则将其删除。
（4）人员基本信息包括姓名、性别、电话、生日和地址等基本信息。
（5）人员信息文件中每一行存放一个人员的信息。
（6）每个功能均通过独立的函数实现。
（7）在主函数中调用每个功能函数。
（8）键盘输入之前有提示。

分析：
① 当程序执行时读取的通讯录文件必须存在，否则会出错。
② 通讯录文件中存放的通讯录信息按行存放。
③ 通讯录信息需要存放于结构体中，同时还需要定义链表用于存放所有从文件中读出的通讯录信息。
④ 程序执行的基本过程如下。
  a. 在所有操作之前，即加载操作菜单之前，先从文件中读取所有通讯录信息，并存入一个链表。

b. 所有操作都需要操作链表，即链表的查找、添加、修改、删除等操作。

c. 当退出系统时将当前链表中的所有元素按照每人一行的方式写回通讯录文件中，此时注意选择文件读写方式，将原有数据覆盖，只保留最新数据。

d. 当按行读取通讯录文件时，有可能最后一行只有一个回车符，此时读取的数据为空字符串。如果是空字符串，则说明已经没有数据，且不能将读入的空字符串写入链表中。

编写程序如下：

```c
#include<stdio.h>
#include<stdlib.h>
#include<string.h>
/*定义一个结构体用于存放通讯录中的个人信息，其中包括编号、姓名、性别、生日、电话、地址
*/
struct person
{   char name[20];
    char sex[3];
    char birthday[15];
    char telephone[20];
    char address[40];
}per;
/*定义一个结构体用于存放链表中的一个结点*/
struct node
{   struct person data;
    struct node *next;
};
struct node *head;
struct node *curr;
void ShowMainMenu();              //ShowMainMenu 函数声明，显示主菜单
void ViewAPersonInfo();           //ViewAPersonInfo 函数声明，查看通讯录中个人信息
void ViewAllPersonInfo();         //ViewAllPersonInfo 函数声明，查看通讯录中所有人的信息
void AddAPersonInfo();            //AddAPersonInfo 函数声明，添加一条通讯录信息
void DelAPersonInfo();            //DelAPersonInfo 函数声明，删除一条通讯录信息
void ModifyAPersonInfo();         //ModifyAPersonInfo 函数声明，修改一条通讯录信息
void Exit();                      //Exit 函数声明，退出程序
void LoadAllPerson();             //LoadAllPerson 函数声明，加载通讯录数据
int ShowInputAPerson();           //ShowInputAPerson 函数声明，添加用户信息时显示输入提示
int ShowDeleteAPerson();          //ShowDeleteAPerson 函数声明，判断是否结束用户信息输入
int ShowModifyAPerson();          //ShowModifyAPerson 函数声明，判断是否结束用户信息输入
int FindPerson( char* name );     //FindPerson 函数声明，查看某人信息是否存在
void main()
{   int choice;
    LoadAllPerson();              //从文件中将用户信息读出存放于链表中
    while(1)
    {   ShowMainMenu();           //显示主菜单
        scanf("%d",&choice);
        switch(choice)
        {   case 1:ViewAllPersonInfo();break;
            case 2:ViewAPersonInfo();break;
            case 3:AddAPersonInfo();break;
            case 4:DelAPersonInfo();break;
            case 5:ModifyAPersonInfo();break;
            case 6:Exit();break;
            default:printf("Please input right number!\n");break;
        }
    }
}
/*加载通讯录数据，将文件中的通讯录信息读入链表中*/
```

```c
void LoadAllPerson()
{   FILE *fp;
    struct node *pointer;
    head=NULL;
    fp=fopen("PersonInfo.txt","r");
    while( !feof(fp) )                    //将文件中信息读入链表
    { fscanf(fp,"%s%s%s%s%s",per.name,per.sex,per.birthday,per.telephone,per.address);
        if( head==NULL )
        {   head=(struct node*)malloc(sizeof(struct node));
            head->data=per;
            head->next=NULL;
            curr=head;
        }
        else
        {   pointer=(struct node*)malloc(sizeof(struct node));
            pointer->data=per;
            pointer->next=NULL;
            curr->next=pointer;
            curr=pointer;
        }
    }
    fclose(fp);
}
/*退出程序，同时将链表中的信息写入文件中*/
void Exit()
{   FILE *fp;
    fp=fopen("PersonInfo.txt","w");
    curr=head;
    while( curr!=NULL )                   //将链表中信息重新写入文件
    {
    fprintf(fp,"%s%ss%s%s\n",curr->data.name,curr->data.sex, curr->data. birthday, curr->data. telephone,curr->data.address);
        curr=curr->next;
    }
    fclose(fp);
    printf("\nThank you for using this system!\n");
    printf("Press enter to exit...\n");
    getchar();
    exit(0);
}
/*显示主菜单*/
void ShowMainMenu()
{   printf("=====Welcome to Person Management System!=====\n");
    printf("1.View All Person Information\n");
    printf("2.View A Person Information\n");
    printf("3.Add Person Information\n");
    printf("4.Delete Person Information\n");
    printf("5.Modify Person Information\n");
    printf("6.Exit\n");
    printf("==================================\n");
    printf("Please Select:");
}
/*查看通讯录中某人信息的功能*/
void ViewAPersonInfo()
{   char input[10];
    int flag;
    while(1)
    {   printf("Please input person name(input $ to return):");
        scanf("%s",input);
        if (strcmp(input,"$") == 0)              //输入$符号返回
            break;
```

```c
        else
        {   curr=head;
            flag=0;
            while( curr!=NULL )                //依次查找链表中的元素，判断信息是否存在
            {   if( strcmp(input,curr->data.name)==0 )
                {   flag=1;
                    printf("Find a person\n");
                    printf("%s    %s    %s    %s    %s\n\n", curr->data.name, curr->data.sex, curr->data.birthday, curr->data.telephone,curr->data.address);
                }
                curr=curr->next;
            }
            if( flag==0 )                       //如果不存在则提示未找到
                printf("Not found!\n\n");
        }
    }
}
/*查看通讯录中所有人的信息*/
void ViewAllPersonInfo()
{   int count=1;
    int flag=0;
    if( head==NULL )
        printf("\nThere is no person!\n");
    else
    {   curr=head;
        printf("\nName      Sex       Brithday         Telephone        Address\n");
        while( curr!=NULL )                    //依次将链表中所有信息显示出来
        {   printf("%-10s",curr->data.name);
            printf("%-10s",curr->data.sex);
            printf("%-15s",curr->data.birthday);
            printf("%-15s",curr->data.telephone);
            printf("%-15s\n",curr->data.address);
            curr=curr->next;
        }
    }
    printf("\n");
}
/*添加一个新的通讯录信息*/
void AddAPersonInfo()
{   if( ShowInputAPerson()==1 )                //输入要添加的通讯录信息
    {   struct node *pointer;
        pointer=(struct node*)malloc(sizeof(struct node));
        pointer->data=per;
        pointer->next=NULL;
        if( curr==NULL )
        {   pointer->next=head;
            head=pointer;
        }
        else
        {   while(curr->next!=NULL)             //将新信息添加到链表末尾
                curr=curr->next;
            curr->next=pointer;
        }
        printf("Insert success!\n");
    }
}
/*添加用户信息时显示输入提示*/
int ShowInputAPerson()
{   printf("Please input person's name(input $ to return):");
    scanf("%s",per.name);
    if( strcmp(per.name,"$")!=0 )               //输入$符号则返回
    {   printf("Please input person's sex:");
```

```c
            scanf("%s",per.sex);
            printf("Please input person's birthday:");
            scanf("%s",per.birthday);
            printf("Please input person's telephone:");
            scanf("%s",per.telephone);
            printf("Please input person's address:");
            scanf("%s",per.address);
            return 1;
        }
    else
        return 0;
}
/*删除一个通讯录信息*/
void DelAPersonInfo()
{   if( ShowDeleteAPerson()==1 )
    {    if( !FindPerson(per.name) )           //查看要删除的信息是否存在
         {    printf("The person is not exist!\n");
              DelAPersonInfo();
         }
         else
         {   curr=head;
             while(1)
             {   if( curr==NULL )
                 {   printf("There is no person!\n");
                     break;
                 }
                 if( strcmp(per.name,curr->data.name)==0 )
                 {    head=curr->next;
                      free(curr);
                      printf("Delete success!\n");
                      break;
                 }
                 struct node *back;
                 back=(struct node*)malloc(sizeof(struct node));
                 back=curr;
                 curr=curr->next;
                 if( strcmp(per.name,curr->data.name)==0 )
                 {   back->next=curr->next;
                     free(curr);
                     printf("Delete success!\n");
                     break;
                 }
             }
         }
    }
}
/*判断是否结束用户信息输入*/
int ShowDeleteAPerson()
{    printf("Please input person's name(input $ to return):");
     scanf("%s",per.name);
     if( strcmp(per.name,"$")!=0 )                          //输入"$"符号则返回
         return 1;
     else
         return 0;
}
/*修改一个通讯录中某人的信息*/
void ModifyAPersonInfo()
{  if( ShowModifyAPerson()==1 )
    {    if( !FindPerson(per.name) )           //查看要修改的信息是否存在
         {   printf("The person is not exist!\n");
             ModifyAPersonInfo();
         }
         else
```

```
                {   printf("Please input person's sex:");//输入新的信息
                    scanf("%s",per.sex);
                    printf("Please input person's birthday:");
                    scanf("%s",per.birthday);
                    printf("Please input person's telephone:");
                    scanf("%s",per.telephone);
                    printf("Please input person's address:");
                    scanf("%s",per.address);
                    curr=head;
                    while(1)                                    //替换链表中原有信息
                    {   if( curr==NULL )
                        {   printf("There is no person!\n");
                            break;
                        }
                        if( strcmp(per.name,curr->data.name)==0 )
                        {   curr->data=per;
                            printf("Modify success!\n");
                            break;
                        }
                        curr=curr->next;
                    }
                }
            }
}
/*判断是否结束用户信息输入*/
int ShowModifyAPerson()
{   printf("Please input person's name(input $ to return):");
    scanf("%s",per.name);
    if( strcmp(per.name,"$")!=0 )
        return 1;
    else
        return 0;
}
/*查看某人信息是否存在*/
int FindPerson( char* name )
{   curr=head;
    while( curr!=NULL )
    {   if( strcmp(name,curr->data.name)==0 )
        {   return 1;
        }
        curr=curr->next;
    }
    return 0;
}
```

说明:

(1) 程序在运行时,主菜单显示如下。

```
=====Welcome to Person Management System!=====
1.View All Person Information
2.View A Person Information
3.Add Person Information
4.Delete Person Information
5.Modify Person Information
6.Exit
==============================================
Please Select:
```

(2) 增加一条新记录的界面如下。

```
Please Select:3
Please input person's name(input $ to return):井雨晨
Please input person's sex:男
Please input person's birthday:20050408
Please input person's telephone:02260274460
Please input person's address:天津市河西区
Insert success!
```

（3）显示所有记录的界面如下。

（4）显示一条记录的界面如下，按下"$"则结束查找。

习　　题

1. 设计一个 Win32 窗口程序，窗口打开后单击鼠标左键弹出一个对话框，单击鼠标右键后在窗体上画一个矩形（提示：弹出对话框使用 MessageBox 函数，画矩形使用 Rectangle 函数）。

2. 设计一个学生管理系统，功能包括：

（1）录入学生信息，信息保存在文件中；

（2）添加、删除、修改和查询学生信息。

3. 设计一个简单的泊车模拟系统。假定有 100 个车位，汽车停车时首先选择车位，并记录当前停车的时间，在离开时记录取车时间，根据停留时间计算费用。将停车的数据写入文件中，并可以读出、显示、查询和统计。

4. 设计一个查询并打印万年历的程序。要求实现以下功能：

（1）能够查询某年某月某日是星期几。

（2）能够打印某年某月的全月日历。

（3）能够打印某年的全年日历。

（4）键盘输入前应有提示。

附录 I
Visual C++6.0 常见错误提示

1. fatal error C1083: Cannot open include file: '111.c': No such file or directory
不能打开包含文件"111.c",没有这样的文件或目录。

2. error C2065: 'abc' : undeclared identifier
"abc"标识符没有定义。

3. error C2086: 'abc' : redefinition
变量"abc"重复定义。

4. warning C4700: local variable 'a' used without having been initialized
局部变量"a"没有初始化值就使用。

5. warning C4101: 'a' : unreferenced local variable
变量"a"定义后,从来没有使用过。

6. error C2124: divide or mod by zero
被0除。

7. error C2296: '%' : illegal, left operand has type 'float'
float 数据不能进行"%"求余运算。

8. error C2143: syntax error : missing ')' before ';'
在";"前缺少")",小括号不配对。

9. error C2041: illegal digit '9' for base '8'
八进制中出现错误字符"9"。

10. error C2105: '++' needs l-value
"++"运算符的左侧必须使用变量。

11. error C2106: '=' : left operand must be l-value
在赋值表达式中"="左边必须是变量。

12. error C2018: unknown character '0xa3'
不认识的字符'0xa3',一般是错误地使用汉字、中文标点符号或全角的字符。

13. error C2146: syntax error : missing ';' before identifier 'abc'
句法错误:在"abc"前缺少";"。

14. warning C4553: '==' : operator has no effect; did you intend '='?
"=="运算符没有效果,是否应该改为"="?

15. error C4716: 'func' : must return a value
函数 func 必须返回一个值。

16. error C2043: illegal break
使用 break 出错。"break"语句只能用在 switch 结构和循环结构中。

17. error C2051: case expression not constant

case 不是常量。在 switch 结构的 case 分支中必须是常量。

18. error C2196: case value '3' already used

在 switch 语句的 case 分支中，3 已经用过了，不能重复使用。

19. error C2181: illegal else without matching if

"else" 找不到对应的 "if"。

20. error C2079: 'age' uses undefined struct 'student'

在结构体 student 中没有定义成员 "age"。

21. error C2143: syntax error : missing ']' before ';'

在 ";" 之前缺少 "]"，在定义数组时缺少 "]"。

22. fatal error C1004: unexpected end of file found

发现意外的文件结束。一般是函数缺少结尾的 "}"。

23. error C2007: #define syntax

宏定义出错。

24. LINK : fatal error LNK1168: cannot open Debug/P1.exe for writing

连接错误：不能打开 P1.exe 文件，已改写内容。（一般是 P1.Exe 正在运行，未关闭。）

附录 II
ANSI C 常用库函数

库函数是由编译程序提供用户使用的一组程序，每种 C 编译系统都提供一批库函数，不同的编译系统所提供的库函数的数目和函数名及函数功能可能不相同。本附录提供一些常用的符合 ANSI C 标准的库函数，如果需要使用其他库函数，读者可以查阅有关手册。

（1）数学函数（math.h）

在使用数学函数之前，必须在源程序中使用命令：#include "math.h"，包含头文件 "math.h"。

函数名	函数与形参类型	功　能	返　回　值
abs	int abs(int x)	计算整数 x 的绝对值	计算结果
acos	double acos(double x)	计算 $\cos^{-1}(x)$ 的值，$-1<=x<=1$	计算结果
asin	double asin(double x)	计算 $\sin^{-1}(x)$ 的值，$-1<=x<=1$	计算结果
atan	double atan(double x)	计算 $\tan^{-1}(x)$ 的值	计算结果
atan2	double atan2(double x, double y)	计算 $\tan^{-1}(x/y)$ 的值	计算结果
cos	double cos(double x)	计算 $\cos(x)$ 的值，x 的单位为弧度	计算结果
cosh	double cosh(double x)	计算 x 的双曲余弦 $\cosh(x)$ 的值	计算结果
exp	double exp(double x)	求 e^x 的值	计算结果
fabs	double fabs(double x)	求 x 的绝对值	计算结果
floor	double floor(double x)	求不大于 x 的最大整数	整数的双精度实数
fmod	double fmod(double x, double y)	求整除 x/y 的余数	余数的双精度实数
frexp	double frexp(double val, int *eptr)	把双精度数 val 分解成数字部分（尾数 x）和以 2 为底的指数 n，即 val = $x*2^n$，n 放在 eptr 指向的变量中	数字部分 x $0.5<=x<1$
log	double log(double x)	求 $\log_e x$，即 $\ln x$	计算结果
log10	double log10(double x)	求 $\log_{10} x$	计算结果
modf	double modf(double val, int *iptr)	把双精度数 val 分解成数字部分和小数部分，把整数部分存放在 iptr 指向的变量中	val 的小数部分
pow	double pow(double x, double y)	求 x^y 的值	计算结果
sin	double sin(double x)	求 $\sin(x)$ 的值，x 的单位为弧度	计算结果
sinh	double sinh(double x)	计算 x 的双曲正弦函数 $\sinh(x)$ 的值	计算结果
sqrt	double sqrt(double x)	计算 $\sqrt{x}$，$(x\geq 0)$	计算结果
tan	double tan(double x)	计算 $\tan(x)$ 的值，x 的单位为弧度	计算结果
tanh	double tanh(double x)	计算 x 的双曲正切函数 $\tanh(x)$ 的值	计算结果

（2）字符处理函数（ctype.h）

在使用字符函数时，应该在源文件中使用命令：#include "ctype.h"，包含头文件"ctype.h"。

函数名	函数和形参类型	功　能	返　回　值
isalnum	int isalnum(int ch)	检查 ch 是否为字母或数字	是则返回 1，否则返回 0
isalpha	int isalpha(int ch)	检查 ch 是否为字母	是则返回 1，否则返回 0
iscntrl	int iscntrl(int ch)	检查 ch 是否为控制字符（其 ASCⅡ码在 0 和 0xlF 之间）	是则返回 1；否则返回 0
isdigit	int isdigit(int ch)	检查 ch 是否为数字	是则返回 1；否则返回 0
isgraph	int isgraph(int ch)	检查 ch 是否为可打印字符（其 ASCⅡ码在 0x21 和 0x7e 之间），不包括空格	是则返回 1；否则返回 0
islower	int islower(int ch)	检查 ch 是否为小写字母（a～z）	是则返回 1；否则返回 0
isprint	int isprint(int ch)	检查 ch 是否为可打印字符（其 ASCⅡ码在 0x21 和 0x7e 之间），不包括空格	是则返回 1；否则返回 0
ispunct	int ispunct(int ch)	检查 ch 是否为标点字符（不包括空格），即除字母、数字和空格以外的所有可打印字符	是则返回 1；否则返回 0
isspace	int isspace(int ch)	检查 ch 是否为空格、跳格符（制表符）或换行符	是则返回 1；否则返回 0
isupper	int isupper(int ch)	检查 ch 是否为大写字母（A～Z）	是则返回 1；否则返回 0
isxdigit	int isxdigit(int ch)	检查 ch 是否为一个 16 进制数字（即 0～9，或 A～F，a～f）	是则返回 1；否则返回 0
tolower	int tolower(int ch)	将 ch 字符转换为小写字母	返回 ch 对应小写字母
toupper	int toupper(int ch)	将 ch 字符转换为大写字母	返回 ch 对应大写字母

（3）字符串函数（string.h）

使用字符串中函数时，应该在源文件中使用命令：#include "string.h"，包含头文件"string.h"。

函数名	函数和形参类型	功　能	返　回　值
memchr	void *memchr(void *buf, char ch, unsigned int count)	在 buf 的前 count 个字符里搜索字符 ch 首次出现的位置	返回指向 buf 中 ch 第一次出现的位置指针；如没找到则返回 NULL
memcmp	int memcmp(void *buf1, void *buf2, unsigned int count)	按字典顺序比较由 buf1 和 buf2 指向的数组的前 count 个字符	buf1<buf2，为负数 buf1=buf2，返回 0 buf1>buf2，为正数
memcpy	void *memcpy(void *to, void *from, unsigned int count)	将 from 指向的数组中的前 count 个字符复制到 to 指向的数组中 from 和 to 指向数组不允许重叠	返回指向 to 的指针
memmove	void * memmove (void *to, void *from, unsigned int count)	将 from 指向的数组中的前 count 个字符复制到 to 指向的数组中。from 和 to 指向数组不允许重叠	返回指向 to 的指针
memset	void *memset(void *buf, char ch, unsigned int count)	将字符 ch 复制到 buf 指向的数组的前 count 个字符中	返回 buf
strcat	char *strcat(char *str1, char *str2)	把字符 str2 接到 str1 后面，取消原来 str1 最后面的串结束符'\0'	返回 str1
strchr	char *strchr(char *str, int ch)	找出 str 指向的字符串中第一次出现字符 ch 的位置	返回指向该位置的指针，如没找到则返回 NULL

续表

函数名	函数和形参类型	功　　能	返　回　值
strcmp	int strcmp(char *str1, char *str2)	比较字符串 str1 和 str2	str1<str2，为负数 str1=str2，返回 0 str1>str2，为正数
strcpy	char *strcpy(char *str1, char *str2)	把 str2 指向的字符串复制到 str1 中去	返回 str1
strlen	unsigned int strlen(char *str)	统计字符串 str 中字符的个数（不包括终止符'\0'）	返回字符个数
strncat	char *strncat(char *str1, char *str2, unsigned int count)	把字符串 str2 指向的字符串中最多 count 个字符连接在串 str1 后面	返回 str1
strncmp	int strncmp(char *str1, char *str2, unsigned int count)	比较字符串 str1 和 str2 中最多前 count 个字符	str1<str2，为负数 str1=str2，返回 0 str1>str2，为正数
strncpy	char *strncpy(char *str1, char *str2, unsigned int count)	把 str2 指向的字符串中最多前 count 个字符复制到 str1 中	返回 str1
strnset	void * strnset (char *buf, char ch, unsigned int count)	将字符 ch 复制到 buf 指向的数组前 count 个字符中	返回 buf
strset	void * strset (void *buf, char ch)	将 buf 所指向的字符串中的全部字符都变为字符 ch	返回 buf
strstr	char *strstr(char *str1, char *str2)	寻找 str2 指向的字符串在 str1 指向的字符串中首次出现的位置	返回 str2 指向的字符串首次出现的地址。否则返回 NULL

（4）标准输入输出函数（stdio.h）

在使用输入输出函数时，应该在源文件中使用命令：#include "stdio.h"，包含头文件"stdio.h"。

函数名	函数和形参类型	功　　能	返　回　值
clearerr	void clearerr (FILE *fp)	清除文件指针错误指示器	无
fclose	int fclose(FILE *fp)	关闭 fp 指向的文件，释放文件缓冲区	关闭成功返回 0，否则返回非 0
feof	int feof(FILE *fp)	检查文件是否结束	文件结束返回非 0，否则返回 0
ferror	int ferror(FILE *fp)	测试 fp 指向的文件是否有错误	无错返回 0；否则返回非 0
fflush	int fflush(FILE *fp)	将 fp 指向的文件的全部控制信息和数据存盘	存盘正确返回 0；否则返回非 0
fgets	char *fgets(char *buf, int n, FILE *fp)	从 fp 指向的文件读取一个长度为（n-1）的字符串，存入起始地址为 buf 的空间	返回地址 buf；若遇文件结束或出错则返回 EOF
fgetc	int fgetc(FILE *fp)	从 fp 指向的文件中读取下一个字符	返回得到的字符；出错则返回 EOF
fopen	FILE *fopen(char *filename, char *mode)	以 mode 指定的方式打开名为 filename 的文件	成功则返回文件指针；否则返回 0
fprintf	int fprintf(FILE *fp, char *format, args, ...)	把 args 的值以 format 指定的格式输出到 fp 指向的文件中	实际输出的字符数
fputc	int fputc(char ch, FILE *fp)	将字符 ch 输出到 fp 指向的文件中	成功则返回字符；出错则返回 EOF
fputs	int fputs(char *str, FILE *fp)	将 str 指定的字符串输出到 fp 指向的文件中	成功则返回 0；出错返回 EOF

续表

函数名	函数和形参类型	功　　能	返　回　值
fread	int fread(char *pt, unsigned int size, unsigned int n, FILE *fp)	从 fp 指向的文件中读取长度为 size 的 n 个数据项，存到 pt 指向的内存区	返回所读的数据项个数，若文件结束或出错返回 0
fscanf	int fscanf(FILE *fp, char *format, args, …)	从 fp 指向的文件中按给定的 format 格式将读入的数据送到 args 所指向的内存变量中（args 是地址表列）	返回输入的数据个数
fseek	int fseek(FILE *fp, long offset, int base)	将 fp 指向文件的位置指针移到以 base 指出的位置为基准、以 offset 为位移量的位置	返回当前位置；否则，返回-1
ftell	long ftell(FILE *fp)	返回 fp 指向文件中的读写位置	返回文件中的读写位置；否则返回 0
fwrite	int fwrite(char *ptr, unsigned int size, unsigned int n, FILE *fp)	把 ptr 所指向的 n*size 个字节输出到 fp 指向的文件中	写到 fp 文件中的数据项的个数
getc	int getc(FILE *fp)	从 fp 指向的文件中读出下一个字符	返回读出的字符；若文件出错或结束返回 EOF
getchar	int getchar ()	从标准输入设备中读取下一个字符	返回字符；若出错则返回-1
gets	char *gets(char *str)	从标准输入设备中读取字符串存入 str 指向的数组	成功返回 str，否则返回 NULL
printf	int printf(char *format, args, …)	以 format 字符串格式，将输出列表 args 输出到标准设备	输出字符的个数；若出错返回负数
putc	int putc(int ch, FILE *fp)	把一个字符 ch 输出到 fp 指向的文件中	输出字符 ch；若出错返回 EOF
putchar	int putchar(char ch)	把字符 ch 输出到标准输出设备	返回换行符；若失败返回 EOF
puts	int puts(char *str)	把 str 指向的字符串输出到标准输出设备；将'\0'转换为回车符	返回换行符；若失败返回 EOF
remove	int remove(char *fname)	删除以 fname 为文件名的文件	成功返回 0；出错返回-1
rename	int rename(char *oname, char *nname)	把 oname 所指的文件名改为由 nname 所指的文件名	成功返回 0；出错返回-1
rewind	void rewind(FILE *fp)	将 fp 指向文件的指针置于文件头，并清除文件结束标志和错误标志	无
scanf	int scanf(char *format, args, …)	从标准输入设备按 format 格式字符串的格式，输入数据给 args 所指示的单元	读入并赋给 args 数据个数

（5）动态存储分配函数（stdlib.h）

在使用动态存储分配函数时，应该在源文件中使用命令：#include "stdlib.h"，包含头文件 "stdlib.h"。

函数名	函数和形参类型	功　　能	返　回　值
callloc	void *calloc(unsigned int n, unsigned int size)	分配 n 个长度为 size 的数据项的连续内存空间	所分配内存单元的地址。如失败则返回 0
free	void free(void *p)	释放 p 所指内存区	无
malloc	void *malloc(unsigned int size)	分配 size 字节的内存区	所分配的内存的地址，如失败则返回 0
realloc	void *realloc(void *p, unsigned int size)	将 p 指向已分配的内存区的大小改为 size。size 可以比原来分配的空间大或小	返回指向该内存区的指针。若重新分配失败，返回 NULL

（6）其他函数

"其他函数"是 C 语言的标准库函数，由于不便归入某一类，所以单独列出。使用这些函数时，应该在源文件中使用命令：#include "stdlib.h"，包含头文件"stdlib.h"。

函数名	函数和形参类型	功　　能	返　回　值
atof	double atof(char *str)	将 str 指向的字符串转换为 double 型的值	返回转换结果
atoi	int atoi(char *str)	将 str 指向的字符串转换为 int 型的值	返回转换结果
atol	long atol(char *str)	将 str 指向的字符串转换为 long 型的值	返回转换结果
exit	void exit(int status)	终止程序运行。将 status 的值返回调用的过程	无
itoa	char *itoa(int n, char *str, int radix)	将整数 n 的值按照 radix 进制转换为等价字符串，并将结果存入 str 指向的字符串中	返回指向 str 的指针
labs	long labs(long num)	计算长整数 num 的绝对值	返回计算结果
ltoa	char *ltoa(long int n, char *str, int radix)	将长整数 n 的值按照 radix 进制转换为等价字符串，并将结果存入 str 指向的字符串	返回指向 str 的指针
rand	int rand()	产生 0 到 RAND_MAX 之间的伪随机数。RAND_MAX 在头文件中定义	返回一个伪随机(整)数
strtod	double strtod(char *start, char **end)	将 start 指向的数字字符串转换成 double，直到出现不能转换为浮点的字符为止，剩余的字符串符给指针 end	返回转换结果。若为转换成功则返回 0
strtol	long strtol(char *start, char **end, int radix)	将 start 指向的数字字符串转换成 long，直到出现不能转换为长整形数的字符为止，剩余的字符串赋给指针 end。转换时，数字的进制由 radix 确定	返回转换结果。若转换成功则返回 0
system	int system(char *str)	将 str 指向的字符串作为命令传递给 DOS 的命令处理器	返回所执行命令的退出状态

其他学习资源

参考文献

[1] 教育部高等学校非计算机专业计算机基础课程教学指导分委员会. 关于进一步加强高等学校计算机基础教学的意见[M]. 北京：高等教育出版社，2004.

[2] 中国高等院校计算机基础教育改革课题研究组. 中国高等院校计算机基础教育课程体系[M]. 北京：清华大学出版社，2006.

[3] 宁爱军. 以能力为目标的程序设计教学[J]. 首届"大学计算机基础课程报告论坛"专题报告论文集. 北京：高等教育出版社，2005.

[4] 宁爱军，熊聪聪. 以能力培养为重点的程序设计课程教学[J]. 全国高等院校计算机基础教育研究会2006年会学术论文集. 北京：清华大学出版社，2006.

[5] 宁爱军，赵奇，窦若菲，王燕. Visual Basic 程序设计教程[M]. 北京：人民邮电出版社，2009.

[6] 宁爱军，熊聪聪. C语言程序设计[M]. 北京：人民邮电出版社，2011.

[7] 谭浩强. C程序设计（第三版）[M]. 北京：清华大学出版社，2005.

[8] Samuel P.HarbisonIII，Guy L.Steele Jr. C语言参考手册（第5版）[M]. 北京：人民邮电出版社，2007.

[9] 何钦铭，颜晖. C语言程序设计[M]. 北京：高等教育出版社，2008.

[10] 田淑清，周海燕，赵重敏. C语言程序设计[M]. 北京：高等教育出版社，2000.

[11] 龚沛曾，杨志强. C/C++语言程序设计教程[M]. 北京：高等教育出版社，2004.

[12] 孙雄勇. Visual C++ 6.0 实用教程[M]. 北京：中国铁道出版社，2004.